GANGTIE CAILIAO HANJIE SHIGONG GAILAN

钢铁材料焊接施工概览

尹士科　边境　陈默　编

·北京·

图书在版编目（CIP）数据

钢铁材料焊接施工概览/尹士科，边境，陈默编. —北京：化学工业出版社，2019.12

ISBN 978-7-122-35353-5

Ⅰ. ①钢… Ⅱ. ①尹…②边…③陈… Ⅲ. ①钢-金属材料-焊接工艺②铁-金属材料-焊接工艺 Ⅳ. ①TG457.1

中国版本图书馆 CIP 数据核字（2019）第 223242 号

责任编辑：周 红　　　　文字编辑：张燕文
责任校对：张雨彤　　　　装帧设计：王晓宇

出版发行：化学工业出版社（北京市东城区青年湖南街 13 号 邮政编码 100011）
印　　刷：三河市延风印装有限公司
装　　订：三河市宇新装订厂
787mm×1092mm 1/16 印张 $15\frac{3}{4}$ 字数 389 千字 2020 年 1 月北京第 1 版第 1 次印刷

购书咨询：010-64518888　　　　售后服务：010-64518899
网　　址：http：//www.cip.com.cn
凡购买本书，如有缺损质量问题，本社销售中心负责调换。

定　　价：88.00 元

版权所有 违者必究

前言

在我国制造业的发展过程中，钢铁材料仍然是占据主导地位的结构材料，是经济和社会发展的物质基础。据统计，2018 年全球粗钢总产量为 18.09 亿吨，同比增长 4.6%；2018 年亚洲的粗钢总产量达到 12.71 亿吨，同比增长 5.46%；2018 年中国的粗钢总产量为 9.28 亿吨，同比增长 6.6%，已经成为世界钢铁材料的生产大国和消费大国。我国每年有约 3 亿吨左右的钢材涉及焊接加工，占全球焊接加工量的 50% 以上。我国的焊材产量也已达到世界总产量的 60% 左右，是世界焊接材料的生产大国和消费大国。目前，我国的焊接材料生产企业（不含有色焊材企业）约有 400 家，焊接材料的年产量在 400 万吨左右。

为了满足国民经济高速发展的需要，钢铁行业不断推陈出新，先后开发出了高强、高韧、耐热、不锈及具有特殊用途和功能的钢铁材料；焊接材料品种也在不断更新换代，以适应新型钢铁材料发展的需要。为了提高自动化水平和焊接效率，传统的焊条使用量正在逐年减少，而具有优良焊接工艺性能和力学性能的药芯焊丝的使用量在大幅度增加。

作为一名焊接工作者或焊接技术人员，不仅需要掌握各种焊接材料的成分及性能，还要能够针对特定的钢材选择配套的焊接材料，并制定出合理的焊接施工工艺，确保施工过程中不出现焊接裂纹，避免热影响区产生脆化现象，获得满足各项性能要求的焊接接头。

本书分为三篇。第一篇为钢材概述，除了介绍各类钢材的发展或现状外，对钢铁材料的冶金特性、合金化及热处理等进行了简要说明。列出了各类钢材的成分和力学性能，这些数据主要来自国家标准或行业规范。由于个别标准中产品牌号过多，如不锈钢标准中有一百多个牌号，合金结构钢标准中有九十多个牌号，限于版面选择了其中的部分有代表性的牌号。

第二篇为焊接材料的成分与性能，主要列出了各类焊接材料的成分和力学性能，所采用的国家标准大多是 2012 至 2018 年颁布的。但是，气体保护焊用的几个实心焊丝标准目前尚未正式列标，它们将采用国际标准（ISO）中的 B 体系，并结合我国国情进行制定，因此书中列入了相应的国际标准中气体保护焊用实心焊丝的内容，同时也列入了 GB/T 8110—2008《气体保护电弧焊用碳钢、低合金钢焊丝》标准中对应的内容，供当前阶段暂用，待新标准颁布后停止使用。

第三篇是钢铁材料的焊接施工，主要介绍了三方面要点：一是各类钢材的焊接性，包括裂纹敏感性、脆化性能等；二是焊接材料的选用，介绍焊接施工中采用的焊条、焊丝、焊剂及保护气体等；三是焊接施工工艺，主要有焊接规范，焊接件的预热、道间温度及焊后热处理等。这些要点多是从各种手册上选用的，也有的收集于专业图书或杂志上的论文。鉴于试验条件各不相同，所采用的焊材批次也不一致，所以得到的试验结果会有一定差异，也可能有矛盾之处，读者可查阅原文，以求充分了解。

本书由尹士科、边境、陈默共同完成，密切合作，各有侧重，充分发挥了自身优势。附录部分由路勇超翻译，喻萍校对，特致以谢意。在本书的编写过程中，吴树雄、戈兆文、苏航、李春范、储继君、吕晓春、崔晓东、潘涛、陈晓玲、段琳娜、李灏、刘奇凡、王移山、李伟、王士山、王学东、杨子佳、李苏珊、宋北、张忠文、陈永梅、邱忆南等给与了大力支持，提供了相关技术资料，在此表示衷心感谢！对本书中所引用文献的作者们一并表示感谢！由于水平所限，难免存在疏漏之处，欢迎广大读者批评指正。

编者

目录

第一篇

钢材概述

钢铁是国民经济建设及国防建设的重要原材料。一个国家钢铁的产量、品种、规格、质量水平，是衡量其国力的重要指标之一。当前钢铁生产工艺技术处于革命性变革的阶段，我国正在运用高新技术来改造钢铁工业。国民经济各领域的发展急需各种钢铁材料；现代化国防的常规武器主要采用钢铁材料制造，开发尖端技术需要更高级的钢铁与合金材料。改革开放以来，我国的钢铁工业有了重大发展与进步，钢铁产品结构调整取得了显著成效，研制开发出了各种新型钢铁材料，满足了国民经济发展的需求，下面将逐一介绍各类钢材的情况。

第一章
碳素结构钢

碳素结构钢又称碳钢，主要成分是铁和碳，还含有一定数量的有益元素锰和硅，也含有少量的杂质元素硫和磷。在化学成分中，碳对钢的组织和性能影响最大，随着碳含量的增加，渗碳体的量增加，形成珠光体的量增多，钢的强度和硬度升高，而塑性和韧性下降。钢中的锰和硅具有固溶强化作用，可提高其强度和硬度。锰可以细化珠光体，形成合金渗碳体，并减少硫的有害作用；硅可以提高钢的弹性。磷和硫的有害作用分别是造成钢的冷脆性和热脆性，此外还容易形成偏析、降低钢的焊接性等，因此必须严格加以限制。一般来说，钢的质量主要看硫、磷含量的高低，越是优质、高级的钢种，其硫、磷含量越低。在碳素结构钢中，碳的最大含量一般不超过 0.9%（在低碳钢中不超过 0.25%），锰的含量一般不超过 1.5%，硅的含量不超过 0.37%，磷、硫最大含量均不超过 0.050%（在优质钢中均不超过 0.035%）

碳素结构钢可以根据其品质、冶炼方法、用途及化学成分等进行分类：按照品质可分为普通碳素结构钢和优质碳素结构钢，前者广泛用于工程结构，也可用来制造要求不高的机械零件，后者主要用来制造机械零件；按照冶炼方法可分为沸腾钢、半镇静钢和镇静钢；按照用途可分为碳素结构钢和碳素工具钢，碳素工具钢用来制造各类刃具、量具、模具及工具等；按照化学成分可粗分为低碳钢、中碳钢及高碳钢，低碳钢的碳含量不超过 0.25%，具有优良的塑性、韧性和焊接性能，是应用最广泛的碳素结构钢，中碳钢的碳含量为 0.25%～0.60%，具有较好的综合力学性能，用来制造各种重要的结构零件，如轴类、齿轮、凸轮、连杆等，高碳钢的碳含量超过 0.60%，这类钢的强度和硬度高，但塑性及韧性很低，用来制造弹簧、模具及冲压工具等。中碳钢及高碳钢还有少量低碳钢被纳入优质碳素结构钢标准（GB/T 699）中。

碳素结构钢在 1988 年前称为普通碳素结构钢，其产量最大，用途最广，一般不需要进行热处理，通常是热轧状态下供货，特殊情况下以正火处理状态供货。在制定碳素结构钢的国家标准（GB/T 700—1988）时，对碳素结构钢体系进行了改革，以钢的屈服强度表示钢的牌号，按照钢中硫、磷含量高低划分质量等级，并将其名称由普通碳素结构钢改为碳素结构钢。2006 年对这一标准进行了修订，共设有 Q195、Q215、Q235、Q275 四个牌号，牌号中的字母 Q 代表钢的屈服点，其后的数值代表钢的屈服强度（MPa）。其中，Q195 不分质量等级，Q215 分为 A、B 两级，Q235、Q275 各分 A、B、C、D 四个等级，A 级对韧性不作要求，B 级仅规定常温下的韧性，C 级规定 0℃冲击吸收功，D 级规定－20℃冲击吸收功，均要求在规定温度下纵向试样的冲击吸收功不小于 27J。

GB/T 700—2006 对碳素结构钢的成分和性能作了明确规定，见表 1-1 和表 1-2；GB/T 699—2015 对优质碳素结构钢的成分和性能作了明确规定，见表 1-3 和表 1-4。

表 1-1　碳素结构钢的化学成分（GB/T 700—2006）

牌号	统一数字代号①	等级	厚度(或直径)/mm	脱氧方法	化学成分(质量分数)/%,不大于				
					C	Si	Mn	P	S
Q195	U11952	—	—	F、Z	0.12	0.30	0.50	0.035	0.040
Q215	U12152	A	—	F、Z	0.15	0.35	1.20	0.045	0.050
	U12155	B							0.045
Q235	U12352	A	—	F、Z	0.22	0.35	1.40	0.045	0.050
	U12355	B			0.20②				0.045
	U12358	C		Z	0.17			0.040	0.040
	U12359	D		TZ				0.035	0.035
Q275	U12752	A	—	F、Z	0.24	0.35	1.50	0.045	0.050
	U12755	B	≤40	Z	0.21			0.045	0.045
			>40		0.22				
	U12758	C	—	Z	0.20			0.040	0.040
	U12759	D		TZ				0.035	0.035

① 表中为镇静钢、特殊镇静钢牌号的统一数字，沸腾钢牌号的统一数字代号如下：
Q195F——U11950；
Q215AF——U12150，Q215BF——U12153；
Q235AF——U12350，Q235BF——U12353；
Q275AF——U12750。
② 经需方同意，Q235B 的碳含量可不大于 0.22%。

表 1-2　碳素结构钢的拉伸和冲击性能（GB/T 700—2006）

牌号	等级	屈服强度① R_{eH}/(N/mm²),不小于						抗拉强度② R_m/(N/mm²)	断后伸长率 A/%,不小于					冲击试验(V形缺口)	
		厚度(或直径)/mm							厚度(或直径)/mm					温度/℃	冲击吸收功(纵向)/J不小于
		≤16	>16~40	>40~60	>60~100	>100~150	>150~200		≤40	>40~60	>60~100	>100~150	>150~200		
Q195	—	195	185	—	—	—	—	315~430	33	—	—	—	—	—	—
Q215	A	215	205	195	185	175	165	335~450	31	30	29	27	26	—	—
	B													+20	27

续表

牌号	等级	屈服强度①R_{eH}/(N/mm²),不小于						抗拉强度② R_m /(N/mm²)	断后伸长率 A/%,不小于					冲击试验(V形缺口)	
		厚度(或直径)/mm							厚度(或直径)/mm					温度/℃	冲击吸收功(纵向)/J 不小于
		≤16	>16~40	>40~60	>60~100	>100~150	>150~200		≤40	>40~60	>60~100	>100~150	>150~200		
Q235	A	235	225	215	215	195	185	370~500	26	25	24	22	21	—	—
	B													+20	27③
	C													0	
	D													−20	
Q275	A	275	265	255	245	225	215	410~540	22	21	20	18	17	—	—
	B													+20	27
	C													0	
	D													−20	

① Q195 的屈服强度值仅供参考，不作交货条件。

② 厚度大于 100mm 的钢材，抗拉强度下限允许降低 20N/mm²。宽带钢（包括剪切钢板）抗拉强度上限不作交货条件。

③ 厚度小于 25mm 的 Q235B 级钢材，如供方能保证冲击吸收功值合格，经需方同意，可不作检验。

表 1-3　优质碳素结构钢的化学成分（GB/T 699—2015）

序号	统一数字代号	牌号	化学成分(质量分数)/%							
			C	Si	Mn	P	S	Cr	Ni	Cu①
						≤				
1	U20082	08②	0.05~0.11	0.17~0.37	0.35~0.65	0.035	0.035	0.10	0.30	0.25
2	U20102	10	0.07~0.13	0.17~0.37	0.35~0.65	0.035	0.035	0.15	0.30	0.25
3	U20152	15	0.12~0.18	0.17~0.37	0.35~0.65	0.035	0.035	0.25	0.30	0.25
4	U20202	20	0.17~0.23	0.17~0.37	0.35~0.65	0.035	0.035	0.25	0.30	0.25
5	U20252	25	0.22~0.29	0.17~0.37	0.50~0.80	0.035	0.035	0.25	0.30	0.25
6	U20302	30	0.27~0.34	0.17~0.37	0.50~0.80	0.035	0.035	0.25	0.30	0.25
7	U20352	35	0.32~0.39	0.17~0.37	0.50~0.80	0.035	0.035	0.25	0.30	0.25
8	U20402	40	0.37~0.44	0.17~0.37	0.50~0.80	0.035	0.035	0.25	0.30	0.25
9	U20452	45	0.42~0.50	0.17~0.37	0.50~0.80	0.035	0.035	0.25	0.30	0.25
10	U20502	50	0.47~0.55	0.17~0.37	0.50~0.80	0.035	0.035	0.25	0.30	0.25
11	U20552	55	0.52~0.60	0.17~0.37	0.50~0.80	0.035	0.035	0.25	0.30	0.25
12	U20602	60	0.57~0.65	0.17~0.37	0.50~0.80	0.035	0.035	0.25	0.30	0.25
13	U20652	65	0.62~0.70	0.17~0.37	0.50~0.80	0.035	0.035	0.25	0.30	0.25
14	U20702	70	0.67~0.75	0.17~0.37	0.50~0.80	0.035	0.035	0.25	0.30	0.25
15	U20752	75	0.72~0.80	0.17~0.37	0.50~0.80	0.035	0.035	0.25	0.30	0.25
16	U20802	80	0.77~0.85	0.17~0.37	0.50~0.80	0.035	0.035	0.25	0.30	0.25
17	U20852	85	0.82~0.90	0.17~0.37	0.50~0.80	0.035	0.035	0.25	0.30	0.25
18	U21152	15Mn	0.12~0.18	0.17~0.37	0.70~1.00	0.035	0.035	0.25	0.30	0.25
19	U21202	20Mn	0.17~0.23	0.17~0.37	0.70~1.00	0.035	0.035	0.25	0.30	0.25

续表

序号	统一数字代号	牌号	化学成分(质量分数)/%							
			C	Si	Mn	P	S	Cr	Ni	Cu①
						≤				
20	U21252	25Mn	0.22～0.29	0.17～0.37	0.70～1.00	0.035	0.035	0.25	0.30	0.25
21	U21302	30Mn	0.27～0.34	0.17～0.37	0.70～1.00	0.035	0.035	0.25	0.30	0.25
22	U21352	35Mn	0.32～0.39	0.17～0.37	0.70～1.00	0.035	0.035	0.25	0.30	0.25
23	U21402	40Mn	0.37～0.44	0.17～0.37	0.70～1.00	0.035	0.035	0.25	0.30	0.25
24	U21452	45Mn	0.42～0.50	0.17～0.37	0.70～1.00	0.035	0.035	0.25	0.30	0.25
25	U21502	50Mn	0.48～0.56	0.17～0.37	0.70～1.00	0.035	0.035	0.25	0.30	0.25
26	U21602	60Mn	0.57～0.65	0.17～0.37	0.70～1.00	0.035	0.035	0.25	0.30	0.25
27	U21652	65Mn	0.62～0.70	0.17～0.37	0.90～1.20	0.035	0.035	0.25	0.30	0.25
28	U21702	70Mn	0.67～0.75	0.17～0.37	0.90～1.20	0.035	0.035	0.25	0.30	0.25

① 热压力加工用钢铜含量应不大于0.20%。

② 用铝脱氧的镇静钢，碳、锰含量下限不限，锰含量上限为0.45%，硅含量不大于0.03%，全铝含量为0.020%～0.070%，此时牌号为08Al。

注：未经用户同意不得有意加入本表中未规定的元素。应采取措施防止从废钢或其他原料中带入影响钢性能的元素。

表1-4 优质碳素结构钢的力学性能（GB/T 699—2015）

序号	牌号	试样毛坯尺寸①/mm	推荐的热处理制度③			力学性能					交货硬度/HBW	
			正火	淬火	回火	抗拉强度 R_m/MPa	下屈服强度 R_{eL}④/MPa	断后伸长率 A/%	断面收缩率 Z/%	冲击吸收能量 KU_2/J	未热处理钢	退火钢
			加热温度/℃			≥					≤	
1	08	25	930	—	—	325	195	33	60	—	131	—
2	10	25	930	—	—	335	205	31	55	—	137	—
3	15	25	920	—	—	375	225	27	55	—	143	—
4	20	25	910	—	—	410	245	25	55	—	156	—
5	25	25	900	870	600	450	275	23	50	71	170	—
6	30	25	880	860	600	490	295	21	50	63	179	—
7	35	25	870	850	600	530	315	20	45	55	197	—
8	40	25	860	840	600	570	335	19	45	47	217	187
9	45	25	850	840	600	600	355	16	40	39	229	197
10	50	25	830	830	600	630	375	14	40	31	241	207
11	55	25	820	—	—	645	380	13	35	—	255	217
12	60	25	810	—	—	675	400	12	35	—	255	229
13	65	25	810	—	—	695	410	10	30	—	255	229
14	70	25	790	—	—	715	420	9	30	—	269	229
15	75	试样②	—	820	480	1080	880	7	30	—	285	241
16	80	试样②	—	820	480	1080	930	6	30	—	285	241
17	85	试样②	—	820	480	1130	980	6	30	—	302	255

续表

序号	牌号	试样毛坯尺寸[①] /mm	推荐的热处理制度[③]			力学性能					交货硬度/HBW	
			正火	淬火	回火	抗拉强度 R_m /MPa	下屈服强度 R_{eL}[④] /MPa	断后伸长率 A /%	断面收缩率 Z /%	冲击吸收能量 KU_2 /J	未热处理钢	退火钢
			加热温度/℃			≥					≤	
18	15Mn	25	920	—	—	410	245	26	55	—	163	—
19	20Mn	25	910	—	—	450	275	24	50	—	197	—
20	25Mn	25	900	870	600	490	295	22	50	71	207	—
21	30Mn	25	880	860	600	540	315	20	45	63	217	187
22	35Mn	25	870	850	600	560	335	18	45	55	229	197
23	40Mn	25	860	840	600	590	355	17	45	47	229	207
24	45Mn	25	850	840	600	620	375	15	40	39	241	217
25	50Mn	25	830	830	600	645	390	13	40	31	255	217
26	60Mn	25	810	—	—	690	410	11	35	—	269	229
27	65Mn	25	830	—	—	735	430	9	30	—	285	229
28	70Mn	25	790	—	—	785	450	8	30	—	285	229

① 钢棒尺寸小于试样毛坯尺寸时，用原尺寸钢棒进行热处理。

② 留有加工余量的试样，其性能为淬火＋回火状态下的性能。

③ 热处理温度允许调整范围：正火±30℃，淬火±20℃，回火±50℃。推荐保温时间：正火不少于 30min，空冷；淬火不少于 30min，75、80 和 85 钢油冷，其他钢棒水冷；600℃回火不小于 1h。

④ 当屈服现象不明显时，可用规定塑性延伸强度 $R_{p0.2}$ 代替。

第二章
低合金及微合金高强度钢

改革开放以来，我国钢铁工业品种结构不断优化升级，钢铁产品结构调整取得显著成效。改革开放之初，我国钢铁产品中占统治地位的是碳素结构钢，比重高达90%，而高性能的低合金钢和合金钢比例仅在10%左右。经过40年的发展，2017年我国钢铁产品中低合金钢的比例超过了40%，而碳素结构钢的比重降到了50%左右。依据收集到的资料，下面仅介绍建筑用钢、水电工程结构用钢及工程机械用钢在这几十年来的进展与变化概况。

（1）建筑用钢　在我国钢材消耗比例结构中，建筑及土木工程结构行业使用的建筑用钢一直占据主导地位，超过我国钢材消耗总量的一半以上。2017年我国建筑用钢的消耗比例占钢材总消耗量的53.16%。过去，我国的建筑钢筋主要使用屈服强度为235MPa级的Q235钢（Ⅰ级钢筋）和屈服强度为335MPa级的20MnSi钢（Ⅱ级钢筋），钢筋强度级别低，钢材消耗量大，与国外先进水平相比差距大。经过近20年的努力，我国高强度钢筋的研究开发、生产应用水平取得突飞猛进的进展，400MPa级以上钢筋（Ⅲ级以上）比例从2000年的1%左右增加到2017年的90%，在新修订的热轧钢筋标准中，淘汰了强度级别较低的335MPa级的Ⅱ级钢筋，形成了400MPa级（Ⅲ级）、500MPa级（Ⅳ级）、600MPa级（Ⅴ级）高强度钢筋系列，使我国的高强度钢筋生产应用达到了世界先进水平。为了满足各种建筑防火、抗震、耐腐蚀的特殊性能要求，我国还开发了六大系列的高性能建筑用钢，包括耐火建筑钢系列、耐候建筑钢系列、耐火耐候建筑钢系列、高韧性建筑钢系列、抗震建筑钢系列和极低屈服强度建筑钢系列，这些钢种在国家体育场（“鸟巢”）、国家大剧院、中央电视台总部大楼、上海中心大厦、上海环球金融中心、深圳平安金融中心、广州塔、西南地震带民居等重大建筑工程中得到了广泛应用。

（2）水电工程结构用钢　水电工程用中厚板在钢铁行业中属于高端板材产品，附加值高，技术含量高。目前已有宝武钢铁、鞍钢股份、舞阳钢厂等钢铁企业可以生产达到国际标准的少数品种，国内的水电工程用钢板技术初步迈入世界先进行列。水电工程用钢的强度随着水电站的装机容量和水头高度等数值的增加而提高，过去，厚度要求较高的水电工程用钢板一般都是从国外进口，直到首秦公司使用 320mm 连铸坯生产 150mm 特厚水电工程用钢板以后，我国才开始走向大厚度钢板国产化之路。

起初国内外新建的水力发电站大部分使用 600MPa 级的水电工程用钢，后来又使用强度级别达到 800MPa 级的水电工程用钢，现在强度级别达到 980MPa 级的水电工程用钢已经问世，水电工程用钢的强度性能正在根据需要逐步提高。800MPa 级的水电工程用钢品种，有武钢自主试制的 WSD790E 钢，在强度级别达到 800MPa 级的同时，在低温冲击韧性、断裂韧性、焊接性能等方面表现优良，达到了批量供货的生产水平。近年来，800MPa 级的水电工程用钢在国内外市场上所占的比重越来越大，市场前景十分广阔。鞍钢是我国高级别水电工程用钢研发生产的主要钢厂之一，早在三峡工程建设时期，鞍钢就成功开发并供应了 600MPa 级水电工程用钢，打破了国外产品的垄断。随后，又为我国第二大水电站白鹤滩水电站供应 800MPa 级水电工程用钢。目前，鞍钢已具备水电工程用钢全部级别供货能力，为全面占领国内高端水电工程用钢市场提供了支撑。

(3) 工程机械用钢　我国高强度工程机械用钢的应用起步较晚，长期以来大量使用以 345MPa 级为代表的中低强度钢。在 20 世纪 90 年代末大量引进国外先进的工程机械制造技术后，才发展并逐步使用 450MPa 级以上的高强度钢。近 10 年来，在高性能化、大型化、轻量化的要求下，国产工程机械用钢向高强度、超高强度方向快速发展，已经形成了 690～1300MPa 级的高强度系列，其中有调质或控轧控冷的 Q690 低合金结构钢板、以 Ti 微合金化为主的 600～900MPa 级纳米强化热轧铁素体薄钢板、调质或控轧控冷的 Q890/Q900 钢板、调质的 Q960/Q1100/Q1300 钢板。600MPa/700MPa 级纳米强化热轧铁素体钢以及 Q900、Q960 等，已在工程机械、起重泵送臂架和液压支架等关键部件上批量应用。

第一节　低合金高强度钢

低合金高强度钢曾称为普通低合金钢或低合金结构钢，GB/T 1591—1994《低合金高强度结构钢》参照采用了 ISO 4950 和 ISO 4951 高屈服强度扁平钢材、高屈服强度棒材和型材标准，改名为低合金高强度结构钢。GB/T 1591—2008《低合金高强度结构钢》参照了 EN 10025：2004 结构钢热轧产品。在 GB/T 1591—2018《低合金高强度结构钢》中，钢的牌号由三部分变更为四部分，即代表钢的屈服点“屈”字的汉语拼音首字母（Q）、最小上屈服点数值、交货状态代号（新增，热轧状态代号可省略）和质量等级符号（B、C、D、E、F，表示不同温度下的冲击吸收能量），还可以附加表示厚度方向性能级别的符号，如 Z35。例如 Q355NB，355 表示最小屈服强度为 355MPa，N 表示交货状态为正火或正火轧制，B 表示 +20℃ 冲击吸收能量，KV_2 为纵向不低于 34J，横向不低于 27J。最初制定国家标准时屈服强度采用下屈服点数值，2018 版本才改用上屈服点数值，还增加了对横向试样冲击吸收能量的要求。

在 GB/T 1591—1988《低合金高强度结构钢》标准中，低合金高强度钢的牌号用化学元素符号来表示。例如 09Mn2，09 表示碳的平均质量分数为 0.09%，Mn2 表示锰的平均质量分数约为 2%。由于这种牌号表示方法能直观反映碳含量和合金元素及其含量，在目前的设计图样和工艺文件中，有的仍采用 1988 年标准中的低合金高强度钢牌号，故在此列出了低合金高强度钢新旧标准中的牌号对照，见表 2-1。

表 2-1　低合金高强度钢新旧标准中的牌号对照

<table>
<tr><th>项　目</th><th colspan="2">GB/T 1591—2018</th><th colspan="2">GB/T 1591—1988</th></tr>
<tr><td rowspan="4">牌号</td><td colspan="2">Q355</td><td colspan="2">12MnV,14MnNb,16Mn,16MnRE,18Nb</td></tr>
<tr><td colspan="2">Q390</td><td colspan="2">15MnV,15MnTi,16MnNb</td></tr>
<tr><td colspan="2">Q420</td><td colspan="2">15MnVN,14MnVTiRE</td></tr>
<tr><td colspan="2">Q460</td><td colspan="2">—</td></tr>
<tr><td rowspan="3">热轧态(B、C、D)或正火态(B、C)交货的纵向冲击吸收能量</td><td>B</td><td>+20℃,KV_2≥34J</td><td rowspan="6">12MnV,14MnNb,16Mn,16MnRE,18Nb 等</td><td rowspan="6">+20℃,KV_2≥34J</td></tr>
<tr><td>C</td><td>0℃,KV_2≥34J</td></tr>
<tr><td>D</td><td>−20℃,KV_2≥34J</td></tr>
<tr><td rowspan="3">正火态交货的纵向冲击吸收能量</td><td>D</td><td>−20℃,KV_2≥40J</td></tr>
<tr><td>E</td><td>−40℃,KV_2≥31J</td></tr>
<tr><td>F</td><td>−60℃,KV_2≥27J</td></tr>
</table>

低合金高强度钢中除了含有 Mn、Si 等主要合金元素外，还有的添加元素 V、Ti、Nb、Al、RE、N 等，其中 V、Ti、Nb、Al 为细化晶粒元素，主要作用是在钢中形成细微的碳化物和氮化物，在金属相变时沿奥氏体晶界析出，形成细小弥散相，阻止晶粒长大，有效防止钢的过热，改善钢的强度，提高钢的韧性和抗层状撕裂性。这类钢适用于较重要的钢结构，如压力容器、电站设备、海洋结构、工程机械、船舶、桥梁、管道和建筑结构等。为了满足上述产品的使用要求，对钢中硫和磷含量的上限、碳含量及碳当量的上限、最高硬度值以及夏比试样冲击吸收功的下限值均有严格规定。

一、低合金高强度钢的分类

① 按成分分类，有单元素钢、多元素钢、微合金钢等。

② 按强度等级分类，有 Q355、Q390、Q420、Q460 等。

③ 按金相组织分类，有珠光体-铁素体钢、贝氏体钢、低碳马氏体钢等。

④ 按用途分类，有采用推荐性标准（GB/T）的专业用钢，如耐大气腐蚀钢、耐海水腐蚀钢、石油天然气输送管线用钢、建筑结构钢等；也有从 2017 年起，由强制性标准（GB）改为推荐性标准的专业用钢，如船舶及海洋工程用结构钢、桥梁用结构钢、锅炉和压力容器用钢等。

二、钢铁冶金技术的进步与钢材供货状态

近几十年来，钢铁的冶炼、轧制及热处理技术有了重大突破和明显进步。在炼钢方面有转炉炼钢和电炉炼钢。转炉炼钢又分为氧气顶吹转炉炼钢和顶底复合吹炼转炉炼钢，后者具有更好的冶金效果和经济效益。电炉炼钢以碱性电弧炉为主，也有的采用感应炉或电渣炉炼钢。碱性电弧炉炼钢中炉外精炼的出现具有极为重要的意义。炉外精练的主要任务是脱碳、脱氧、脱硫、去气、去杂质、调整温度和化学成分等。精练的主要手段有渣洗、真空处理、吹氩搅拌、电磁搅拌、吹氧、电弧加热、喷粉等。炉外精炼可大幅度地提高钢的质量、缩短冶炼时间、简化工艺流程和降低产品成本等。

在轧钢技术上，当今最为重大的进展是热控轧制（TMCP）技术的成熟和应用，它主要是利用细化铁素体组织、产生贝氏体或马氏体等低温相变组织来提高钢材的强度和韧性。与以往同样强度级别的钢材相比较，TMCP 技术生产的钢材降低了碳含量和合金成分含量，因而使钢的焊接性及接头的力学性能得到很大改善，这种技术生产的钢被称为 TMCP 钢。TMCP 钢包括了控制轧制钢（CR 钢）、经 CR 处理后加速冷却钢（ACC 钢）和直接淬火钢（DC 钢）。现在一般的 TMCP 钢多指控制轧制钢，如果采取了加速冷却则称为水冷型 TMCP 钢，仅采用控制

轧制时，称为非水冷型 TMCP 钢。普通轧钢是在 1250～1350℃加热后立即进行轧制，轧制终了温度在 950℃以上；而控制轧制（CR）技术，是为防止奥氏体晶粒过度粗大，加热温度在 1150～1200℃，终止轧制温度一般在 800℃以下。20 世纪 60 年代以前是低合金高强度钢的发展阶段。从 20 世纪 70 年代起，以微合金化和控轧控冷技术为基础，开发了微合金高强度钢，这种钢是在低碳钢或低合金钢中加入微量的（≤0.2%）碳化物或氮化物形成元素，如 Nb、V、Ti 等，这类元素可以细化钢的晶粒，提高钢的强度并获得较好的韧性。但是，钢的良好性能不仅依靠添加微量合金元素，更主要的是通过控轧和控冷工艺的热变形，导入了物理冶金因素的变化而实现细化钢的晶粒。在容易产生再结晶的高温 γ 区（再结晶区）进行轧制时可以细化 γ 晶粒；在难于产生再结晶的低温 γ 区（未再结晶区）进行轧制时可使 γ 晶粒内形变组织均匀性提高；在更低温度下的铁素体和奥氏体双相区进行轧制时，可使相变后的铁素体晶粒进一步细化。另外，加速冷却还改变钢的最终组织中铁素体、珠光体、贝氏体和马氏体的比例，也能提高钢的抗拉强度。总之，通过控制轧钢过程中的加热温度、轧制温度、变形量、变形速率、终轧温度以及轧后冷却工艺等参数，使轧件的塑性变形与固态相变相结合，可以获得细小的晶粒和良好的相变组织，提高钢的强韧性，使其成为具有优异综合性能的钢材。

在热处理技术上，以往常采用正火（N）、正火＋回火（NT）、淬火＋回火（QT）等方法，后来又开发了两次正火＋回火（NN′T）、两次淬火＋回火（QQ′T）等新工艺。两次淬火＋回火处理有两大作用，分别是提高钢的低温韧性和降低钢的屈强比。就提高韧性而言，主要适用于 5Ni 钢、9Ni 钢等低温用钢和含 Ni 较多的高强度高韧性钢。就降低钢的屈强比而言，主要用于建筑行业使用的高强度钢，即通过在两相区温度区间进行热处理，研制出低屈强比的调质钢。这类钢的 Ni 含量很低（＜0.5%），其屈强比约为 0.7；而相近成分的调质钢屈强比大于 0.8。选择不同的两相区温度淬火后，可得到不同比例的混合组织，从而得到不同的屈强比。

低合金高强度钢的供货状态主要有如下四种。

① 热轧钢，其合金系统有 C-Mn 系、C-Mn-Si 系等，主要依靠 Mn、Si 的固溶强化作用来提高强度，还可以加入微量的 V、Nb 或 Ti，利用其碳化物和氮化物的沉淀析出和细化晶粒，进一步提高钢的强度，改善塑性和韧性。其组织为细晶粒的铁素体和珠光体，这类钢的屈服强度多在 400MPa 以下。

② 正火钢，它可以充分发挥沉淀强化的效果，通过正火处理使沉淀相从固溶体中以细小质点析出，弥散分布于晶界和晶内，细化晶粒，有效地提高强度，且具有良好的塑性和韧性。大部分正火钢的组织为细晶粒的铁素体和珠光体，正火钢的屈服强度为 420～540MPa。

③ 调质钢，通过淬火来获得高强度的马氏体组织，再经过回火处理改善其塑性和韧性，回火后的组织为回火马氏体，也称板条马氏体。调质处理主要用于 Q460 级以上的高强度高韧性结构钢，对于 Q420 和 Q460 的 C、D、E 级钢，可通过调质处理来满足其低温韧性要求。

④ 热机械轧制钢，这种钢材的最终变形是在一定温度范围内进行的轧制，从而保证钢材获得仅通过热处理无法获得的性能。这种轧制也称热控轧制（TMCP）。热机械轧制包括回火或无回火状态下的冷却速率提高的过程，回火包括自回火，但不包括直接淬火或淬火加回火。这类钢不宜采用可能会降低钢材强度的热成形，也不能采用温度在 580℃以上的焊后热处理；根据相关的技术规定，火焰矫直是允许采用的。

三、低合金高强度结构钢的成分与性能

在 GB/T 1591—2018 中规定了低合金高强度结构钢的化学成分、拉伸性能及其冲击吸收能量，这些数据分别列于表 2-2～表 2-4 中。

表 2-2（A）　低合金高强度结构钢的化学成分——热轧钢的牌号及化学成分（GB/T 1591—2018）

牌号		化学成分(质量分数)/%														
钢级	质量等级	C①		Si	Mn	P③	S③	Nb④	V⑤	Ti⑤	Cr	Ni	Cu	Mo	N⑥	B
		以下公称厚度或直径/mm		不大于												
		≤40②	>40													
		不大于														
Q355	B	0.24		0.55	1.60	0.035	0.035	—	—	—	0.30	0.30	0.40	—	0.012	—
	C	0.20	0.22			0.030	0.030									
	D	0.20	0.22			0.025	0.025								—	
Q390	B	0.20		0.55	1.70	0.035	0.035	0.05	0.13	0.05	0.30	0.50	0.40	0.10	0.015	—
	C					0.030	0.030									
	D					0.025	0.025									
Q420⑦	B	0.20		0.55	1.70	0.035	0.035	0.05	0.13	0.05	0.30	0.80	0.40	0.20	0.015	—
	C					0.030	0.030									
Q460⑦	C	0.20		0.55	1.80	0.030	0.030	0.05	0.13	0.05	0.30	0.80	0.40	0.20	0.015	0.004

① 公称厚度大于 100mm 的型钢，碳含量可由供需双方协商确定。
② 公称厚度大于 30mm 的钢材，碳含量不大于 0.22%。
③ 对于型钢和棒材，其磷和硫含量上限值可提高 0.005%。
④ Q390、Q420 最高可到 0.07%，Q460 最高可到 0.11%。
⑤ 最高可到 0.20%。
⑥ 如果钢中酸溶铝 Als 含量不小于 0.015%或全铝 Alt 含量不小于 0.020%，或添加了其他固氮合金元素，氮含量不作限制，固氮元素应在质量证明书中注明。
⑦ 仅适用于型钢和棒材。

表 2-2（B） 低合金高强度结构钢的化学成分——正火、正火轧制钢的牌号及化学成分（GB/T 1591—2018）

牌号		化学成分(质量分数)/%													
钢级	质量等级	C	Si	Mn	P①	S①	Nb	V	Ti③	Cr	Ni	Cu	Mo	N	Als④
		不大于			不大于					不大于					不小于
Q355N	B	0.20	0.50	0.90～1.65	0.035	0.035	0.005～0.05	0.01～0.12	0.006～0.05	0.30	0.50	0.40	0.10	0.015	0.015
	C				0.030	0.030									
	D				0.030	0.025									
	E	0.18			0.025	0.020									
	F	0.16			0.020	0.010									
Q390N	B	0.20	0.50	0.90～1.70	0.035	0.035	0.01～0.05	0.01～0.20	0.006～0.05	0.30	0.50	0.40	0.10	0.015	0.015
	C				0.030	0.030									
	D				0.030	0.025									
	E				0.025	0.020									
Q420N	B	0.20	0.60	1.00～1.70	0.035	0.035	0.01～0.05	0.01～0.20	0.006～0.05	0.30	0.80	0.40	0.10	0.015	0.015
	C				0.030	0.030									
	D				0.030	0.025								0.025	
	E				0.025	0.020									
Q460N②	C	0.20	0.60	1.00～1.70	0.030	0.030	0.01～0.05	0.01～0.20	0.006～0.05	0.30	0.80	0.40	0.10	0.015	0.015
	D				0.030	0.025								0.025	
	E				0.025	0.020									

① 对于型钢和棒材，磷和硫含量上限值可提高 0.005%。

② V+Nb+Ti≤0.22%，Mo+Cr≤0.30%。

③ 最高可到 0.20%。

④ 可用全铝 Alt 替代，此时全铝最小含量为 0.020%。当钢中添加了铌、钒、钛等细化晶粒元素且含量不小于表中规定含量的下限时，铝含量下限值不限。

注：钢中应至少含有铝、铌、钒、钛等细化晶粒元素中的一种，单独或组合加入时，应保证其中至少一种合金元素含量不小于表中规定含量的下限。

表 2-2（C）　低合金高强度结构钢的化学成分——热机械轧制钢的牌号及化学成分（GB/T 1591—2018）

牌号		化学成分(质量分数)/%														
钢级	质量等级	C	Si	Mn	P①	S①	Nb	V	Ti②	Cr	Ti	Cu	Mo	N	B	Als③
		不大于														不小于
Q355M	B	0.14④	0.50	1.60	0.035	0.035	0.01～0.05	0.01～0.10	0.006～0.05	0.30	0.50	0.40	0.10	0.015	—	0.015
	C				0.030	0.030										
	D				0.030	0.025										
	E				0.025	0.020										
	F				0.020	0.010										
Q390M	B	0.15④	0.50	1.70	0.035	0.035	0.01～0.05	0.01～0.12	0.006～0.05	0.30	0.50	0.40	0.10	0.015	—	0.015
	C				0.030	0.030										
	D				0.030	0.025										
	E				0.025	0.020										
Q420M	B	0.16④	0.50	1.70	0.035	0.035	0.01～0.05	0.01～0.12	0.006～0.05	0.30	0.80	0.40	0.20	0.015	—	0.015
	C				0.030	0.030										
	D				0.030	0.025								0.025		
	E				0.025	0.020										
Q460M	C	0.16④	0.60	1.70	0.030	0.030	0.01～0.05	0.01～0.12	0.006～0.05	0.30	0.80	0.40	0.20	0.015	—	0.015
	D				0.030	0.025								0.025		
	E				0.025	0.020										
Q500M	C	0.18	0.60	1.80	0.030	0.030	0.01～0.11	0.01～0.12	0.006～0.05	0.60	0.80	0.55	0.20	0.015	0.004	0.015
	D				0.030	0.025								0.025		
	E				0.025	0.020										
Q550M	C	0.18	0.60	2.00	0.030	0.030	0.01～0.11	0.01～0.12	0.006～0.05	0.80	0.80	0.80	0.30	0.015	0.004	0.015
	D				0.030	0.025								0.025		
	E				0.025	0.020										
Q620M	C	0.18	0.60	2.00	0.030	0.030	0.01～0.11	0.01～0.12	0.006～0.05	1.00	0.80	0.80	0.30	0.015	0.004	0.015
	D				0.030	0.025								0.025		
	E				0.025	0.020										
Q690M	C	0.18	0.60	2.00	0.030	0.030	0.01～0.11	0.01～0.12	0.006～0.05	1.00	0.80	0.80	0.30	0.015	0.004	0.015
	D				0.030	0.025								0.025		
	E				0.025	0.020										

① 对于型钢和棒材，磷和硫含量可提高 0.005%。

② 最高可到 0.20%。

③ 可用全铝 Alt 替代，此时全铝最小含量为 0.020%。当钢中添加了铌、钒、钛等细化晶粒元素且含量不小于表中规定含量的下限时，铝含量下限值不限。

④ 对于型钢和棒材，Q355M、Q390M、Q420M 和 Q460M 的最大碳含量可提高 0.02%。

注：钢中应至少含有铝、铌、钒、钛等细化晶粒元素中的一种，单独或组合加入时，应保证其中至少一种合金元素含量不小于表中规定含量的下限。

表 2-3（A） 低合金高强度结构钢的拉伸性能——热轧钢材的拉伸性能（GB/T 1591—2018）

牌号		上屈服强度[1] R_{eH}/MPa 不小于									抗拉强度 R_m/MPa			
钢级	质量等级	公称厚度或直径/mm												
		≤16	>16~40	>40~63	>63~80	>80~100	>100~150	>150~200	>200~250	>250~400	≤100	>100~150	>150~250	>250~400
Q355	B、C	355	345	335	325	315	295	285	275	—	470~630	450~600	450~600	—
	D									265[2]				450~600[2]
Q390	B、C、D	390	380	360	340	340	320	—	—	—	490~650	470~620	—	—
Q420[3]	B、C	420	410	390	370	370	350	—	—	—	520~680	500~650	—	—
Q460[3]	C	460	450	430	410	410	390	—	—	—	550~720	530~700	—	—

① 当屈服不明显时，可用规定塑性延伸强度 $R_{p0.2}$代替上屈服强度。

② 只适用于质量等级为 D 的钢板。

③ 只适用于型钢和棒材。

表 2-3（B） 低合金高强度结构钢的拉伸性能——热轧钢材的伸长率（GB/T 1591—2018）

牌号		断后伸长率 A/% 不小于						
钢级	质量等级	公称厚度或直径/mm						
		试样方向	≤40	>40~63	>63~100	>100~150	>150~250	>250~400
Q355	B、C、D	纵向	22	21	20	18	17	17[1]
		横向	20	19	18	18	17	17[1]
Q390	B、C、D	纵向	21	20	20	19	—	—
		横向	20	19	19	18	—	—
Q420[2]	B、C	纵向	20	19	19	19	—	—
Q460[2]	C	纵向	18	17	17	17	—	—

① 只适用于质量等级为 D 的钢板。

② 只适用于型钢和棒材。

表 2-3（C）　低合金高强度结构钢的拉伸性能——正火、正火轧制钢材的拉伸性能（GB/T 1591—2018）

牌号		上屈服强度①R_{eH}/MPa 不小于								抗拉强度 R_m/MPa			断后伸长率 A/% 不小于					
钢级	质量等级	公称厚度或直径/mm																
		≤16	>16~40	>40~63	>63~80	>80~100	>100~150	>150~200	>200~250	≤100	>100~200	>200~250	≤16	>16~40	>40~63	>63~80	>80~200	>200~250
Q355N	B、C、D、E、F	355	345	335	325	315	295	285	275	470~630	450~600	450~600	22	22	22	21	21	21
Q390N	B、C、D、E	390	380	360	340	340	320	310	300	490~650	470~620	470~620	20	20	20	19	19	19
Q420N	B、C、D、E	420	400	390	370	360	340	330	320	520~680	500~650	500~650	19	19	19	18	18	18
Q460N	C、D、E	460	440	430	410	400	380	370	370	540~720	530~710	510~690	17	17	17	17	17	16

① 当屈服不明显时，可用规定塑性延伸强度 $R_{p0.2}$ 代替上屈服强度 R_{eH}。
注：正火状态包含正火加回火状态。

表 2-3（D）　低合金高强度结构钢的拉伸性能——热机械轧制（TMCP）钢材的拉伸性能（GB/T 1591—2018）

牌号		上屈服强度①R_{eH}/MPa 不小于						抗拉强度 R_m/MPa					断后伸长率 A/% 不小于
钢级	质量等级	公称厚度或直径/mm											
		≤16	>16~40	>40~63	>63~80	>80~100	>100~120②	≤40	>40~63	>63~80	>80~100	>100~120②	
Q355M	B、C、D、E、F	355	345	335	325	325	320	470~630	450~610	440~600	440~600	430~590	22
Q390M	B、C、D、E	390	380	360	340	340	335	490~650	480~640	470~630	460~620	450~610	20
Q420M	B、C、D、E	420	400	390	380	370	365	520~680	500~660	480~640	470~630	460~620	19
Q460M	C、D、E	460	440	430	410	400	385	540~720	530~710	510~690	500~680	490~660	17
Q500M	C、D、E	500	490	480	460	450	—	610~770	600~760	590~750	540~730	—	17
Q550M	C、D、E	550	540	530	510	500	—	670~830	620~810	600~790	590~780	—	16
Q620M	C、D、E	620	610	600	580	—	—	710~880	690~880	670~860	—	—	15
Q690M	C、D、E	690	680	670	650	—	—	770~940	750~920	730~900	—	—	14

① 当屈服不明显时，可用规定塑性延伸强度 $R_{p0.2}$ 代替上屈服强度 R_{eH}。
② 对于型钢和棒材，厚度或直径不大于 150mm。
注：热机械轧制（TMCP）状态包含热机械轧制（TMCP）加回火状态。

表 2-4　低合金高强度结构钢夏比试样冲击吸收能量（GB/T 1591—2018）

牌号		以下试验温度的冲击吸收能量最小值 KV_2/J									
钢级	质量等级	20℃		0℃		−20℃		−40℃		−60℃	
		纵向	横向	纵向	横向	纵向	横向	纵向	横向	纵向	横向
Q355、Q390、Q420	B	34	27	—	—	—	—	—	—	—	—
Q355、Q390、Q420、Q460	C	—	—	34	27	—	—	—	—	—	—
Q355、Q390	D	—	—	—	—	34[①]	27[①]	—	—	—	—
Q355N、Q390N、Q420N	B	34	27	—	—	—	—	—	—	—	—
Q355N、Q390N Q420N、Q460N	C	—	—	34	27	—	—	—	—	—	—
	D	55	31	47	27	40[②]	20	—	—	—	—
	E	63	40	55	34	47	27	31[③]	20[③]	—	—
Q355N	F	63	40	55	34	47	27	31	20	27	16
Q355M、Q390M、Q420M	B	34	27	—	—	—	—	—	—	—	—
Q355M、Q390M、Q420M Q460M	C	—	—	34	27	—	—	—	—	—	—
	D	55	31	47	27	40[②]	20	—	—	—	—
	E	63	40	55	34	47	27	31[③]	20[③]	—	—
Q355M	F	63	40	55	34	47	27	31	20	27	16
Q500M、Q550M、Q620M Q690M	C	—	—	55	34	—	—	—	—	—	—
	D	—	—	—	—	47[②]	27	—	—	—	—
	E	—	—	—	—	—	—	31[③]	20[③]	—	—

① 仅适用于厚度大于 250mm 的 Q355D 钢板。

② 当需方指定，D 级钢可做−30℃冲击试验时，冲击吸收能量纵向不小于 27J。

③ 当需方指定，E 级钢可做−50℃冲击试验时，冲击吸收能量纵向不小于 27J、横向不小于 16J。

注：1. 当需方未指定试验温度时，正火、正火轧制和热机械轧制的 C、D、E、F 级钢材分别做 0℃、−20℃、−40℃、−60℃冲击试验。

2. 冲击试验取纵向试样。经供需双方协商，也可取横向试样。

第二节　低碳低合金调质钢

一、低碳低合金调质钢的合金化

低碳低合金调质钢的合金化设计原则与热轧钢和正火钢不同，其强度不直接取决于合金元素的含量，而取决于组织，即通过淬火来获得高强度的马氏体组织，再经过回火处理改善其塑性和韧性。加入的合金元素有 Cr、Ni、Mo、Cu、V、Nb、Ti、B 等，目的是保证淬透性，有的元素（如 Mo）还可提高钢的抗回火性能。在这类钢中，镍是非常重要的合金元素，它能提高钢的韧性，降低钢的脆性转变温度。铬能显著提高淬透性，铬、镍同时加入可获得良好的综合力学性能，进而发展成了不同强度级别的高强度高韧性钢系列。随着强度和韧性的提高，镍含量应不断增加，可高达 5%～10%；但铬含量则以 1.6%为上限，继续增加对淬透性不再起作用，反而使钢的韧性下降。为了提高钢材的抗冷裂纹能力和改善低温韧性，降低碳含量是很有效的措施；为弥补强度上的损失，可加入多种微量元素，特别是像硼等对淬透性影响强烈的元素，并已发展成了碳含量很低（≤0.09%）的调质钢，即低焊接裂纹敏感性的高强度钢（CF 钢）。调质钢的合金系统是比较复杂的，虽然加入了多种合金元素，但加入量一般不高。其组织属于低碳回火马氏体，也称板条马氏体，钢的屈服强度为490～1080MPa。

二、国产高强度调质钢板的成分与性能

GB/T 16270—2009对高强度结构用调质钢板的成分及各项性能作出了明确规定，高强度结构用调质钢板的化学成分见表2-5，高强度结构用调质钢板的力学性能见表2-6。

表2-5 高强度结构用调质钢板的化学成分（GB/T 16270—2009）

牌号	化学成分①,②(质量分数)/%,不大于															
	C	Si	Mn	P	S	Cu	Cr	Ni	Mo	B	V	Nb	Ti	CEV③		
														产品厚度/mm		
														≤50	>50～100	>100～150
Q460C Q460D	0.20	0.80	1.70	0.025	0.015	0.50	1.50	2.00	0.70	0.005	0.12	0.06	0.05	0.47	0.48	0.50
Q460E Q460F				0.020	0.010											
Q500C Q500D	0.20	0.80	1.70	0.025	0.015	0.50	1.50	2.00	0.70	0.005	0.12	0.06	0.05	0.47	0.70	0.70
Q500E Q500F				0.020	0.010											
Q550C Q550D	0.20	0.80	1.70	0.025	0.015	0.50	1.50	2.00	0.70	0.005	0.12	0.06	0.05	0.65	0.77	0.83
Q550E Q550F				0.020	0.010											
Q620C Q620D	0.20	0.80	1.70	0.025	0.015	0.50	1.50	2.00	0.70	0.005	0.12	0.06	0.05	0.65	0.77	0.83
Q620E Q620F				0.020	0.010											
Q690C Q690D	0.20	0.80	1.80	0.025	0.015	0.50	1.50	2.00	0.70	0.005	0.12	0.06	0.05	0.65	0.77	0.83
Q690E Q690F				0.020	0.010											
Q800C Q800D	0.20	0.80	2.00	0.025	0.015	0.50	1.50	2.00	0.70	0.005	0.12	0.06	0.05	0.72	0.82	—
Q800E Q800F				0.020	0.010											
Q890C Q890D	0.20	0.80	2.00	0.025	0.015	0.50	1.50	2.00	0.70	0.005	0.12	0.06	0.05	0.72	0.82	—
Q890E Q890F				0.020	0.010											
Q960C Q960D	0.20	0.80	2.00	0.025	0.015	0.50	1.50	2.00	0.70	0.005	0.12	0.06	0.05	0.82	—	—
Q960E Q960F				0.020	0.010											

① 根据需要生产厂可添加其中一种或几种合金元素，最大值应符合表中规定，其含量应在质量证明书中报告。

② 钢中至少应添加Nb、Ti、V、Al中的一种细化晶粒元素，其中至少一种元素的最小量为0.015%（对于Al为Als），也可用Alt替代Als，此时最小量为0.018%。

③ CEV=C+Mn/6+(Cr+Mo+V)/5+(Ni+Cu)/15。

表 2-6 高强度结构用调质钢板的力学性能（GB/T 16270—2009）

牌号	拉伸试验①							冲击试验①			
	屈服强度② R_{eH}/MPa，不小于			抗拉强度 R_m/MPa			断后伸长率 A/%	冲击吸收能量（纵向）KV_2/J			
	厚度/mm			厚度/mm				试验温度/℃			
	≤50	>50～100	>100～150	≤50	>50～100	>100～150		0	−20	−40	−60
Q460C	460	440	400	550～720		500～670	17	47			
Q460D									47		
Q460E										34	
Q460F											34
Q500C	500	480	440	590～770		540～720	17	47			
Q500D									47		
Q500E										34	
Q500F											34
Q550C	550	530	490	640～820		590～770	16	47			
Q550D									47		
Q550E										34	
Q550F											34
Q620C	620	580	560	700～890		650～830	15	47			
Q620D									47		
Q620E										34	
Q620F											34
Q690C	690	650	630	770～940	760～930	710～900	14	47			
Q690D									47		
Q690E										34	
Q690F											34
Q800C	800	740	—	840～1000	800～1000	—	13	34			
Q800D									34		
Q800E										27	
Q800F											27
Q890C	890	830	—	940～1100	880～1100	—	11	34			
Q890D									34		
Q890E										27	
Q890F											27
Q960C	960	—	—	980～1150	—	—	10	34			
Q960D									34		
Q960E										27	
Q960F											27

① 拉伸试验适用于横向试样，冲击试验适用于纵向试样。
② 当屈服现象不明显时，采用 $R_{p0.2}$。

中国船级社对用于海洋结构工程用的可焊接高强度结构钢的强度和韧性也有明确规定，按照钢的最小屈服强度共分为 8 个等级，即 420MPa 级、460MPa 级、500MPa 级、550MPa 级、620MPa 级、690MPa 级、890MPa 级和 960MPa 级；除了屈服强度 890MPa 级和 960MPa 级的钢不设 F 级韧性外，其他强度级别的钢均将其冲击试验温度分为 A、D、E 和 F 四个韧性级别。但是，在 GB/T 16270—2009 中，对于屈服强度 890MPa 级和 960MPa 级的钢也设有 F 级韧性的要求，冲击吸收能量的规定值也与船级社的规定不完全相同。因此，这个标准不适合于船舶及海洋工程，海洋结构工程用高强度钢只能采用船级社的规定。此外，中国船级社对适于海洋结构工程用高强度钢的碳当量要求颇具新意，除了常用的 C_{eq} 外，还采用 CET 这个碳当量指数，但是，它仅适用于 H460 及更高强度级别的钢。中国船级社对焊接结构用高强度钢碳当量的要求见表 2-7。

表 2-7　中国船级社规定的焊接结构用高强度钢碳当量要求（2018 年船规）　　%

碳当量	C_{eq}						CET	P_{cm}
产品形式	板材			型材	棒材	管材	所有	所有
产品厚度 / 钢材等级、交货状态	$t \leqslant 50$mm	50mm$<t\leqslant$100mm	100mm$<t\leqslant$250mm	$t \leqslant 50$mm	T(或 d) $\leqslant$250mm	$t \leqslant 65$mm	所有	所有
H420N/NR	0.46	0.48	0.52	0.47	0.53	0.47	—	
H420TM	0.43	0.45	0.47	0.44	—	—		
H420QT	0.45	0.47	0.49	—	—	0.46		
H460N/NR	0.50	0.52	0.54	0.51	0.55	0.51	0.25	—
H460TM	0.45	0.47	0.48	0.46	—	—	0.30	0.23
H460QT	0.47	0.48	0.50	—	—	0.48	0.32	0.24
H500TM	0.46	0.48	0.50	—		—	0.32	0.24
H500QT	0.48	0.50	0.54			0.50	0.34	0.25
H550TM	0.48	0.50	0.54			—	0.34	0.25
H550QT	0.56	0.60	0.64			0.56	0.36	0.28
H620TM	0.50	0.52	—			—	0.34	0.26
H620QT	0.56	0.60	0.64			0.58	0.38	0.30
H690TM	0.56	—				—	0.36	0.30
H690QT	0.64	0.66	0.70			0.68	0.40	0.33
H890TM	0.60	—				—	0.38	0.28
H890QT	0.68	0.75	—			—	0.40	—
H960QT	0.75	—				—	0.40	—

注：1. 表中“—”为不适用。

2. 关于碳当量的计算，参照如下公式。

（1）所有等级钢可采用 IIW 的公式：

$$C_{eq}=C+\frac{Mn}{6}+\frac{Cr+Mo+V}{5}+\frac{Ni+Cu}{15}\ (\%)$$

（2）对 H460 及更高强度级钢，钢厂可采用 CET 来替代 C_{eq}，且按下面公式进行计算：

$$CET=C+\frac{Mn+Mo}{10}+\frac{Cr+Cu}{20}+\frac{Ni}{40}\ (\%)$$

（3）对于碳含量不大于 0.12%的热机械控制轧制钢和淬火加回火钢，钢厂可用评价焊接性的冷裂纹敏感性指数 P_{cm} 替代 C_{eq} 或 CET，且按下面公式计算：

$$P_{cm}=C+\frac{Si}{30}+\frac{Mn}{20}+\frac{Cu}{20}+\frac{Ni}{60}+\frac{Cr}{20}+\frac{Mo}{15}+\frac{V}{10}+5B\ (\%)$$

三、国外低碳调质高强度钢的开发与应用

20 世纪 50 年代初至 80 年代期间，美国、英国、德国、日本等先后开发出性能优异的

低碳调质高强钢，用于重要的焊接结构，取得了显著的经济效益。20 世纪 50 年代初，美国首先研制出淬火＋回火处理的抗拉强度为 800MPa 的焊接结构用低碳调质高强度钢，即著名的 T-1 钢，并在此基础上开发了 A517 标准中的一系列低碳调质高强度钢，主要用于压力容器、桥梁及工程机械等。美国 T-1 钢及压力淬火设备的研制成功，开辟了高强度钢的生产新途径，促进了各国焊接结构用低碳调质高强度钢的发展。此外，美国海军也先后研制出了潜艇用低合金高强度钢 HY80、HY100 钢和 HY130 钢。

日本在美国 T-1 钢基础上开发出了 HT 和 WEL-TEN 系列的高强度钢，以及比美国 HY80 钢强度稍高的 NS63 潜艇用高强度钢，不久又研制出化学成分近似于 HY130 钢的 NS80 和 NS90 高强度钢。20 世纪 70 年代以后，新日本制铁公司开发出的 WEL-TEN 系列钢，其抗拉强度已从 600MPa 发展到目前的 1000MPa（如 WEL-TEN100 钢），该钢种冲击韧性高、焊接性好，现场施工条件下采用超低氢低强度的焊接材料时，可以不进行预热，且不产生焊接裂纹。

在 20 世纪 80 年代后期，日本开发了一系列的焊接结构用低合金高强度钢，这些钢的化学成分汇集于表 2-8 中，其力学性能见表 2-9；日本开发的潜艇用低合金高强度钢的化学成分见表 2-10，潜艇用低合金高强度钢的力学性能列于表 2-11 中。

表 2-8　日本开发的焊接结构用低合金高强度钢的化学成分（例值）　%

钢种	热处理	C	Si	Mn	Cu	Ni	Cr	Mo	V	其他	P_{cm}
HT50-A	轧制	0.19	0.39	1.51	—	—	—	—	—	—	0.28
HT50-B	正火	0.14	0.41	1.44	—	—	—	—	—	—	0.23
HT50-C	TMCP	0.10	0.24	1.19	—	—	—	—	0.02	—	0.17
HT50-D	TMCP	0.08	0.26	1.33	—	—	—	—	0.09	Nb 0.04	0.16
HT50-E	TMCP	0.06	0.17	1.08	—	—	—	0.25	—	Nb 0.04	0.14
HT50-F	正火	0.14	0.43	1.42	0.14	0.14	—	—	0.04	Nb 0.03	0.24
HT50-G	TMCP	0.08	0.25	1.45	0.20	0.21	—	—	—	Nb 0.15	0.17
HT50-H	轧制	0.14	0.26	1.13	0.30	—	0.45	—	0.04	—	0.25
HT60-A	调质	0.12	0.35	1.44	—	—	—	—	0.04	—	0.21
HT60-B	正火	0.16	0.39	1.42	0.19	0.31	0.12	—	0.09	—	0.27
HT60-C	TMCP	0.11	0.23	1.39	—	—	—	—	0.05	B 0.001	0.20
HT60-D	调质	0.06	0.22	1.31	—	—	0.16	0.16	0.03	—	0.15
HT60-E	TMCP	0.06	0.22	1.63	—	—	—	—	0.08	Ti 0.017	0.16
HT60-F	特殊	0.11	0.25	1.45	0.22	0.45	—	0.12	0.036	—	0.22
HT60-G	正火＋回火	0.05	0.26	0.55	1.09	0.86	0.70	0.21	—	Nb 0.03	0.20
HT80-A	调质	0.11	0.21	0.85	0.22	0.97	0.53	0.43	0.05	B 0.001	0.25
HT80-B	调质	0.10	0.21	0.83	0.25	—	0.81	0.44	0.02	B 0.001	0.24
HT80-C	TMCP	0.10	0.20	0.89	0.24	0.39	0.39	0.39	0.04	B 0.001	0.22
HT80-D	淬火＋时效	0.06	0.26	1.34	0.97	1.03	0.46	0.31	0.041	Nb 0.009	0.25
HT100	TMCP	0.11	0.25	0.91	0.25	1.04	0.56	0.45	0.05	B 0.002	0.26

注：$P_{cm}=C+Si/24+Mn/20+Cu/20+Ni/60+Cr/20+Mo/15+V/10+5B$（%）。

表 2-9 日本开发的焊接结构用低合金高强度钢的力学性能（例值）

钢种	$R_{p0.2}$/MPa	R_m/MPa	A_4/%	A_{kV}/J(0℃)	vTrs/℃	用途特征
HT50-A	380	550	28	147	−24	—
HT50-B	370	540	28	196	−40	—
HT50-C	410	520	26	304	−90	—
HT50-D	470	570	47	382	−98	API X65
HT50-E	470	570	40	412	−86	耐酸 API X65
HT50-F	390	540	34	235	−48	抗层状撕裂钢
HT50-G	380	530	30	304	−90	大规范焊接用钢
HT50-H	380	520	27	157	−26	耐大气腐蚀用钢
HT60-A	520	630	28	206	−27	—
HT60-B	480	620	31	137	−28	—
HT60-C	540	640	27	274	−68	经低温淬火-回火处理
HT60-D	550	620	28	225	−32	抗焊接裂纹钢
HT60-E	580	660	30	176	−80	防镀锌裂纹钢
HT60-F	440	630	30	255	−40	建筑用低屈强比钢
HT60-G	470	660	28	216	−40	Cu 析出硬化钢
HT80-A	780	820	21	196	−100	—
HT80-B	760	820	22	176	−73	—
HT80-C	750	830	25	255	−84	经低温淬火-回火处理
HT80-D	784	837	20	208(−40℃)	—	—
HT100	920	980	23	176	−96	—

注：vTrs 为 V 形缺口冲击试样的 50%纤维断口脆性转变温度。

表 2-10 日本开发的潜艇用低合金高强度钢的化学成分要求值 %

钢种	板厚/mm	C	Si	Mn	P	S	Ni	Cr	Mo	V
NS46	6～42	≤0.16	0.15～0.5	0.6～1.45	≤0.035	≤0.03	≤0.6	≤0.3	≤0.15	≤0.10
NS63	6～60	≤0.16	0.15～0.4	0.35～0.8	≤0.025	≤0.02	2.0～3.5	0.3～1.2	0.2～0.6	≤0.03
NS80	6～65	≤0.10	0.15～0.4	0.35～0.9	≤0.015	≤0.01	3.5～4.5	0.3～1.0	0.2～0.6	≤0.10
NS90	6～65	≤0.12	0.15～0.4	0.35～1.0	≤0.015	≤0.01	4.75～5.5	0.4～0.8	0.3～0.65	≤0.10
NS110	40	0.11	微量	0.45	0.002	0.001	9.93	1.00	0.98	0.10

表 2-11 日本开发的潜艇用低合金高强度钢的力学性能要求值

钢种	板厚/mm	$R_{p0.2}$/(kgf/mm²)(MPa)	R_m/(kgf/mm²)(MPa)	A/%	A_{kV}/J(温度)
NS46	6～42	≥46(451)	58～70(569～686)	≥23	≥27(−50℃)
NS63	6～60	≥63(618)	70～84(686～824)	≥20	≥68(−70℃)
NS80	6～65	80～94(785～922)	记录	≥17	≥68(−70℃)
NS90	6～65	90～104(883～1030)	记录	≥16	≥68(−70℃)
NS110	40	113(1108)	120(1177)	23	198(−70℃)

注：表中 NS110 的力学性能数值为典型值。

美国海军最先研制出了潜艇用低合金高强度高韧性钢 HY80，后来又制出了潜艇用的 HY100 钢和 HY130 钢，这些高强度高韧性钢的化学成分汇总于表 2-12 中，它们的强度及低温韧性等力学性能汇总于表 2-13 中。

表 2-12　美国开发的潜艇用高强度高韧性钢的化学成分要求值　%

钢种	C	Si	Mn	P	S	Ni	Cr	Mo	V	Ti	Cu
HY80	0.18	0.15～0.35	0.1～0.4	0.025	0.025	2.0～3.25	1.0～1.8	0.2～0.6	0.02	0.02	0.25
HY100	0.20	0.13～0.35	0.1～0.4	0.025	0.025	2.25～3.5	1.0～1.8	0.2～0.6	0.02	0.02	0.25
HY130	0.12	0.20～0.33	0.6～0.9	0.025	0.010	4.75～5.25	0.4～0.7	0.3～0.65	0.05～0.10	0.02	0.15

注：表中单个值指最大值。

表 2-13　美国开发的潜艇用高强度高韧性钢的力学性能要求值

钢种	$R_{p0.2}$/MPa(ksi)	R_m/MPa	A/%	A_{kV}/J(温度)	NDT①
HY80	550(80)	690	18	68(－84℃)	－84℃
HY100	690(100)	830	18	68(－84℃)	－84℃
HY130	895(130)	—	15	68(－18℃)	－84℃

① NDT 为无塑性转变温度。

注：表中单个值指最小值。

第三节　微合金控轧高强度钢

20 世纪 70 年代起以微合金化和控制轧制技术为基础，相辅相成，开发了微合金钢。微合金钢与普通低合金高强度钢的主要区别，在于微合金元素的存在将明显改变其轧制热变形行为，通过控制微合金钢的轧制及轧后冷却过程，微合金元素的作用充分发挥，使钢材的性能显著提高，进而发展成新型的高强度高韧性钢。它是 20 世纪世界钢铁业的重大技术进展之一。

微合金钢广泛用于石油和天然气管线，采油平台、桥梁、大型建筑物的建设，船舶、车辆、容器及机械、化工、轻工等设备的制造。在建筑领域使用的微合金钢有微合金化钢筋钢、微合金化高强度钢、微合金化耐火钢、微合金化 H 型钢和其他高性能建筑用钢。在桥梁结构上采用的微合金钢有 12MnVq、14MnNbq、15MnVq、15MnVNq 等，绝大多数的桥梁用钢均为微合金钢。汽车用微合金钢中，用量最大的是汽车框架和汽车壳体，是采用含 Nb 和（或）V 的微合金钢。在民用船舶建造上，微合金元素以钛为主，微合金钢在船舶建造上将得到更加广泛的应用。

在石油和天然气输送管线方面，我国目前大量使用的 X52～X70 级钢，主要采用 Nb-V 复合微合金化。欧洲的 X80 级钢则采用 Nb-Ti 微合金化。从 20 世纪 90 年代起，国产 X60 管线钢用于陕京一线，并推动 X65 管线钢国产化，成功用于库鄯线。进入 21 世纪，西气东输一线设计采用 X70 管线钢，虽然当时的管线钢绝大多数依赖进口，但该工程促进了我国 X70 管线钢的研究开发和应用。2008 年开工建设的西气东输二期工程，在 1219mm 大口径、12MPa 高压力条件下，采用了 X80 高强度管线钢，推动了我国 X80 管线钢的发展，实现了国产化，使我国管线钢的研究开发和生产应用达到了世界先进水平，标志着我国管道建设领域实现了从追赶先进技术到与世界潮流吻合。X80管线钢还成功应用于中亚天然气管道、中俄原油管道、中哈原油管道、中缅原油管道及新疆天然气管道等工程建设中。截至2017年底，我国长距离输送石油天然气管道总里程达到7.7万公里。长距离石油天然气管线工程的建设，大大促进了我国管线钢品种的开发及推广应用。

在深海海底管线领域，开发了X65、X70厚壁深海管线钢品种，钢管最大壁厚达到31.8mm，成功用于建造我国南海荔湾3#深水气田的海底管线工程，最大水深1500m，这是目前我国首个深水气田。

一、微合金控轧钢的特点

微合金钢是在低碳钢或低合金高强度钢中加入微量能形成碳化物或氮化物的合金元素（如Nb、V、Ti），这些合金元素的含量（质量分数）一般低于0.2%。微合金元素的加入可以细化钢的晶粒，提高钢的强度并获得较好的韧性。钢的良好性能不仅依靠添加微合金元素，更主要的是通过控轧和控冷工艺的热变形导入的物理冶金因素的变化。因此，和一般热轧钢强度相同的情况下，这种钢的碳当量低，焊接性优良。

这类钢的组织以针状铁素体为主，其晶粒尺寸为10～20μm，先共析铁素体和渗碳体都很少。微合金钢多用微量Ti处理，Ti含量为0.01%～0.02%，由于钢中形成的TiN颗粒熔解温度很高（约1000℃以上），所以在焊接热影响区邻近焊缝的高温区域内TiN颗粒很难熔解，因而阻止了奥氏体晶粒长大，使该区域的韧性下降不多，因此，这种钢适宜于大热输入焊接。

二、微合金控轧钢的分类

1. 微合金控轧钢（TMCP）

在微合金钢热轧过程中，通过对金属加热温度、轧制温度、变形量、变形速率、终轧温度和轧后冷却工艺等诸参数的合理控制，使轧件的塑性变形与固态相变相结合，以获得良好的组织，提高钢材的强韧性，使其成为具有优异综合性能的钢。通常可分为奥氏体再结晶区（≥950℃）、奥氏体未再结晶区（950℃～A_{r3}）和奥氏体与铁素体两相区（A_{r3}以下）三种不同的终轧温度下生产的几种微合金钢。

2. 微合金控轧、控冷钢（TMCP＋ACC）

在轧制过程中，通过冷却装置，在轧制线上对热轧后轧件的温度和冷却速度进行控制，即利用轧件轧后的余热进行在线热处理生产的钢。这种钢有更好的性能，特别是强度；又可省去再加热、淬火等热处理工艺。用较少的合金含量可生产出强度和韧性更高、焊接性好的钢。在控制冷却中，主要控制轧件的轧制开始和终了温度、冷却速度和冷却的均匀程度。

三、输气管线用微合金控轧钢的成分与性能要求

石油天然气输送管用宽厚钢板的国家标准（GB/T 21237—2018）：石油天然气输送管用宽厚钢板的牌号及化学成分见表2-14；石油天然气输送管用宽厚钢板的力学性能及工艺性能见表2-15。

表 2-14（A） PSL1 钢板的化学成分（熔炼分析和产品分析）(GB/T 21237—2018)

钢级	化学成分①,⑦(质量分数)/%						
	C②	Mn②	P	S	V	Nb	Ti
	不大于						
L210/A	0.22	0.90	0.030	0.030	—	—	—
L245/B	0.26	1.20	0.030	0.030	③,④	③,④	④
L290/X42	0.26	1.30	0.030	0.030	④	④	④
L320/X46	0.26	1.40	0.030	0.030	④	④	④
L360/X52	0.26	1.40	0.030	0.030	④	④	④
L390/X56	0.26	1.40	0.030	0.030	④	④	④
L415/X60	0.26⑤	1.40⑤	0.030	0.030	⑥	⑥	⑥
L450/X65	0.26⑤	1.45⑤	0.030	0.030	⑥	⑥	⑥
L485/X70	0.26⑤	1.65⑤	0.030	0.030	⑥	⑥	⑥

① 最大铜含量为 0.50%；最大镍含量为 0.50%；最大铬含量为 0.50%；最大钼含量为 0.15%。

② 碳含量比规定最大碳含量每降低 0.01%，锰含量则允许比规定最大锰含量高 0.05%，但对 L245/B、L290/X42、L320/X46 和 L360/X52，最大锰含量应不超过 1.65%，对于 L390/X56、L415/X60 和 L450/X65，最大锰含量应不超过 1.75%，对于 L485/X70，最大锰含量应不超过 2.00%。

③ 除另有协议外，铌、钒总含量应不大于 0.06%。

④ 铌、钒、钛总含量应不大于 0.15%。

⑤ 除另有协议外。

⑥ 除另有协议外，铌、钒、钛总含量应不大于 0.15%。

⑦ 除非另有规定，否则不应有意加入硼，残余硼含量应不大于 0.001%。

表 2-14（B） PSL2 钢板的化学成分及碳当量 (GB/T 21237—2018)

牌号	化学成分(质量分数)/%,不大于									碳当量①/%,不大于	
	C②	Si	Mn②	P	S	V	Nb	Ti	其他	CE_{IIW}	CE_{Pcm}
L245R/BR	0.24	0.40	1.20	0.025	0.015	③	③	0.04	⑤,⑪	0.43	0.25
L290R/X42R	0.24	0.40	1.20	0.025	0.015	0.06	0.05	0.04	⑤,⑪	0.43	0.25
L245N/BN	0.24	0.40	1.20	0.025	0.015	③	③	0.04	⑤,⑪	0.43	0.25
L290N/X42N	0.24	0.40	1.20	0.025	0.015	0.06	0.05	0.04	⑤,⑪	0.43	0.25
L320N/X46N	0.24	0.40	1.40	0.025	0.015	0.07	0.05	0.04	④,⑤,⑪	0.43	0.25
L360N/X52N	0.24	0.45	1.40	0.025	0.015	0.10	0.05	0.04	④,⑤,⑪	0.43	0.25
L390N/X56N	0.24	0.45	1.40	0.025	0.015	0.10⑥	0.05	0.04	④,⑤,⑪	0.43	0.25
L415N/X60N	0.24⑥	0.45⑥	1.40⑥	0.025	0.015	0.10⑥	0.05⑥	0.04⑥	⑦,⑧,⑪	按协议	
L245Q/BQ	0.18	0.45	1.40	0.025	0.015	0.05	0.05	0.04	⑤,⑪	0.43	0.25
L290Q/X42Q	0.18	0.45	1.40	0.025	0.015	0.05	0.05	0.04	⑤,⑪	0.43	0.25
L320Q/X46Q	0.18	0.45	1.40	0.025	0.015	0.05	0.05	0.04	⑤,⑪	0.43	0.25
L360Q/X52Q	0.18	0.45	1.50	0.025	0.015	0.05	0.05	0.04	⑤,⑪	0.43	0.25
L390Q/X56Q	0.18	0.45	1.50	0.025	0.015	0.07	0.05	0.04	④,⑤,⑪	0.43	0.25

续表

牌号	化学成分(质量分数)/%,不大于									碳当量①/%,不大于	
	C②	Si	Mn②	P	S	V	Nb	Ti	其他	CE_{IIW}	CE_{Pcm}
L415Q/X60Q	0.18⑥	0.45⑥	1.70⑥	0.025	0.015	⑦	⑦	⑦	⑧,⑪	0.43	0.25
L450Q/X65Q	0.18⑥	0.45⑥	1.70⑥	0.025	0.015	⑦	⑦	⑦	⑧,⑪	0.43	0.25
L485Q/X70Q	0.18⑥	0.45⑥	1.80⑥	0.025	0.015	⑦	⑦	⑦	⑧,⑪	0.43	0.25
L555Q/X80Q	0.18⑥	0.45⑥	1.90⑥	0.025	0.015	⑦	⑦	⑦	⑨,⑩	按协议	
L245M/BM	0.22	0.45	1.20	0.025	0.015	0.05	0.05	0.04	⑤,⑪	0.43	0.25
L290M/X42M	0.22	0.45	1.30	0.025	0.015	0.05	0.05	0.04	⑤,⑪	0.43	0.25
L320M/X46M	0.22	0.45	1.30	0.025	0.015	0.05	0.05	0.04	⑤,⑪	0.43	0.25
L360M/X52M	0.22	0.45	1.40	0.025	0.015	④	④	④	⑤,⑪	0.43	0.25
L390M/X56M	0.22	0.45	1.40	0.025	0.015	④	④	④	⑤,⑪	0.43	0.25
L415M/X60M	0.12⑥	0.45⑥	1.60⑥	0.025	0.015	⑦	⑦	⑦	⑧,⑪	0.43	0.25
L450M/X65M	0.12⑥	0.45⑥	1.60⑥	0.025	0.015	⑦	⑦	⑦	⑧,⑪	0.43	0.25
L485M/X70M	0.12⑥	0.45⑥	1.70⑥	0.025	0.015	⑦	⑦	⑦	⑧,⑪	0.43	0.25
L555M/X80M	0.12⑥	0.45⑥	1.85⑥	0.025	0.015	⑦	⑦	⑦	⑨,⑪	0.43⑥	0.25
L625M/X90M	0.10	0.55⑥	2.10⑥	0.020	0.010	⑦	⑦	⑦	⑨,⑪	—	0.25
L690M/X100M	0.10	0.55⑥	2.10⑥	0.020	0.010	⑦	⑦	⑦	⑨,⑩		0.25
L830M/X120M	0.10	0.55⑥	2.10⑥	0.020	0.010	⑦	⑦	⑦	⑨,⑩		0.25

① 碳含量大于 0.12%时，CE_{IIW}适用；碳含量不大于 0.12%时，CE_{Pcm}适用。

② 碳含量比规定最大碳含量每降低 0.01%，则允许锰含量比规定最大锰含量提高 0.05%，但对 L245/B、L290/X42、L320/X46 和 L360/X52，最大锰含量应不超过 1.65%；对于 L390/X56、L415/X60 和 L450/X65，最大锰含量应不超过 1.75%；对于 L485/X70、L555/X80，最大锰含量应不超过 2.00%；对于 L625/X90、L690/X100 和 L830/X120，最大锰含量应不超过 2.20%。

③ 除另有协议外，铌、钒总含量应不大于 0.06%。

④ 铌、钒、钛总含量应不大于 0.15%。

⑤ 除另有协议外，最大铜含量为 0.50%；最大镍含量为 0.30%；最大铬含量为 0.30%；最大钼含量为 0.15%。

⑥ 除另有协议外。

⑦ 除另有协议外，铌、钒、钛总含量应不大于 0.15%。

⑧ 除另有协议外，最大铜含量为 0.50%；最大镍含量为 0.50%；最大铬含量为 0.50%；最大钼含量为 0.50%。

⑨ 除另有协议外，最大铜含量为 0.50%；最大镍含量为 1.00%；最大铬含量为 0.50%；最大钼含量为 0.50%。

⑩ 硼含量不大于 0.004%。

⑪ 除另有协议外，不允许有意添加硼，残余硼含量应不大于 0.001%。

表 2-15（A） PSL1 钢板的力学性能和工艺性能（GB/T 21237—2018）

钢级	拉伸试验①,②				180°弯曲试验（a—试样厚度；D—弯曲压头直径）
	规定总延伸强度 $R_{t0.5}$/MPa 不小于	抗拉强度 R_m/MPa 不小于	断后伸长率③/% 不小于		
			A_{50mm}	A	
L210/A	210	335	见注	25	$D=2a$
L245/B	245	415		21	

续表

钢级	拉伸试验①,②				180°弯曲试验（a—试样厚度；D—弯曲压头直径）
	规定总延伸强度 $R_{t0.5}$/MPa 不小于	抗拉强度 R_m/MPa 不小于	断后伸长率③/% 不小于		
			A_{50mm}	A	
L290/X42	290	415	见注	21	$D=2a$
L320/X46	320	435		20	
L360/X52	360	460		19	
L390/X56	390	490		18	
L415/X60	415	520		17	
L450/X65	450	535		17	
L485/X70	485	570		16	

① 需方在选用表中牌号时，由供需双方协商确定合适的拉伸性能范围，以保证钢管成品拉伸性能符合相应标准要求。

② 表中所列拉伸试样由需方确定试样方向，并应在合同中注明。一般情况下拉伸试样方向为对应钢管横向。

③ 按照定标距检验，当用户有特殊要求时，也可采用比例标距检验。当发生争议时，以标距为 50mm、宽度为 38mm 的试样进行仲裁。

注：关于表中的断后伸长率 A_{50mm}，所采用的标距是 50mm，其计算公式为

$$A_{50mm}=1940\times\frac{S_0^{0.2}}{R_m^{0.9}}$$

式中　A_{50mm}——断后伸长率最小值，%；

S_0——拉伸试样原始横截面积，mm^2；

R_m——规定的最小抗拉强度，MPa。

对于圆棒试样，直径为 12.7mm 和 8.9mm 的试样的 S_0 为 $130mm^2$，直径为 6.4mm 的试样 S_0 为 $65mm^2$；

对于全厚度矩形试样，取 $485mm^2$ 和试样截面积（公称厚度×试样宽度）中的较小者，修约到最接近的 $10mm^2$。

表 2-15（B） PSL2 钢板的力学性能和工艺性能（GB/T 21237—2018）

牌号	拉伸试验①,②					180°横向弯曲试验（a—试样厚度；D—弯曲压头直径）	
	规定总延伸强度③ $R_{t0.5}$/MPa	抗拉强度 R_m/MPa	屈强比 $R_{t0.5}/R_m$ 不大于	断后伸长率④/% 不小于			
				A_{50mm}	A		
L245R/BR、L245N/BN、L245Q/BQ、L245M/BM	245～450	415～655	0.90	见注		21	$D=2a$
L290R/X42R、L290N/X42N、L290Q/X42Q、L290M/X42M	290～495	415～655	0.90			21	$D=2a$
L320N/X46N、L320Q/X46Q、L320M/X46M	320～525	435～655	0.90			20	$D=2a$
L360N/X52N、L360Q/X52Q、L360M/X52M	360～530	460～760	0.90			19	$D=2a$
L390N/X56N、L390Q/X56Q、L390M/X56M	390～545	490～760	0.90			18	$D=2a$
L415N/X60N、X415Q/X60Q、L415M/X60M	415～565	520～760	0.90⑤			17	$D=2a$

续表

牌　　号	拉伸试验①,②					180°横向弯曲试验（a—试样厚度；D—弯曲压头直径）	
	规定总延伸强度③ $R_{t0.5}$/MPa	抗拉强度 R_m/MPa	屈强比 $R_{t0.5}/R_m$ 不大于	断后伸长率④/% 不小于			
				A_{50mm}	A		
L450Q/X65Q、L450M/X65M	450～600	535～760	0.90⑤	见注		17	$D=2a$
L485Q/X70Q、L485M/X70M	485～635	570～760	0.90⑤			16	$D=2a$
L555Q/X80Q、L555M/X80M	555～705	625～825	0.93			15	$D=2a$
L625M/X90M	625～775	695～915	0.95			协议	协议
L690M/X100M	690～840	760～990	0.97				
L830M/X120M	830～1050	915～1145	0.99				

① 表中所列拉伸，由需方确定试样方向，并应在合同中注明。一般情况下试样方向为对应钢管横向。

② 需方在选用表中牌号时，由供需双方协商确定合适的拉伸性能范围和屈强比要求，以保证钢管成品拉伸性能符合相应标准要求。

③ 对于 L625/X90 及更高强度钢级，规定塑性延伸强度 $R_{p0.2}$ 适用。

④ 在供需双方未规定采用何种标距时，按照定标距检验，当用户有特殊要求时，也可采用比例标距检验。当发生争议时，以标距为 50mm、宽度为 38mm 的试样进行仲裁。

⑤ 允许其中 5% 的炉批屈强比 $0.90<R_{t0.5}/R_m\leqslant 0.92$。

注：关于表中的断后伸长率 A_{50mm}，所采用的标距是 50mm，其计算公式为

$$A_{50mm}=1940\times\frac{S_0^{0.2}}{R_m^{0.9}}$$

式中　A_{50mm}——断后伸长率最小值，%；

S_0——拉伸试样原始横截面积，mm^2；

R_m——规定的最小抗拉强度，MPa。

对于圆棒试样，直径为 12.7mm 和 8.9mm 的试样的 S_0 为 $130mm^2$；直径为 6.4mm 的试样 S_0 为 $65mm^2$；

对于全厚度矩形试样，取 $485mm^2$ 和试样截面积（公称厚度×试样宽度）中的较小者，修约到最接近的 $10mm^2$。

表 2-15（C）　钢板的断裂韧性试验要求（GB/T 21237—2018）

钢级	−20℃夏比（V 形缺口）冲击试验					−10℃落锤撕裂试验（DWTT）DWTT 最小剪切面积百分数（SA）%			
	冲击吸收能量 KV_8/J 不小于	剪切断面率（FA）/% 不小于							
		输油		输气		输油		输气	
		均值	单值	均值	单值	均值	单值	均值	单值
L245/B	80	—	—	—	—	—	—	—	—
L290/X42									
L320/X46	90								
L360/X52		85	70	90	80	80	60	85	70
L390/X56	120								
L415/X60									
L450/X65									
L485/X70	150								
L555/X80									
L625/X90	180								
L690/X100									
L830/X120	按协议								

石油天然气工业管线输送系统用钢管的国家标准（GB/T 9711—2017）：石油天然气工业输送系统用钢管的化学成分见表 2-16（t＞25.0mm 时化学成分应协商确定）；石油天然气工业管线输送系统用钢管的力学性能见表 2-17。

表 2-16（A） 规定壁厚 t ≤25.0mm 的 PSL1 钢管的化学成分（GB/T 9711—2017）

钢级（钢名）	质量分数/%，基于熔炼分析和产品分析①,⑦							
	C max②	Mn max②	P min	P max	S max	V max	Nb max	Ti max
无缝管								
L175 或 A25	0.21	0.60	—	0.030	0.030	—	—	—
L175P 或 A25P	0.21	0.60	0.045	0.080	0.030	—	—	—
L210 或 A	0.22	0.90	—	0.030	0.030	—	—	—
L245 或 B	0.28	1.20	—	0.030	0.030	③,④	③,④	④
L290 或 X42	0.28	1.30	—	0.030	0.030	④	④	④
L320 或 X46	0.28	1.40	—	0.030	0.030	④	④	④
L360 或 X52	0.28	1.40	—	0.030	0.030	④	④	④
L390 或 X56	0.28	1.40	—	0.030	0.030	④	④	④
L415 或 X60	0.28⑤	1.40⑤	—	0.030	0.030	⑥	⑥	⑥
L450 或 X65	0.28⑤	1.40⑤	—	0.030	0.030	⑥	⑥	⑥
L485 或 X70	0.28⑤	1.40⑤	—	0.030	0.030	⑥	⑥	⑥
焊管								
L175 或 A25	0.21	0.60	—	0.030	0.030	—	—	—
L175P 或 A25P	0.21	0.60	0.045	0.030	0.030	—	—	—
L210 或 A	0.22	0.90	—	0.030	0.030	—	—	—
L245 或 B	0.26	1.20	—	0.030	0.030	③,④	③,④	④
L290 或 X42	0.26	1.30	—	0.030	0.030	④	④	④
L320 或 X46	0.26	1.40	—	0.030	0.030	④	④	④
L360 或 X52	0.26	1.40	—	0.030	0.030	④	④	④
L390 或 X56	0.26	1.40	—	0.030	0.030	④	④	④
L415 或 X60	0.26⑤	1.40⑤	—	0.030	0.030	⑥	⑥	⑥
L450 或 X65	0.26⑤	1.45⑤	—	0.030	0.030	⑥	⑥	⑥
L485 或 X70	0.26⑤	1.65⑤	—	0.030	0.030	⑥	⑥	⑥

① Cu≤0.50%；Ni≤0.50%；Cr≤0.50%；Mo≤0.15%。

② 碳含量比规定最大碳含量每减少 0.01%，则允许锰含量比规定最大锰含量增加 0.05%，对于≥L245 或 B 但≤L360 或 X52 的钢级，最大锰含量为 1.65%；对于＞L360 或 X52 但＜L485 或 X70 的钢级，最大锰含量为 1.75%；对于 L485 或 X70 的钢级，最大锰含量为 2.00%。

③ 除另有协议外，Nb+V≤0.06%。

④ Nb+V+Ti≤0.15%。

⑤ 除另有协议外。

⑥ 除另有协议外，Nb+V+Ti≤0.15%。

⑦ 不允许有意添加硼，且残余 B≤0.001%。

表 2-16（B）　规定壁厚 *t* ≤25.0mm 的 PSL2 钢管的化学成分及碳当量（GB/T 9711—2017）

钢级（钢名）	质量分数/%，基于熔炼分析和产品分析，最大									碳当最①/%，最大	
	C②	Si	Mn②	P	S	V	Nb	Ti	其他	CE_{IIW}	CE_{Pcm}
无缝管和焊管											
L245R 或 BR	0.24	0.40	1.20	0.025	0.015	③	③	0.04	⑤,⑫	0.43	0.25
L290R 或 X42R	0.24	0.40	1.20	0.025	0.015	0.06	0.05	0.04	⑤,⑫	0.43	0.25
L245N 或 BN	0.24	0.40	1.20	0.025	0.015	③	③	0.04	⑤,⑫	0.43	0.25
L290N 或 X42N	0.24	0.40	1.20	0.025	0.015	0.06	0.05	0.04	⑤,⑫	0.43	0.25
L320N 或 X46N	0.24	0.40	1.40	0.025	0.015	0.07	0.05	0.04	④,⑤,⑫	0.43	0.25
L360N 或 X52N	0.24	0.45	1.40	0.025	0.015	0.10	0.05	0.04	④,⑤,⑫	0.43	0.25
L390N 或 X56N	0.24	0.45	1.40	0.025	0.015	0.10⑥	0.05	0.04	④,⑤,⑫	0.43	0.25
L415N 或 X60N	0.24⑥	0.45⑥	1.40⑥	0.025	0.015	0.10⑥	0.05⑥	0.04⑥	⑦,⑧,⑫	依照协议	
L245Q 或 BQ	0.18	0.45	1.40	0.025	0.015	0.05	0.05	0.04	⑤,⑫	0.43	0.25
L290Q 或 X42Q	0.18	0.45	1.40	0.025	0.015	0.05	0.05	0.04	⑤,⑫	0.43	0.25
L320Q 或 X46Q	0.18	0.45	1.40	0.025	0.015	0.05	0.05	0.04	⑤,⑫	0.43	0.25
L360Q 或 X52Q	0.18	0.45	1.50	0.025	0.015	0.05	0.05	0.04	⑤,⑫	0.43	0.25
L390Q 或 X56Q	0.18	0.45	1.50	0.025	0.015	0.07	0.05	0.04	④,⑤,⑫	0.43	0.25
L415Q 或 X60Q	0.18⑥	0.45⑥	1.70⑥	0.025	0.015	⑦	⑦	⑦	⑧,⑫	0.43	0.25
L450Q 或 X65Q	0.18⑥	0.45⑥	1.70⑥	0.025	0.015	⑦	⑦	⑦	⑧,⑫	0.43	0.25
L485Q 或 X70Q	0.18⑥	0.45⑥	1.80⑥	0.025	0.015	⑦	⑦	⑦	⑧,⑫	0.43	0.25
L555Q 或 X80Q	0.18⑥	0.45⑥	1.90⑥	0.025	0.015	⑦	⑦	⑦	⑨,⑩	依照协议	
L625Q 或 X90Q	0.16⑥	0.45⑥	1.90	0.020	0.010	⑦	⑦	⑦	⑩,⑪	依照协议	
L690Q 或 X100Q	0.16⑥	0.45⑥	1.90	0.020	0.010	⑦	⑦	⑦	⑩,⑪	依照协议	
焊管											
L245M 或 BM	0.22	0.45	1.20	0.025	0.015	0.05	0.05	0.04	⑤,⑫	0.43	0.25
L290M 或 X42M	0.22	0.45	1.30	0.025	0.015	0.05	0.05	0.04	⑤,⑫	0.43	0.25
L320M 或 X46M	0.22	0.45	1.30	0.025	0.015	0.05	0.05	0.04	⑤,⑫	0.43	0.25
L360M 或 X52M	0.22	0.45	1.40	0.025	0.015	④	④	④	⑤,⑫	0.43	0.25
L390M 或 X56M	0.22	0.45	1.40	0.025	0.015	④	④	④	⑤,⑫	0.43	0.25
L415M 或 X60M	0.12⑥	0.45⑥	1.60⑥	0.025	0.015	⑦	⑦	⑦	⑧,⑫	0.43	0.25
L450M 或 X65M	0.12⑥	0.45⑥	1.60⑥	0.025	0.015	⑦	⑦	⑦	⑧,⑫	0.43	0.25
L485M 或 X70M	0.12⑥	0.45⑥	1.70⑥	0.025	0.015	⑦	⑦	⑦	⑧,⑫	0.43	0.25
L555M 或 X80M	0.12⑥	0.45⑥	1.85⑥	0.025	0.015	⑦	⑦	⑦	⑨,⑫	0.43⑥	0.25
L625M 或 X90M	0.10	0.55⑥	2.10⑥	0.020	0.010	⑦	⑦	⑦	⑨,⑫		0.25
L690M 或 X100M	0.10	0.55⑥	2.10⑥	0.020	0.010	⑦	⑦	⑦	⑨,⑩	—	0.25
L830M 或 X120M	0.10	0.55⑥	2.10⑥	0.020	0.010	⑦	⑦	⑦	⑨,⑩		0.25

① 依据产品分析结果，t>20.0mm 无缝管，碳当量的极限值应协商确定。碳含量大于 0.12%使用 CE_{IIW}，碳含量小于或等于 0.12%使用 CE_{Pcm}。

② 碳含量比规定最大碳含量每减少 0.01%，则允许锰含量比规定最大锰含量高 0.05%，对于钢级≥L245 或 B 但≤L360 或 X52 最大锰含量不得超过 1.65%，对于钢级>L360 或 X52 但<L485 或 X70 最大锰含量不得超过 1.75%，对于钢级≥L485 或 X70 但≤L555 或 X80 最大锰含量不得超过 2.00%，对于钢级>L555 或 X80 最大锰含量不得超过 2.20%。

③ 除另有协议外，Nb+V≤0.06%。

④ Nb+V+Ti≤0.15%。

⑤ 除另有协议外，Cu≤0.50%，Ni≤0.30%，Cr≤0.30%，Mo≤0.15%。

⑥ 除另有协议外。

⑦ 除另有协议外，Nb+V+Ti≤0.15%。

⑧ 除另有协议外，Cu≤0.50%，Ni≤0.50%，Cr≤0.50%，Mo≤0.50%。

⑨ 除另有协议外，Cu≤0.50%，Ni≤1.00%，Cr≤0.50%，Mo≤0.50%。

⑩ B≤0.004%。

⑪ 除另有协议外，Cu≤0.50%，Ni≤1.00%，Cr≤0.55%，Mo≤0.80%。

⑫ 除适用⑩外的所有 PSL2 钢级适用下列内容：除另有协议外，不允许有意添加硼，残余 B≤0.001%。

表 2-17（A） PSL1 钢管的拉伸试验要求（GB/T 9711—2017）

钢管等级	无缝管和焊管管体			EW、LW、SAW 和 COW 管焊缝
	屈服强度① $R_{t0.5}$/MPa(psi) 最小	抗拉强度① R_m/MPa(psi) 最小	伸长率(50mm 或 2in) A_f/% 最小	抗拉强度② R_m/MPa(psi) 最小
L175 或 A25	175(25400)	310(45000)	③	310(45000)
L175P 或 A25P	175(25400)	310(45000)	③	310(45000)
L210 或 A	210(30500)	335(48600)	③	335(48600)
L245 或 B	245(35500)	415(60200)	③	415(60200)
L290 或 X42	290(42100)	415(60200)	③	415(60200)
L320 或 X46	320(46400)	435(63100)	③	435(63100)
L360 或 X52	360(52200)	460(66700)	③	460(66700)
L390 或 X56	390(56600)	490(71100)	③	490(71100)
L415 或 X60	415(60200)	520(75400)	③	520(75400)
L450 或 X65	450(65300)	535(77600)	③	535(77600)
L485 或 X70	485(70300)	570(82700)	③	570(82700)

① 对于中间钢级，管体规定最小抗拉强度和规定最小屈服强度差应为列表中与之邻近较高钢级的强度差。

② 对于中间钢级，其焊缝的规定最小抗拉强度应与按①确定的管体抗拉强度相同。

③ 应采用下列公式计算规定最小伸长率 A_f，用百分数表示，且圆整到最邻近的百分位。

$$A_f = C\frac{A_{XC}^{0.2}}{U^{0.9}}$$

式中 C——当采用 SI 单位时，C 为 1940；当采用 USC 单位时，C 为 625000；

A_{XC}——适用的拉伸试样横截面积，mm^2（in^2），具体如下：

对圆棒试样，直径 12.7mm（0.500in）和 8.9mm（0.350in）的圆棒试样为 $130mm^2$（$0.20in^2$）；直径 6.4mm（0.250in）的圆棒试样为 $65mm^2$（$0.10in^2$）；

对全截面试样，取 $485mm^2$（$0.75in^2$）和钢管试样横截面积两者中的较小者，其试样横截面积由规定外径和规定壁厚计算，且圆整到最邻近的 $10mm^2$（$0.01in^2$）；

对板状试样，取 $485mm^2$（$0.75in^2$）和试样横截面积两者中的较小者，其试样横截面积由试样规定宽度和钢管规定壁厚计算，且圆整到最邻近的 $10mm^2$（$0.01in^2$）；

U——规定最小抗拉强度，MPa（psi）。

表 2-17（B） PSL2 钢管的拉伸试验要求（GB/T 9711—2017）

钢管等级	无缝管和焊管管体						HFW、SAW 和 COW 管焊缝
	屈服强度① $R_{t0.5}$/MPa(psi)		抗拉强度① R_m/MPa(psi)		屈强比①,③ $R_{t0.5}/R_m$	伸长率(50mm 或 2in)A_f/%	抗拉强度④ R_m/MPa(psi)
	最小	最大	最小	最大	最大	最小	最小
L245R 或 BR L245N 或 BN L245Q 或 BQ L245M 或 BM	245 (35500)	450⑤ (65300)⑤	415 (60200)	655 (95000)	0.93	⑥	415 (60200)
L290R 或 X42R L290N 或 X42N L290Q 或 X42Q L290M 或 X42M	290 (42100)	495 (71800)	415 (60200)	655 (95000)	0.93	⑥	415 (60200)
L320N 或 X46N L320Q 或 X46Q L320M 或 X46M	320 (46400)	525 (76100)	435 (63100)	655 (95000)	0.93	⑥	435 (63100)

续表

钢管等级	无缝管和焊管管体						HFW、SAW和COW管焊缝
	屈服强度① $R_{t0.5}$/MPa(psi)		抗拉强度① R_m/MPa(psi)		屈强比①·③ $R_{t0.5}/R_m$	伸长率(50mm或2in)A_f/%	抗拉强度④ R_m/MPa(psi)
	最小	最大	最小	最大	最大	最小	最小
L360N 或 X52N L360Q 或 X52Q L360M 或 X52M	360 (52200)	530 (7900)	460 (66700)	760 (110200)	0.93	⑥	460 (66700)
L390N 或 X56N L390Q 或 X56Q L390M 或 X56M	390 (56600)	545 (79000)	490 (71100)	760 (110200)	0.93	⑥	490 (71100)
L415N 或 X60N L415Q 或 X60Q L415M 或 X60M	415 (60200)	565 (81900)	520 (75400)	760 (110200)	0.93	⑥	520 (75400)
L450Q 或 X65Q L450M 或 X65M	450 (65300)	600 (87000)	535 (77600)	760 (110200)	0.93	⑥	535 (77600)
L485Q 或 X70Q L485M 或 X70M	485 (70300)	635 (92100)	570 (82700)	760 (110200)	0.93	⑥	570 (82700)
L555Q 或 X80Q L555M 或 X80M	555 (80500)	705 (102300)	625 (90600)	825 (119700)	0.93	⑥	625 (90600)
L625M 或 X90M	625 (90600)	775 (112400)	695 (100800)	915 (132700)	0.95	⑥	695 (100800)
L625Q 或 X90Q	625 (90600)	775 (112400)	695 (100800)	915 (132700)	0.97⑦	⑥	—
L690M 或 X100M	690② (100100)②	840② (121800)②	760 (110200)	990 (143600)	0.97⑧	⑥	760 (110200)
L690Q 或 X100Q	690② (100100)②	840② (121800)②	760 (110200)	990 (143600)	0.97⑧	⑥	—
L830M 或 X120M	830② (120400)②	1050② (152300)②	915 (132700)	1145 (166100)	0.99⑧	⑥	915 (132700)

① 对于中间钢级，其规定最大屈服强度和规定最小屈服强度之差应与列表中与之邻近较高钢级的强度之差相同，规定最小抗拉强度和规定最小屈服强度之差应与列表中与之邻近较高钢级的强度之差相同。对低于L320/X46的中间钢级，其抗拉强度应≤655MPa（95000psi）。对高于L320/X46而低于L555/X80的中间钢级，其抗拉强度应≤760MPa（110200psi）。对高于L555或X80的中间钢级，其最大允许抗拉强度应由插入法获得。当采用SI单位时，计算值应圆整到最邻近的5MPa。当采用USC单位时，计算值应圆整到最邻近的100psi。

② 钢级>L625/X90时，采用$R_{p0.2}$。

③ 此限制适用于D>323.9mm（12.750in）的钢管。

④ 对于中间钢级，其焊缝的规定最小抗拉强度应与按①确定的管体抗拉强度相同。

⑤ 对于要求纵向检验的钢管，其最大屈服强度应≤495MPa（71800psi）。

⑥ 规定最小伸长率A_f应采用下列公式确定：

$$A_f=C\frac{A_{XC}^{0.2}}{U^{0.9}}$$

式中　C——当采用SI单位时，C为1940，当采用USC单位时，C为625000；

A_{XC}——适用的拉伸试样横截面积，mm^2（in^2），具体如下：

圆棒试样：直径12.7mm（0.500in）和8.9mm（0.350in）的圆棒试样为130mm^2（0.20in^2）；直径6.4mm（0.250in）的圆棒试样为65mm^2（0.10in^2）；

全截面试样：取485mm^2（0.75in^2）和试样横截面积两者中的较小者，其试样横截面积由规定外径和规定壁厚计算，且圆整到最邻近的10mm^2（0.01in^2）；

板状试样：取485mm^2（0.75in^2）和试样横截面积两者中的较小者，试样横截面积由试样规定宽度和钢管规定壁厚计算，圆整到最邻近的10mm^2（0.01in^2）；

U——规定最小抗拉强度，MPa（psi）。

⑦ 经协商可规定较低的$R_{t0.5}/R_m$比值。

⑧ 对于钢级>L625/X90的钢管，$R_{p0.2}/R_m$适用，经协商可规定较低的$R_{p0.2}/R_m$比值。

表 2-17（C） PSL2 钢管管体的夏比冲击试验要求（试验温度：0℃）（GB/T 9711—2017）

规定外径 D /mm(in)	全尺寸 CVN 吸收能 K_V/J(ft·lbf) 最小值						
	钢级						
	≤L415 或 X60	>L415 或 X60～L450 或 X65	>L450 或 X65～L485 或 X70	>L485 或 X70～L555 或 X80	>L555 或 X80～L625 或 X90	>L625 或 X90～L690 或 X100	>L690 或 X100～L830 或 X120
≤508(20.000)	27(20)	27(20)	27(20)	40(30)	40(30)	40(30)	40(30)
>508(20.000)～762(30.000)	27(20)	27(20)	27(20)	40(30)	40(30)	40(30)	40(30)
>762(30.000)～914(36.000)	40(30)	40(30)	40(30)	40(30)	40(30)	54(40)	54(40)
>914(36.000)～1219(48.000)	40(30)	40(30)	40(30)	40(30)	40(30)	54(40)	68(50)
>1219(48.000)～1422(56.000)	40(30)	54(40)	54(40)	54(40)	54(40)	68(50)	81(60)
>1422(56.000)～2134(84.000)	40(30)	54(40)	68(50)	68(50)	81(60)	95(70)	108(80)

在上面的两个国家标准中，无论是钢板还是钢管，都有两种产品规范水平，其中 PSL1 为标准质量水平，而 PSL2 则是在化学成分、力学性能等方面增加了一些强制性要求。这里的钢管包括无缝钢管和焊接钢管（简称焊管）。

在这两个标准的钢板或钢管成分中（仅指 PSL2 产品），均规定了碳当量。有关碳当量的数值给出如下两个计算公式。

当钢的成分中碳含量不大于 0.12%时，碳当量用 CE_{Pcm}，且按下式计算：

$$CE_{Pcm}=C+Si/30+(Mn+Cu+Cr)/20+Ni/60+Mo/15+V/10+5B$$

当钢的成分中碳含量大于 0.12%时，碳当量用 CE_{IIW}，且按下式计算：

$$CE_{IIW}=C+Mn/6+(Cr+Mo+V)/5+(Cu+Ni)/15$$

有关钢管交货状态的规定：

钢管强度等级低的牌号，如 L175、L210 等，不采用热机械轧制交货状态；

钢管等级在 L245～L485 的 PSL1 牌号，除了采用热机械轧制交货状态外，也可采用轧制、正火轧制、正火成形、热机械成形等交货状态；

钢管等级在 L245M～L555M 的 PSL2 牌号，可采用热机械轧制或热机械成形交货状态；

钢管等级为 L625M、L690M、L830M 的 PSL2 牌号，只可采用热机械轧制交货状态。

对于焊接钢管而言，按照采用的焊接方法不同，其产品有电（阻）焊管（EW 管）、埋弧焊管（SAW 管）、组合焊管（COW 管）、高频焊管（HFW 管）以及激光焊管（LW 管）等。

第三章 低合金及微合金专业用钢

第一节　船舶及海洋工程用钢

进入 21 世纪，我国的船舶及海洋工程行业迎来了高速发展的时期。2001 年，我国船舶及海洋工程用钢的数量仅有 168 万吨，到 2010 年我国船舶及海洋工程用钢的数量已超过了 2200 万吨。然而，受到全球经济的影响，我国船舶及海洋工程行业在“十二五”期间开始步入了下行通道，2017 年我国造船行业的完工量约为 4200 万吨，仅为 2011 年峰值水平的 56％；相应地，我国船舶及海洋工程用钢的生产应用也不断下滑，2017 年我国船舶及海洋工程用钢的数量约为 800 万吨，产能处于严重过剩状态。虽然近年来我国在生产应用方面受到较大影响，但在船舶及海洋工程用钢品种的开发方面却取得了很大突破，并实现了实船应用。

1986 年在冶金部和中船总公司组织下，开展了“海洋平台用抗层状撕裂钢的研制”，成功开发出海洋平台用强度为 335MPa 级的抗层状撕裂钢 E36-Z35。近年来，为了满足我国海洋工程装备发展的需要，国内相关钢铁企业开发了强度级别涵盖 315～690MPa 的高强度高韧性海洋工程用钢，其最高质量等级达到 FH 级，钢板最大厚度达到 150mm，成功应用于荔湾深海平台、自升式钻井平台、第七代半潜平台等重大海洋石油平台工程的建造。

目前，我国石油平台用钢已基本形成高强度系列，国产化程度已达到 90％。但是在超高强度（≥690MPa）钢板研发、特厚板齿条钢的研发等方面与世界先进水平还存在一定差距，特别是自升式平台关键部位使用的 550～785MPa 级易焊接、高韧性、耐海水腐蚀的平台用钢还依赖于进口。

在舰船用钢领域，我国研究开发了强度级别在 355～980MPa 的高韧性、易焊接系列舰船用钢品种，建立了独立自主的海军舰船用钢体系，完全实现了海军舰船装备用钢的国产化，成功用于国产航母、大型驱逐舰、护卫舰、核潜艇等海军各型舰船装备的建造，为国防装备的现代化建设做出了重大贡献。

船舶用钢包括一般强度的碳素造船用钢和高强度低合金造船用钢。碳素造船用钢板的屈服强度通常为 235MPa，按船舶航区将冲击韧性的要求划分为 A、B、D、E 级，分别对 +20℃、0℃、−20℃、−40℃的冲击韧性规定下限值。高强度级造船用钢板的屈服强度分为 315MPa、355MPa 和 415MPa 三个级别，将冲击韧性的要求划分为 AH、DH、EH、FH 级，分别对 0℃、−20℃、−40℃、−60℃的冲击韧性规定下限值。在船舶用钢的冶炼过程中，允许添加 V、Nb、Ti 等合金化元素的一种或多种；船舶用钢允许在热轧、正火或热机械处理状态下交货。

一般强度级、高强度级钢材的牌号和化学成分见表 3-1，热机械处理状态下交货的高强度级钢材的碳当量最大值不超过表 3-2 的规定，超高强度级钢材的牌号和化学成分见表 3-3，一般强度级、高强度级钢材的力学性能见表 3-4，超高强度级钢材的力学性能见表 3-5，Z 向钢厚度方向的断面收缩率应不低于表 3-6 的规定。

表 3-1　一般强度级、高强度级钢材的牌号和化学成分（GB/T 712—2011）

<table>
<tr><th rowspan="2">牌号</th><th colspan="14">化学成分⑤~⑧/%</th></tr>
<tr><th>C</th><th>Si</th><th>Mn</th><th>P</th><th>S</th><th>Cu</th><th>Cr</th><th>Ni</th><th>Nb</th><th>V</th><th>Ti</th><th>Mo</th><th>N</th><th>Als④</th></tr>
<tr><td>A</td><td rowspan="3">≤①0.21</td><td>≤0.50</td><td>≥0.50</td><td rowspan="2">≤0.035</td><td rowspan="2">≤0.035</td><td rowspan="4">≤0.35</td><td rowspan="4">≤0.30</td><td rowspan="4">≤0.30</td><td rowspan="4">—</td><td rowspan="4">—</td><td rowspan="4">—</td><td rowspan="4">—</td><td rowspan="13">—</td><td rowspan="2">—</td></tr>
<tr><td>B</td><td rowspan="3">≤0.35</td><td>≥0.80②</td></tr>
<tr><td>D</td><td>≥0.60</td><td>≤0.030</td><td>≤0.030</td><td rowspan="2">≥0.015</td></tr>
<tr><td>E</td><td>≤0.18</td><td>≥0.70</td><td>≤0.025</td><td>≤0.025</td></tr>
<tr><td>AH32</td><td rowspan="9">≤0.18</td><td rowspan="12">≤0.50</td><td rowspan="12">0.90~1.60③</td><td rowspan="3">≤0.030</td><td rowspan="3">≤0.030</td><td rowspan="12">≤0.35</td><td rowspan="12">≤0.20</td><td rowspan="9">≤0.40</td><td rowspan="12">0.02~0.05</td><td rowspan="12">0.05~0.10</td><td rowspan="12">≤0.02</td><td rowspan="12">≤0.08</td><td rowspan="12">≥0.015</td></tr>
<tr><td>AH36</td></tr>
<tr><td>AH40</td></tr>
<tr><td>DH32</td><td rowspan="6">≤0.025</td><td rowspan="6">≤0.025</td></tr>
<tr><td>DH36</td></tr>
<tr><td>DH40</td></tr>
<tr><td>EH32</td></tr>
<tr><td>EH36</td></tr>
<tr><td>EH40</td></tr>
<tr><td>FH32</td><td rowspan="3">≤0.16</td><td rowspan="3">≤0.020</td><td rowspan="3">≤0.020</td><td rowspan="3">≤0.80</td><td rowspan="3">N≤0.009</td></tr>
<tr><td>FH36</td></tr>
<tr><td>FH40</td></tr>
</table>

① A 级型钢的 C 含量最大可到 0.23%。

② B 级钢材做冲击试验时，Mn 含量下限可到 0.60%。

③ 当 AH32～EH40 级钢材的厚度≤12.5mm 时，Mn 含量的最小值可为 0.70%。

④ 对于厚度大于 25mm 的 D 级、E 级钢材的铝含量应符合表中规定；可测定总铝含量代替酸溶铝含量，此时总铝含量应不小于 0.020%。经船级社同意，也可使用其他细化晶粒元素。

⑤ 细化晶粒元素 Al、Nb、V、Ti 可单独或以任一组合形式加入钢中。当单独加入时，其含量应符合本表的规定；若混合加入两种或两种以上细化晶粒元素时，表中细晶元素含量下限的规定不适用，同时要求 Nb+V+Ti≤0.12%。

⑥ 当 F 级钢中含铝时，N≤0.012%。

⑦ A、B、D、E 的碳当量 Ceq≤0.40%。碳当量计算公式：Ceq=C+Mn/6。

⑧ 添加的任何其他元素，应在质量证明中注明。

表 3-2　热机械处理状态下交货的高强度级钢材的碳当量最大值（GB/T 712—2011）

牌　　号	碳当量①,②/%		
	钢材厚度≤50mm	50mm<钢材厚度≤100mm	100mm<钢材厚度≤150mm
AH32、DH32、EH32、FH32	≤0.36	≤0.38	≤0.40
AH36、DH36、EH36、FH36	≤0.38	≤0.40	≤0.42
AH40、DH40、EH40、FH40	≤0.40	≤0.42	≤0.45

① 碳当量计算公式：Ceq=C+Mn/6+(Cr+Mo+V)/5+(Ni+Cu)/15。

② 根据需要，可用裂纹敏感性指数 P_{cm} 代替碳当量，其值应符合船级社接受的有关标准。裂纹敏感性指数计算公式：P_{cm}=C+Si/30+Mn/20+Cu/20+Ni/60+Cr/20+Mo/15+V/10+5B。

表 3-3　超高强度级钢材的牌号和化学成分（GB/T 712—2011）

牌　号	化学成分①,②/%					
	C	Si	Mn	P	S	N
AH420	≤0.21	≤0.55	≤1.70	≤0.030	≤0.030	≤0.020
AH460						
AH500						
AH550						
AH620						
AH690						
DH420	≤0.20	≤0.55	≤1.70	≤0.025	≤0.025	
DH460						
DH500						
DH550						
DH620						
DH690						
EH420	≤0.20	≤0.55	≤1.70	≤0.025	≤0.025	
EH460						
EH500						
EH550						
EH620						
EH690						
FH420	≤0.18	≤0.55	≤1.60	≤0.020	≤0.020	
FH460						
FH500						
FH550						
FH620						
FH690						

① 添加的合金化元素及细化晶粒元素 Al、Nb、V、Ti 应符合船级社认可或公认的有关标准规定。

② 应采用表 3-2 中公式计算裂纹敏感系数 P_{cm} 代替碳当量，其值应符合船级社认可的标准。

表 3-4　一般强度级、高强度级钢材钢材的力学性能（GB/T 712—2011）

牌号	拉伸试验[1,2]			V形缺口冲击试验						
	上屈服强度 R_{eH}/MPa	抗拉强度 R_m/MPa	断后伸长率 A/%	试验温度/℃	以下厚度冲击吸收能量 KV_2/J					
					≤50mm		>50～70mm		>70～150mm	
					纵向	横向	纵向	横向	纵向	横向
					≥					
A[3,4]	≥235	400～520	≥22	20	—	—	34	24	41	27
B[4]				0	27	20	34	24	41	27
D				−20						
E				−40						
AH32	≥315	450～570		0	31	22	38	26	46	31
DH32				−20						
EH32				−40						
FH32				−60						
AH36	≥355	490～630	≥21	0	34	24	41	27	50	34
DH36				−20						
EH36				−40						
FH36				−60						
AH40	≥390	510～660	≥20	0	41	27	46	31	55	37
DH40				−20						
EH40				−40						
FH40				−60						

① 拉伸试验取横向试样。经船级社同意，A 级型钢的抗拉强度可超上限。

② 当屈服不明显时，可测量 $R_{p0.2}$ 代替上屈服强度。

③ 冲击试验取纵向试样，但供方应保证横向冲击性能。型钢不进行横向冲击试验。厚度大于 50mm 的 A 级钢，经细化晶粒处理并以正火状态交货时，可不做冲击试验。

④ 厚度不大于 25mm 的 B 级钢、以 TMCP 状态交货的 A 级钢，经船级社同意可不做冲击试验。

表 3-5　超高强度级钢材的力学性能（GB/T 712—2011）

钢级	拉伸试验[1,2]			V形缺口冲击试验		
	上屈服强度 R_{eH}/MPa	抗拉强度 R_m/MPa	断后伸长率 A/%	试验温度/℃	冲击吸收能量 KV_2/J	
					纵向	横向
					≥	
AH420	≥420	530～680	≥18	0	42	28
DH420				−20		
EH420				−40		
FH420				−60		
AH460	≥460	570～720	≥17	0	46	31
DH460				−20		
EH460				−40		
FH460				−60		

续表

钢级	拉伸试验①,②			V形缺口冲击试验		
	上屈服强度 R_{eH}/MPa	抗拉强度 R_m/MPa	断后伸长率 A/%	试验温度 /℃	冲击吸收能量 KV_2/J	
					纵向	横向
					≥	
AH500	≥500	610～770	≥16	0	50	33
DH500				−20		
EH500				−40		
FH500				−60		
AH550	≥550	670～830	≥16	0	55	37
DH550				−20		
EH550				−40		
FH550				−60		
AH620	≥620	720～890	≥15	0	62	41
DH620				−20		
EH620				−40		
FH620				−60		
AH690	≥690	770～940	≥14	0	69	46
DH690				−20		
EH690				−40		
FH690				−60		

① 拉伸试验取横向试样。冲击试验取纵向试样，但供方应保证横向冲击性能。

② 当屈服不明显时，可测量 $R_{p0.2}$代替上屈服强度。

表 3-6　Z 向钢厚度方向的断面收缩率（GB/T 712—2011）　　%

厚度方向断面收缩率	Z向性能级别	
	Z25	Z35
3个试样平均值	≥25	≥35
单个试样值	≥15	≥25

第二节　桥梁用结构钢

铁道桥梁承受着列车运行时带来的动载荷或冲击等力的作用，为了长期安全运行，要求桥梁用钢具有足够的强度和韧性，以承受机车车辆的载荷及冲击力，还要求钢材具有良好的抗疲劳性能及低的缺口敏感性。此外，也要求钢材具有一定的低温韧性和抗时效敏感性，以防止在长期使用中由于气候条件等的变化引起突然脆断。

对于桥梁用钢，按质量等级不同分别给出了磷、硫、硼、氢成分的相应要求，详见表3-7；各种交货状态（含热轧或正火、热机械轧制、调质处理）下桥梁用钢及耐大气腐蚀钢的化学成分见表3-8，桥梁用钢的碳当量及裂纹敏感性指数见表3-9，桥梁用钢的力学性能见表3-10。

表3-7　桥梁用钢按质量等级不同对磷、硫、硼、氢成分的要求（GB/T 714—2015）

<table>
<tr><th rowspan="3">质量等级</th><th colspan="4">化学成分(质量分数)/%</th></tr>
<tr><th>P</th><th>S</th><th>B①,②</th><th>H①</th></tr>
<tr><th colspan="4">不大于</th></tr>
<tr><td>C</td><td>0.030</td><td>0.025</td><td rowspan="4">0.0005</td><td rowspan="4">0.0002</td></tr>
<tr><td>D</td><td>0.025</td><td>0.020③</td></tr>
<tr><td>E</td><td>0.020</td><td>0.010</td></tr>
<tr><td>F</td><td>0.015</td><td>0.006</td></tr>
</table>

① 钢中残余元素B、H供方能保证时，可不进行分析。

② 调质钢中添加元素B时，不受此限制，且进行分析并填入质量证明书中。

③ Q420及以上级别S含量不大于0.015%。

表3-8（A）　热轧或正火钢的化学成分（GB/T 714—2015）

<table>
<tr><th rowspan="3">牌号</th><th rowspan="3">质量等级</th><th colspan="11">化学成分(质量分数)/%</th></tr>
<tr><th>C</th><th>Si</th><th rowspan="2">Mn</th><th rowspan="2">Nb①</th><th rowspan="2">V①</th><th rowspan="2">Ti①</th><th rowspan="2">Als①,②</th><th>Cr</th><th>Ni</th><th>Cu</th><th>N</th></tr>
<tr><th colspan="2">不大于</th><th colspan="4">不大于</th></tr>
<tr><td>Q345q</td><td rowspan="2">C
D
E</td><td rowspan="2">0.18</td><td rowspan="2">0.55</td><td>0.90～1.60</td><td rowspan="2">0.005～0.060</td><td rowspan="2">0.010～0.080</td><td rowspan="2">0.006～0.030</td><td rowspan="2">0.010～0.045</td><td rowspan="2">0.30</td><td rowspan="2">0.30</td><td rowspan="2">0.30</td><td rowspan="2">0.0080</td></tr>
<tr><td>Q370q</td><td>1.00～1.60</td></tr>
</table>

① 钢中Al、Nb、V、Ti可单独或组合加入，单独加入时，应符合表中规定；组合加入时，应至少保证一种合金元素含量达到表中下限规定，且Nb+V+Ti≤0.22%。

② 当采用全铝（Alt）含量计算时，全铝含量应为0.015%～0.050%。

表3-8（B）　热机械轧制钢的化学成分（GB/T 714—2015）

<table>
<tr><th rowspan="3">牌号</th><th rowspan="3">质量等级</th><th colspan="12">化学成分(质量分数)/%</th></tr>
<tr><th>C</th><th>Si</th><th rowspan="2">Mn ①</th><th rowspan="2">Nb ②</th><th rowspan="2">V②</th><th rowspan="2">Ti ②</th><th>Als②,③</th><th>Cr</th><th>Ni</th><th>Cu</th><th>Mo</th><th>N</th></tr>
<tr><th colspan="2">不大于</th><th colspan="6">不大于</th></tr>
<tr><td>Q345q</td><td>C
D
E</td><td rowspan="2">0.14</td><td rowspan="5">0.55</td><td>0.90～1.60</td><td rowspan="5">0.010～0.090</td><td rowspan="5">0.010～0.080</td><td rowspan="5">0.006～0.030</td><td rowspan="5">0.010～0.045</td><td rowspan="2">0.30</td><td rowspan="2">0.30</td><td rowspan="5">0.30</td><td rowspan="2">—</td><td rowspan="5">0.0080</td></tr>
<tr><td>Q370q</td><td>D
E</td><td>1.00～1.60</td></tr>
<tr><td>Q420q</td><td rowspan="3">D
E
F</td><td rowspan="3">0.11</td><td rowspan="3">1.00～1.70</td><td rowspan="2">0.50</td><td rowspan="2">0.30</td><td>0.20</td></tr>
<tr><td>Q460q</td><td>0.25</td></tr>
<tr><td>Q500q</td><td>0.80</td><td>0.70</td><td>0.30</td></tr>
</table>

① 经供需双方协议，锰含量最大可到2.0%。

② 表中Al、Nb、V、Ti可单独加入或组合加入，单独加入时应符合表中规定；组合加入时应至少保证一种合金元素含量达到下限规定，且Nb+V+Ti≤0.22%。

③ 当采用全铝含量计算时，全铝含量应为0.015%～0.050%。

表 3-8（C） 调质钢的化学成分（GB/T 714—2015）

<table>
<tr><th rowspan="3">牌号</th><th rowspan="3">质量等级</th><th colspan="12">化学成分(质量分数)/%</th></tr>
<tr><th>C</th><th>Si</th><th rowspan="2">Mn</th><th rowspan="2">Nb①</th><th rowspan="2">V①</th><th rowspan="2">Ti①</th><th rowspan="2">Als①,②</th><th rowspan="2">Cr</th><th rowspan="2">Ni</th><th rowspan="2">Cu</th><th rowspan="2">Mo</th><th rowspan="2">N</th></tr>
<tr><th colspan="2">不大于</th></tr>
<tr><td>Q500q</td><td rowspan="4">D
E
F</td><td>0.11</td><td rowspan="4">0.55</td><td rowspan="4">0.80～1.70</td><td rowspan="2">0.005～0.060</td><td rowspan="4">0.010～0.080</td><td rowspan="4">0.006～0.030</td><td rowspan="4">0.010～0.045</td><td rowspan="2">≤0.80</td><td rowspan="2">≤0.70</td><td rowspan="2">≤0.30</td><td rowspan="2">≤0.30</td><td rowspan="4">≤0.0080</td></tr>
<tr><td>Q550q</td><td>0.12</td></tr>
<tr><td>Q620q</td><td>0.14</td><td rowspan="2">0.005～0.090</td><td>0.40～0.80</td><td>0.25～1.00</td><td rowspan="2">0.15～0.55</td><td>0.20～0.50</td></tr>
<tr><td>Q690q</td><td>0.15</td><td>0.40～1.00</td><td>0.25～1.20</td><td>0.20～0.60</td></tr>
</table>

① 钢中 Al、Nb、V、Ti 可单独或组合加入，单独加入时，应符合表中规定；组合加入时，应至少保证一种合金元素含量达到表中下限规定，且 Nb+V+Ti≤0.22%。

② 当采用全铝（Alt）含量计算时，全铝含量应为 0.015%～0.050%。

注：可添加 B 元素 0.0005%～0.0030%。

表 3-8（D） 桥梁用耐大气腐蚀钢的化学成分（GB/T 714—2015）

<table>
<tr><th rowspan="3">牌号</th><th rowspan="3">质量等级</th><th colspan="12">化学成分①～③(质量分数)/%</th></tr>
<tr><th rowspan="2">C</th><th rowspan="2">Si</th><th rowspan="2">Mn④</th><th rowspan="2">Nb</th><th rowspan="2">V</th><th rowspan="2">Ti</th><th rowspan="2">Cr</th><th rowspan="2">Ni</th><th rowspan="2">Cu</th><th>Mo</th><th>N</th><th rowspan="2">Als⑤</th></tr>
<tr><th colspan="2">不大于</th></tr>
<tr><td>Q345qNH</td><td rowspan="6">D
E
F</td><td rowspan="6">≤0.11</td><td rowspan="6">0.15～0.50</td><td rowspan="6">1.10～1.50</td><td rowspan="6">0.010～0.100</td><td rowspan="6">0.010～0.100</td><td rowspan="6">0.006～0.030</td><td rowspan="4">0.40～0.70</td><td rowspan="4">0.30～0.40</td><td rowspan="4">0.25～0.50</td><td>0.10</td><td rowspan="6">0.0080</td><td rowspan="6">0.015～0.050</td></tr>
<tr><td>Q370qNH</td><td>0.15</td></tr>
<tr><td>Q420qNH</td><td rowspan="2">0.20</td></tr>
<tr><td>Q460qNH</td></tr>
<tr><td>Q500qNH</td><td rowspan="2">0.45～0.70</td><td rowspan="2">0.30～0.45</td><td rowspan="2">0.25～0.55</td><td rowspan="2">0.25</td></tr>
<tr><td>Q550qNH</td></tr>
</table>

① Nb、V、Ti、Al 可单独或组合加入，组合加入时，应至少保证一种合金元素含量达到表中下限规定；Nb+V+Ti≤0.22%。

② 为控制硫化物形态要进行 Ca 处理。

③ 对耐候钢耐腐蚀性的评定，参见附录 C。

④ 当卷板状态交货时 Mn 含量下限可到 0.50%。

⑤ 当采用全铝（Alt）含量计算时，全铝含量应为 0.020%～0.055%。

表 3-9（A） 钢的碳当量（CEV）（GB/T 714—2015）

<table>
<tr><th rowspan="2">交货状态</th><th rowspan="2">牌号</th><th colspan="3">碳当量 CEV①/%</th></tr>
<tr><th>厚度≤50mm</th><th>50mm<厚度≤100mm</th><th>100mm<厚度≤150mm</th></tr>
<tr><td rowspan="2">热轧或正火</td><td>Q345q</td><td>≤0.43</td><td>≤0.45</td><td rowspan="2">协议</td></tr>
<tr><td>Q370q</td><td>≤0.44</td><td>≤0.46</td></tr>
<tr><td rowspan="2">热机械轧制</td><td>Q345q</td><td>≤0.38</td><td>≤0.40</td><td rowspan="2">—</td></tr>
<tr><td>Q370q</td><td>≤0.38</td><td>≤0.40</td></tr>
<tr><td rowspan="4">调质</td><td>Q500q</td><td>≤0.50</td><td>≤0.55</td><td rowspan="4">协议</td></tr>
<tr><td>Q550q</td><td>≤0.52</td><td>≤0.57</td></tr>
<tr><td>Q620q</td><td>≤0.55</td><td>≤0.60</td></tr>
<tr><td>Q690q</td><td>≤0.60</td><td>≤0.65</td></tr>
</table>

① CEV=C+Mn/6+(Cr+Mo+V)/5+(Ni+Cu)/15。

注：耐大气腐蚀钢的碳当量可在此表的基础上，由供需双方协议规定。

表 3-9（B） 钢的裂纹敏感性指数（P_{cm}）（GB/T 714—2015）

牌号	P_{cm}①/%	牌号	P_{cm}①/%
	不大于		不大于
Q345q	0.20	Q500q	0.25
Q370q	0.20	Q550q	0.25
Q420q	0.22	Q620q	0.25
Q460q	0.23	Q690q	0.25

① P_{cm} = C + Si/30 + Mn/20 + Cu/20 + Ni/60 + Cr/20 + Mo/15 + V/10 + 5B。

表 3-10 桥梁用钢的力学性能（GB/T 714—2015）

牌号	质量等级	拉伸试验①,②					冲击试验③	
		下屈服强度 R_{eL}/MPa			抗拉强度 R_m/MPa	断后伸长率 A/%	温度/℃	冲击吸收能量 KV_2/J
		厚度≤50mm	50mm＜厚度≤100mm	100mm＜厚度≤150mm				
		不小于						不小于
Q345q	C	345	335	305	490	20	0	120
	D						−20	
	E						−40	
Q370q	C	370	360	—	510	20	0	120
	D						−20	
	E						−40	
Q420q	D	420	410	—	540	19	−20	120
	E						−40	
	F						−60	47
Q460q	D	460	450	—	570	18	−20	120
	E						−40	
	F						−60	47
Q500q	D	500	480	—	630	18	−20	120
	E						−40	
	F						−60	47
Q550q	D	550	530	—	660	16	−20	120
	E						−40	
	F						−60	47
Q620q	D	620	580	—	720	15	−20	120
	E						−40	
	F						−60	47
Q690q	D	690	650	—	770	14	−20	120
	E						−40	
	F						−60	47

① 当屈服不明显时，可测量 $R_{p0.2}$ 代替下屈服强度。
② 拉伸试验取横向试样。
③ 冲击试验取纵向试样。

第三节　锅炉和压力容器用钢

锅炉用钢主要用来制造过热器、主蒸汽管道和锅炉燃烧室。压力容器用钢常用于石油化工、气体分离和气体储运等设备的压力容器或其他类似的设备。这些产品都要求钢材具有足够的强度和一定的韧性，良好的冷热变形能力，优良的焊接性能。

锅炉和压力容器用钢板的牌号和化学成分见表3-11，锅炉和压力容器用钢板的高温力学性能见表3-12。低温压力容器用低合金钢板的化学成分见表3-13，低温压力容器用低合金钢板的力学性能和工艺性能见表3-14。压力容器用调质高强度钢板的牌号和化学成分见表3-15，压力容器用调质高强度钢板的力学性能和工艺性能见表3-16。

表3-11　锅炉和压力容器用钢板的牌号和化学成分（GB/T 713—2014）

牌号	化学成分(质量分数)/%												
	C[1]	Si	Mn	Cu	Ni	Cr	Mo	Nb	V	Ti	Alt[2]	P	S	其他
Q245R	≤0.20	≤0.35	0.50～1.10	≤0.30	≤0.30	≤0.30	≤0.08	≤0.050	≤0.050	≤0.030	≤0.020	≤0.025	≤0.010	Cu+Ni+Cr+Mo≤0.70
Q345R	≤0.20	≤0.55	1.20～1.70	≤0.30	≤0.30	≤0.30	≤0.08	≤0.050	≤0.050	≤0.030	≤0.020	≤0.025	≤0.010	
Q370R	≤0.18	≤0.55	1.20～1.70	≤0.30	≤0.30	≤0.30	≤0.08	0.015～0.050	≤0.050	≤0.030	—	≤0.020	≤0.010	
Q420R	≤0.20	≤0.55	1.30～1.70	≤0.30	0.20～0.50	≤0.30	≤0.08	0.015～0.050	≤0.100	≤0.030	—	≤0.020	≤0.010	—
18MnMoNbR	≤0.21	0.15～0.50	1.20～1.60	≤0.30	≤0.30	≤0.30	0.45～0.65	0.025～0.050	—	—	—	≤0.020	≤0.010	—
13MnNiMoR	≤0.15	0.15～0.50	1.20～1.60	≤0.30	0.60～1.00	0.20～0.40	0.20～0.40	0.005～0.020	—	—	—	≤0.020	≤0.010	—
15CrMoR	0.08～0.18	0.15～0.40	0.40～0.70	≤0.30	≤0.30	0.80～1.20	0.45～0.60	—	—	—	—	≤0.025	≤0.010	—
14Cr1MoR	≤0.17	0.50～0.80	0.40～0.65	≤0.30	≤0.30	1.15～1.50	0.45～0.65	—	—	—	—	≤0.020	≤0.010	—
12Cr2Mo1R	0.08～0.15	≤0.50	0.30～0.60	≤0.20	≤0.30	2.00～2.50	0.90～1.10	—	—	—	—	≤0.020	≤0.010	—
12Cr1MoVR	0.08～0.15	0.15～0.40	0.40～0.70	≤0.30	≤0.30	0.90～1.20	0.25～0.35	—	0.15～0.30	—	—	≤0.025	≤0.010	—
12Cr2Mo1VR	0.11～0.15	≤0.10	0.30～0.60	≤0.20	≤0.25	2.00～2.50	0.90～1.10	≤0.07	0.25～0.35	≤0.030	—	≤0.010	≤0.005	B≤0.0020 Ca≤0.015
07Cr2AlMoR	≤0.09	0.20～0.50	0.40～0.90	≤0.30	≤0.30	2.00～2.40	0.30～0.50	—	—	—	0.30～0.50	≤0.020	≤0.010	—

① 经供需双方协议，并在合同中注明，C含量下限可不作要求。

② 未注明的不作要求。

表 3-12 锅炉和压力容器用钢板的高温力学性能① (GB/T 713—2014)

牌号	厚度/mm	试验温度/℃						
		200	250	300	350	400	450	500
		R_{eL}或$R_{p0.2}$/MPa,不小于						
Q245R	>20～36	186	167	153	139	129	121	—
	>36～60	178	161	147	133	123	116	—
	>60～100	164	147	135	123	113	106	—
	>100～150	150	135	120	110	105	95	—
	>150～250	145	130	115	105	100	90	—
Q345R	>20～36	255	235	215	200	190	180	—
	>36～60	240	220	200	185	175	165	—
	>60～100	225	205	185	175	165	155	—
	>100～150	220	200	180	170	160	150	—
	>150～250	215	195	175	165	155	145	—
Q370R	>20～36	290	275	260	245	230	—	—
	>36～60	275	260	250	235	220	—	—
	>60～100	265	250	245	230	215	—	—
18MnMoNbR	30～60	360	355	350	340	310	275	—
	>60～100	355	350	345	335	305	270	—
13MnNiMoR	30～100	355	350	345	335	305	—	—
	>100～150	345	340	335	325	300	—	—
15CrMoR	>20～60	240	225	210	200	189	179	174
	>60～100	220	210	196	186	176	167	162
	>100～200	210	199	185	175	165	156	150
14Cr1MoR	>20～200	255	245	230	220	210	195	176
12Cr2Mo1R	>20～200	260	256	250	245	240	230	215
12Cr1MoVR	>20～100	200	190	176	167	157	150	142
12Cr2Mo1VR	>20～200	370	365	360	355	350	340	325
07Cr2AlMoR	>20～60	195	185	175	—	—	—	—

① 原标准中缺少 Q420R 钢的高温力学性能，特此说明。

表 3-13 低温压力容器用低合金钢板的化学成分 (GB/T 3531—2014)

牌号	化学成分/%								
	C	Si	Mn	Ni	Mo	V	Nb	Alt①	P	S
									不大于	
16MnDR	≤0.20	0.15～0.50	1.20～1.60	≤0.40	—	—	—	≥0.020	0.020	0.010
15MnNiDR	≤0.18	0.15～0.50	1.20～1.60	0.20～0.60	—	≤0.05	—	≥0.020	0.020	0.008
15MnNiNbDR	≤0.18	0.15～0.50	1.20～1.60	0.30～0.70	—	—	0.015～0.040	—	0.020	0.008

续表

牌号	化学成分/%									
	C	Si	Mn	Ni	Mo	V	Nb	Alt①	P	S
									不大于	
09MnNiDR	≤0.12	0.15～0.50	1.20～1.60	0.30～0.80	—	—	≤0.040	≥0.020	0.020	0.008
08Ni3DR	≤0.10	0.15～0.35	0.30～0.80	3.25～3.70	≤0.12	≤0.05	—	—	0.015	0.005
06Ni9DR	≤0.08	0.15～0.35	0.30～0.80	8.50～10.00	≤0.10	≤0.01	—	—	0.008	0.004

① 可以用 Als 代替 Alt，此时 Als 应不小于 0.015%，当钢中 Nb+V+Ti≥0.015%时，Al 含量不作验收要求。

表 3-14　低温压力容器用低合金钢板的力学性能和工艺性能（GB/T 3531—2014）

牌号	交货状态	钢板公称厚度/mm	拉伸试验			冲击试验		弯曲试验③
			抗拉强度 R_m/MPa	屈服强度① R_{eL}/MPa	断后伸长率 A/%	温度/℃	冲击吸收能量 KV_2/J	180° $b=2a$
				不小于			不小于	
16MnDR	正火或正火+回火	6～16	490～620	315	21	−40	47	$D=2a$
		>16～36	470～600	295				$D=3a$
		>36～60	460～590	285				
		>60～100	450～580	275		−30	47	
		>100～120	440～570	265				
15MnNiDR		6～16	490～620	325	20	−45	60	$D=3a$
		>16～36	480～610	315				
		>36～60	470～600	305				
15MnNiNbDR		10～16	530～630	370	20	−50	60	$D=3a$
		>16～36	530～630	360				
		>36～60	520～620	350				
09MnNiDR		6～16	440～570	300	23	−70	60	$D=2a$
		>16～36	430～560	280				
		>36～60	430～560	270				
		>60～120	420～550	260				
08Ni3DR	正火或正火+回火或淬火+回火	6～60	490～620	320	21	−100	60	$D=3a$
		>60～100	480～610	300				
06Ni9DR	淬火加回火②	5～30	680～820	560	18	−196	100	$D=3a$
		>30～50		550				

① 当屈服现象不明显时，可测量 $R_{p0.2}$ 代替 R_{eL}。

② 对于厚度不大于 12mm 的钢板可以两次正火加回火状态交货。

③ a 为试样厚度；D 为弯曲压头直径。

表 3-15 压力容器用调质高强度钢板的牌号和化学成分（GB/T 19189—2011）

牌号	化学成分/%										
	C	Si	Mn	P	S	Cu	Ni	Cr	Mo	V	B	P_{cm}[①]
07MnMoVR	≤0.09	0.15～0.40	1.20～1.60	≤0.020	≤0.010	≤0.25	≤0.40	≤0.30	0.10～0.30	0.02～0.06	≤0.0020	≤0.20
07MnNiVDR	≤0.09	0.15～0.40	1.20～1.60	≤0.018	≤0.008	≤0.25	0.20～0.50	≤0.30	≤0.30	0.02～0.06	≤0.0020	≤0.21
07MnNiMoDR	≤0.09	0.15～0.40	1.20～1.60	≤0.015	≤0.005	≤0.25	0.30～0.60	≤0.30	0.10～0.30	≤0.06	≤0.0020	≤0.21
12MnNiVR	≤0.15	0.15～0.40	1.20～1.60	≤0.020	≤0.010	≤0.25	0.15～0.40	≤0.30	≤0.30	0.02～0.06	≤0.0020	≤0.25

① P_{cm}为焊接裂纹敏感性指数。

表 3-16 压力容器用调质高强度钢板的力学性能和工艺性能（GB/T 19189—2011）

牌　号	钢板厚度/mm	拉伸试验			冲击试验(横向)		冷弯试验[②]
		R_{eL}[①]/MPa	R_m/MPa	A/%	温度/℃	KV_2/J	$b=2a$,180°
07MnMoVR	10～60	≥490	610～730	≥17	−20	≥80	$d=3a$
07MnNiVDR	10～60	≥490	610～730	≥17	−40	≥80	$d=3a$
07MnNiMoDR	10～60	≥490	610～730	≥17	−50	≥80	$d=3a$
12MnNiVR	10～60	≥490	610～730	≥17	−20	≥80	$d=3a$

① 当屈服现象不明显时，采用 $R_{p0.2}$。

② a 为钢板厚度；b 为试样宽度；d 为弯曲压头直径。

第四章

低温钢及超低温钢、耐候钢及耐海水腐蚀钢

第一节　低温钢及超低温钢

低温工程用钢是指工作温度在－20～－269℃之间的工程结构用钢。目前由于能源结构的变化，越来越普遍地使用液化天然气（LNG）、液化石油气（LPG）、液氧（－183℃）、液氢（－252.8℃）、液氮（－195.8℃）、液氦（－269℃）和液体二氧化碳（－78.5℃）等液化气体。生产、储存、运输和使用这些液化气体的化工设备及构件也越来越多地在低温工况下工作。另外，寒冷地区的化工设备及其构件常常在低温环境中使用，从而导致一些压力容器、管道、设备及其构件脆性断裂的发生。因此，对低温下使用的钢材韧性提出了更高的要求。

大型石油、天然气储罐是保障国家能源安全的重要存储设备，需要采用易焊接、高强度、耐低温的压力容器用钢。为了满足大型石油储罐建设的需要，我国开发了适用于大线能量且低焊接裂纹敏感性的钢，实现了大型石油储罐用钢国产化。这类钢种包括 12MnNiVDR 和 07MnNiVDR，钢板的屈服强度大于 490MPa，抗拉强度为 610～730MPa。为了满足液化天然气等低温液化气体的生产、加工、储存和运输，也研制了 0.5Ni、1.5Ni、3.5Ni、5Ni、9Ni 的镍系低温钢，成功用于广东、福建、浙江、上海、江苏、山东、辽宁等地的 LNG 项目建设。

一、低温工程用钢分类

按照组织类型的不同，在低合金钢范围内有铁素体型钢和低碳马氏体型钢两个类型。

1. 铁素体型钢

铁素体型低温钢的显微组织主要是铁素体，伴有少量的珠光体。为了降低这类钢的脆性

转变温度，提高低温下抗开裂的能力，要求降低钢中的碳及磷、硫等夹杂物的含量，并通过加入不同含量的镍以及采用细化晶粒的方法来提高这类钢的低温韧性，如2.5%Ni钢、3.5%Ni钢等。在−70℃工作条件下可选用2.5%Ni钢，在−100℃工作条件下可选用3.5%Ni钢，这两种钢都是通过增加镍的含量来提高其低温下的韧性。3.5%Ni钢通常采用870℃正火后再635℃进行1h的消除应力回火处理，其最低使用温度可达−100℃；若采用调质处理则可提高其强度，且改善韧性和降低脆性转变温度，其最低使用温度可降低至−130℃。

2. 低碳马氏体型钢

低碳马氏体型钢的典型钢号是9%Ni钢。这类钢淬火后的显微组织为低碳马氏体，经过550～580℃的回火处理，其组织为回火低碳马氏体，并含有12%～15%的富碳奥氏体。这类富碳奥氏体比较稳定，即使冷至−200℃也不会发生组织转变，从而使钢保持良好的低温韧性。回火温度高于580℃，会使奥氏体的含量增多，奥氏体中的碳含量降低，影响奥氏体的稳定性，它的分解将会降低钢的低温韧性。也可采用正火处理，经常进行二次正火，正火温度为880～920℃，正火后的组织为低碳马氏体、铁素体以及少量的奥氏体，具有高的强度和良好的低温韧性，可用于−196℃。9%Ni钢经过冷加工变形后，需进行565℃消除应力退火，以改善其低温韧性。

二、低温钢的合金化原理

1. 合金元素对钢的低温性能的影响

合金元素对低温钢的作用，主要表现在对钢的低温韧性的影响。一般随着碳含量的上升钢的韧性下降。因此，无论从钢的低温韧性还是从钢的焊接性能角度考虑，低温用钢的碳含量必须严格控制在0.2%以下。

锰是提高钢的低温韧性的合金元素之一。锰在钢中主要以固溶体形式存在，起到固溶强化的作用。另外，锰是扩大奥氏体区的元素，使奥氏体相变温度降低，容易得到细小而富有韧性的铁素体和珠光体，从而改善钢在低温下的工作性能。

镍是提高钢的低温韧性的主要元素，其效果比锰的作用大得多。镍不与碳发生相互作用，全部溶入固溶体中，从而强化了合金元素的作用。镍不仅降低奥氏体相变温度，而且还能使钢的共析点的碳含量降低，因此，与同样碳含量的碳钢相比，铁素体的数量减少，晶粒细小；同时，珠光体的数量增多，珠光体的碳含量也较低。研究表明，镍能够提高钢的低温韧性的主要原因是由于含镍钢在低温时的可动位错比较多，滑移运动比较容易进行。

磷是损害钢材低温韧性的主要杂质元素，其含量在低温用钢中必须严格加以控制。

2. 组织结构对钢的低温性能的影响

钢的显微组织形状、分布和大小是决定钢低温韧性的重要影响因素。通过适当的热处理改变钢的组织特征，可以改善钢的低温力学性能。试验研究证明，细小的粒状碳化物比片状碳化物的低温力学性能（特别是低温冲击韧性）要好。对片状碳化物来说，片距越大，片层越厚，这种钢的低温韧性越差。

调质处理是得到铁素体＋粒状碳化物组织的有效方法，它可以改善钢的低温韧性。但是，随着回火温度的上升，粒状碳化物会聚集长大，当碳化物长大到一定尺寸时，就会使钢的低温韧性降低。因此，必须严格控制调质处理时的回火温度。

正火是低温钢常用的热处理方法。随着钢中合金元素含量的增多，正火温度也要相应升高。低温钢一般不采用退火处理，因为钢的退火组织比正火组织粗大，其韧性也比正火和调质处理的钢韧性差。

金属材料的不同晶体结构，对低温条件下韧性的影响有很大的区别。就三种常见晶体结构的钢比较而言，具有体心立方晶格结构的铁素体钢，其脆性转变温度较高，在低温下的韧性差，脆性断裂倾向较大，密排六方结构次之，面心立方晶格的奥氏体钢低温脆性不明显。在低温下，即使在－196℃或－253℃的低温下，面心立方晶格的奥氏体 Cr-Ni 钢的韧性也不随温度下降而突然下降，其主要原因是当温度下降时，面心立方金属的屈服强度没有显著变化，且不易产生形变孪晶，位错容易运动，局部应力易于松弛，裂纹不易传播，故一般不存在脆性转变温度。体心立方金属在低温下随着温度的下降，屈服强度很快增加，最后几乎与抗拉强度相等，除此之外，它在低温下又容易产生形变孪晶，也容易引起低温脆性。

三、低温钢及超低温钢的成分与性能

低温钢的化学成分和力学性能见表 4-1 和表 4-2，9％Ni 超低温钢的化学成分和力学性能见表 4-3 和表 4-4。

表 4-1　低温钢板的化学成分

钢号	化学成分/%						
	C	Mn	Si	P	S	Ni	其他元素
1.5Ni	≤0.14	0.30～1.50	0.10～0.35	≤0.025	≤0.02	1.30～1.70	Cr≤0.25 Mo≤0.08 Cu≤0.35 Cr+Mo+Cu≤0.60 Al(酸溶)≥0.015
2.25Ni	≤0.14	≤0.70	≤0.30	≤0.025	≤0.025	2.10～2.50	
3.5Ni	≤0.12	0.30～0.80	0.10～0.35	≤0.025	≤0.02	3.20～3.80	
5Ni	≤0.12	0.30～0.90	0.10～0.35	≤0.025	≤0.02	4.70～5.30	

表 4-2　低温钢板的力学性能

钢号	R_m /MPa	$R_{p0.2}$ /MPa (不小于)	A/% (不小于)	冲击温度 /℃	冲击功/J(不小于)	
					(横向)	(纵向)
1.5Ni	470～640	275	22	－60	27	41
2.25Ni	420～570	295	19	－65	27	41
3.5Ni	440～690	345	21	－90	27	41
5Ni	520～710	390	21	－105	27	41

表 4-3　9%Ni 超低温钢的化学成分

钢号	化学成分①/%					
	C	Mn	Si	P	S	Ni
9Ni	≤0.10	0.30～0.90	0.10～0.35	≤0.025	≤0.02	8.5～10.0

① 氮含量应不超过 0.009%，如含有铝时，应不超过 0.012%。

表 4-4　9%Ni 超低温钢的力学性能

钢号	R_m /MPa	$R_{p0.2}$ /MPa	A/%	冲击温度 /℃	冲击功/J	
					横向	纵向
9Ni	640～830	≥490	≥19	－196	≥27	≥41

第二节　耐候钢及耐海水腐蚀钢

当低合金钢中含有一定量的某些合金元素时，可以发展成具有一定耐腐蚀性能的低合金耐蚀钢。如果具有一定的耐大气、耐海水腐蚀性能，可以用于集油箱、桥梁、石油井架及港口工程等钢结构或设施。

一、耐候钢

货运铁路车辆大量使用耐候钢板，09CuPTiRE是我国自主开发的经济型耐候钢品种，屈服强度等级为295MPa，曾广泛用于铁路车辆的制造。为了改善钢的耐腐蚀性能，提高车辆使用寿命，借鉴国际上耐候钢研究开发的成功经验，我国开发出了Ni-Cr-Cu系的耐大气腐蚀钢，形成了345～550MPa系列强度等级的铁道车辆用耐大气腐蚀钢品种，包括Q345NQR、Q420NQR、Q450NQR、Q500NQR、Q550NQR等产品，成功应用于铁道车辆的建造。

耐候钢又称耐大气腐蚀钢，是在低碳钢中加入Cu、P、Cr、Si、Ni等合金元素，以改善表层结构，提高致密度，增强与大气的隔离作用。上述元素中铜的作用最大，铜能促使低合金钢表面生成致密的非晶态腐蚀产物保护膜，减弱钢的阳极活性，从而降低腐蚀速度，其含量通常为0.25%～0.55%；磷在耐大气腐蚀方面也起重要作用，磷在促使钢铁表面锈层生成非晶态腐蚀产物上具备独特的效应。铜与磷复合，则效果更明显。当磷加入量为0.07%～0.15%时，即为含磷高的钢，又称为高耐候性钢。但是，磷降低钢的韧性，恶化焊接性能，只有要求高耐蚀性的环境才采用含磷钢种。普通结构用耐候钢中，强度级别低些的以Cu-Cr和Cu-Cr-V系为主；强度级别高些的以Cu-Cr-Ni系为主（其中P≤0.035%，也有的P≤0.025%），具有优良的焊接性能和低温韧性。焊接含磷高的钢种时，可以采用含磷的焊接材料，也可以采用不含磷的焊接材料，而在焊缝中加入适量的铬、镍元素来替代。

国家标准（GB/T 4171—2008）中，给出的高耐候性结构钢的牌号和化学成分见表4-5，高耐候性结构钢的拉伸及弯曲性能见表4-6，高耐候性结构钢材的冲击试验要求见表4-7。

表4-5　高耐候性结构钢的牌号和化学成分（GB/T 4171—2008）

牌号	化学成分(质量分数)/%								
	C	Si	Mn	P	S	Cu	Cr	Ni	其他元素
Q265GNH	≤0.12	0.10～0.40	0.20～0.50	0.07～0.12	≤0.020	0.20～0.45	0.30～0.65	0.25～0.50⑤	①,②
Q295GNH	≤0.12	0.10～0.40	0.20～0.50	0.07～0.12	≤0.020	0.25～0.45	0.30～0.65	0.25～0.50⑤	①,②
Q310GNH	≤0.12	0.25～0.75	0.20～0.50	0.07～0.12	≤0.020	0.20～0.50	0.30～1.25	≤0.65	①,②
Q355GNH	≤0.12	0.20～0.75	≤1.00	0.07～0.15	≤0.020	0.25～0.55	0.30～1.25	≤0.65	①,②
Q235NH	≤0.13⑥	0.10～0.40	0.20～0.60	≤0.030	≤0.030	0.25～0.55	0.40～0.80	≤0.65	①,②
Q295NH	≤0.15	0.10～0.50	0.30～1.00	≤0.030	≤0.030	0.25～0.55	0.40～0.80	≤0.65	①,②
Q355NH	≤0.16	≤0.50	0.50～1.50	≤0.030	≤0.030	0.25～0.55	0.40～0.80	≤0.65	①,②

续表

牌号	化学成分(质量分数)/%								
	C	Si	Mn	P	S	Cu	Cr	Ni	其他元素
Q415NH	≤0.12	≤0.65	≤1.10	≤0.025	≤0.030④	0.20～0.55	0.30～1.25	0.12～0.65⑤	①～③
Q460NH	≤0.12	≤0.65	≤1.50	≤0.025	≤0.030④	0.20～0.55	0.30～1.25	0.12～0.65⑤	①～③
Q500NH	≤0.12	≤0.65	≤2.0	≤0.025	≤0.030④	0.20～0.55	0.30～1.25	0.12～0.65⑤	①～③
Q550NH	≤0.16	≤0.65	≤2.0	≤0.025	≤0.030④	0.20～0.55	0.30～1.25	0.12～0.65⑤	①～③

① 为了改善钢的性能，可以添加一种或一种以上的微量合金元素：Nb 0.015%～0.060%，V 0.02%～0.12%，Ti 0.02%～0.10%，Alt≥0.020%。若上述元素组合使用时，应至少保证其中一种元素含量达到上述化学成分的下限规定。

② 可以添加下列合金元素：Mo≤0.30%，Zr≤0.15%。

③ Nb、V、Ti三种合金元素的添加总量不应超过0.22%。

④ 供需双方协商，S含量可以不大于0.008%。

⑤ 供需双方协商，Ni含量的下限可不作要求。

⑥ 供需双方协商，C含量可以不大于0.15%。

表 4-6　高耐候性结构钢的拉伸及弯曲性能（GB/T 4171—2008）

牌号	拉伸试验									180°弯曲试验② 弯心直径		
	下屈服强度① R_{eL}/(N/mm²) 不小于				抗拉强度 R_m/(N/mm²)	断后伸长率 A/% 不小于						
	≤16	>16～40	>40～60	>60		≤16	>16～40	>40～60	>60	≤6	>6～16	>16
Q235NH	235	225	215	215	360～510	25	25	24	23	*a*	*a*	2*a*
Q295NH	295	285	275	255	430～560	24	24	23	22	*a*	2*a*	3*a*
Q295GNH	295	285	—	—	430～560	24	24	—	—	*a*	2*a*	3*a*
Q355NH	355	345	335	325	490～630	22	22	21	20	*a*	2*a*	3*a*
Q355GNH	355	345	—	—	490～630	22	22	—	—	*a*	2*a*	3*a*
Q415NH	415	405	395	—	520～680	22	22	20	—	*a*	2*a*	3*a*
Q460NH	460	450	440	—	570～730	20	20	19	—	*a*	2*a*	3*a*
Q500NH	500	490	480	—	600～760	18	16	15	—	*a*	2*a*	3*a*
Q550NH	550	540	530	—	620～780	16	16	15	—	*a*	2*a*	3*a*
Q265GNH	265	—	—	—	≥410	27	—	—	—	*a*	—	—
Q310GNH	310	—	—	—	≥450	26	—	—	—	*a*	—	—

① 当屈服现象不明显时，可以采用 $R_{p0.2}$。

② *a* 为钢材厚度。

表 4-7　高耐候性结构钢材的冲击试验要求（GB/T 4171—2008）

质量等级	V形缺口冲击试验①		
	试样方向	温度/℃	冲击吸收能量 KV_2/J
A	纵向	—	—
B		+20	≥47
C		0	≥34
D		−20	≥34
E		−40	≥27②

① 冲击试样尺寸为10mm×10mm×55mm。

② 经供需双方协商，平均冲击功值可以≥60J。

二、耐海水腐蚀钢

海洋环境复杂，包括海洋大气、飞溅带、潮差带、全浸带、海土带等，不同环境下腐蚀特性差异很大，对钢的合金化也有不同要求。磷和铜在飞溅带和海洋大气中耐蚀效果最显著；铬和铝在全浸带耐蚀效果较佳；钼主要是提高耐点蚀性能；上述元素的适当组合可进一步发挥其综合效果。其中铜、磷或铜、磷、铬、铝复合加入效果更好，所形成的表面内锈层富集了所加入的合金元素，促进形成致密连续的 Fe_3O_4 锈层，并与基材结合紧密，使锈层空洞和裂纹减少，对氢离子、氧离子、氟离子和氯离子向钢的表面扩散有较大的阻力，起到了屏障作用。

我国常用的耐海水腐蚀低合金钢的成分和性能见表 4-8。

表 4-8　耐海水腐蚀低合金钢的成分和性能

钢种	化学成分(质量分数)/%									力学性能(例值)		
	C	Si	Mn	P	S	Cr	Al	Cu	其他	R_m /MPa	$R_{p0.2}$ /MPa	A_5 /%
16MnCu	0.12～0.20	0.20～0.60	1.20～1.60	≤0.050	≤0.05	—	—	0.20～0.40	—	510	343	21
10MnPNbRe	≤0.14	0.20～0.60	0.80～1.20	0.06～0.12	≤0.05	—	—	—	Nb 0.015～0.05 RE≤0.20	510	392	19
15NiCuP	≤0.22	≤0.10	0.60～0.90	0.08～0.15	≤0.04	—	—	≤0.50	Ni 0.40～0.65	490	353	18
10PCuRe	≤0.12	0.20～0.50	1.00～1.40	0.08～0.14	≤0.04	—	0.02～0.07	0.25～0.40	RE≤0.15	—	—	—
10CrMoAl	0.08～0.12	0.20～0.50	0.35～0.65	≤0.045	≤0.045	0.80～1.20	0.40～0.80	—	Mo 0.40～0.80	588	382	24
10Cr4Al	≤0.13	≤0.05	≤0.05		≤0.025	3.90～4.30	0.70～1.10	—	—	441	294	20
09Cu	≤0.12	0.17～0.37	0.35～0.65	≤0.050	≤0.050	—	—	0.20～0.50	—	392	235	21
09CuWSn	≤0.12	0.20～0.40	0.40～0.65	≤0.035	≤0.035	—	—	0.20～0.50	W 0.10～0.25 Sn 0.20～0.40	431	294	19
08PV	0.08～0.12	0.20～0.40	0.40～0.60	0.08～0.12	≤0.03	—	—	—	V 0.08～0.15	490	365	31
08CuVRe	0.06～0.12	0.20～0.50	0.40～0.70	0.07～0.13	≤0.04	—	—	0.20～0.50	RE 0.10～0.20 V 0.04～0.12	470	343	21

第五章
铬钼耐热钢、合金结构钢

第一节　铬钼耐热钢

普通低合金钢使用温度一般在 450℃以下，高于 450℃则推荐使用耐热钢，高于 800℃，常用高温合金。耐热钢通常应具备两种基本性能：一种是能在高温下长期工作而不致因介质的侵蚀导致破坏，这种性能称为高温化学稳定性（或称为钢的抗高温氧化性能）；另一种是在高温下仍具有较高的强度，在长期受载情况下不会产生大的变形或破断。所以，耐热钢应具备抗高温氧化性和抗高温断裂性能（又称热强性）。耐热钢广泛用于电站锅炉、石油化工、核动力等部门。按通行的国际惯例，耐热钢分为铁素体型耐热钢和奥氏体型耐热钢。铁素体型耐热钢细分为铁素体耐热钢、珠光体耐热钢和马氏体耐热钢，这里仅介绍这一类耐热钢。

2006 年，我国的 600℃蒸汽参数达百万千瓦级的超超临界火电机组投入运行，标志着我国电站设备设计、制造、安装和火电单机容量、蒸汽参数、环保技术等均进入世界先进水平，是我国电力工业发展的里程碑。为进一步提高我国燃煤电站技术水平，形成从材料研发到电站成套技术的自主知识产权，国家能源局 2010 年 7 月 23 日组织成立了“国家 700℃超超临界燃煤发电技术创新联盟”，由中国电力顾问集团公司、中国钢研科技集团有限公司（钢铁研究总院）、东北特钢等 17 家单位参加。该联盟的宗旨就是通过对 700℃超超临界燃煤发电技术的研究，有效整合各方资源，共同攻克技术难题，提高我国超超临界机组的技术水平，实现 700℃超超临界燃煤发电技术的自主化，带动国内相关产业的发展，这就要求有高质量的超超临界火电燃煤机组用高端锅炉管、叶片和转子等。我国超超临界火电机组建设急需的锅炉钢管主要采用 P91、P92 等耐热钢，目前，钢铁研究总院创新研发的应用于 650℃蒸汽参数的 G115 铁素体耐热钢已在宝钢完成三轮次工业试制，可用于 650℃大口径锅炉管。如采用G115替代目前用于600～620℃温度区间使用的P92钢管，锅炉管的壁厚可大幅度减薄，大幅度降低焊接难度，同时可减重50%左右。

一、合金元素对耐热钢性能的影响

铁素体耐热钢中的合金元素主要是铬和钼，为了改善某些性能，还可以加入钒、钨、钛及稀土等合金元素。

（1）铬的影响　铬是耐热钢中极为重要的合金元素。当钢中含Cr量足够高时，能在钢的表面形成致密的Cr_2O_3氧化膜，这层氧化膜能在一定程度上阻止氧、硫、氮等腐蚀性气体向钢中扩散，也能阻止金属离子向外扩散。耐热钢的抗高温性能与含Cr量有一定的关系，当含Cr量达到12%时，钢的高温抗氧化能力明显提高。此外，Cr的熔点高，本身就具有优异的抗蠕变性能，在低合金钢中加入1%左右的Cr就能明显提高钢的热强性。在耐热钢中，Cr通常是与Mo复合应用的，Cr能调节Mo在碳化物和固溶体之间的分配。在利用Cr-Mo复合强化时，必须使Cr、Mo含量维持在交互作用的最佳值，才能达到优异的强化效果。研究表明，1Cr-0.5Mo和2.25Cr-1Mo的复合比例是最恰当的比例。

（2）钼的影响　钼是提高热强性的最重要合金元素之一，耐热钢中一般都含有Mo。Mo溶于铁素体，能显著提高铁素体的再结晶温度，从而提高蠕变强度。Mo同时能以细小的碳化物的形式产生弥散强化作用。

（3）钒的影响　钒主要是通过适当的热处理，生成细小的均匀分布的碳化物颗粒，使钢得到强化。在Cr-Mo-V钢中，由于V的碳化物十分稳定，它将碳固定而促使Cr、Mo等合金元素更多地溶入固溶体，这样，间接地起到了促进固溶强化的作用。

（4）其他合金元素的影响　W和Mo的作用相似，既可溶入固溶体达到固溶强化，又可生成碳化物实现弥散强化，W和Mo的复合作用对提高热强性更有效。Ti是强碳化物形成元素，Ti在耐热钢中，通过形成极细小而又弥散分布的碳化物和金属间化合物，来达到提高热强性的目的。稀土元素除了能提高钢的抗高温氧化性外，也是很好的脱硫去氢剂，可以改善和提高钢的质量和耐热性能。

二、耐热钢的强化机理

关于耐热钢的高温强化机制，在合金化原理上主要归纳为三个方面，即固溶强化（或称基体强化）、沉淀强化（亦称析出强化或弥散强化）和晶界强化。

1. 固溶强化

铁素体耐热钢一般以铁素体为基体，通过加入一些合金元素，形成单相过饱和固溶体来达到强化的目的，在固溶强化的过程中，通过原子间结合力的提高和晶格畸变，使固溶体中的滑移变形更加困难，从而使基体得到强化。同时，合金元素的加入不仅是单个合金元素本身的作用，还有溶入的合金元素之间的交互作用。因此，在耐热钢中加入少量的多元合金元素，往往比加入多量的单一合金元素更能提高抗高温断裂性能。

2. 沉淀强化

固溶强化的效果是有限的，也不够稳定，而沉淀强化则是提高钢的热强性的最有效方法之一。沉淀析出相有高度的稳定性，能更有效地阻止高温下的位错运动，所以沉淀强化的作用更加显著。耐热钢的沉淀强化主要是通过在钢中加入碳化物形成元素（如V、Nb、Ti及

W等）来实现。而多元合金化则可以得到稳定性好的结构复杂的碳化物，增强沉淀强化的效果。

3. 晶界强化

晶界在高温形变时是薄弱环节，晶界强度随温度的升高而迅速下降。因此，耐热钢中应避免含有使晶界弱化的杂质元素，而应加入能有效强化晶界的微量元素。通常，加入微量硼、碱土金属或稀土元素，可显著地消除有害气体和杂质元素的不利影响，提高晶界在高温下的强度，改善钢的高温性能。

铁素体耐热钢中的合金元素主要是铬和钼，为了改善高温下的相关性能，又加入钒、铌、钨、硼等合金元素。各元素的作用在此不作介绍。

三、耐热钢的研究与开发

铁素体耐热钢的发展可分为两条主线：一是纵向的，主要是增加合金元素Cr的含量，从2.25%Cr到12%Cr；二是横向的，通过添加V、Nb、Mo、W、Co等合金元素，使600℃下10^5h的蠕变断裂强度由35MPa级，向60MPa、100MPa、140MPa及180MPa级发展。

铁素体耐热钢按照主要合金元素Cr的含量，可分为2%～3%Cr、9%Cr及12%Cr三大系列。低合金耐热钢以2%～3%Cr系铁素体钢为主要研发方向，以2.25Cr-1Mo（即T/P22）为代表，逐步发展到2.25Cr-1.6WVNb（T/P23），2.25Cr-1MoVTi（T/P24），以及3Cr-3WV、3Cr-WVTa等。

美国于1974年开发了9%Cr系T/P91耐热钢，通过V、Nb等合金元素的优化，已在世界各国得到公认和广泛应用；1986年又在P91的基础上通过以W取代Mo，开发出了性能更好的P92和P122钢，这是超（超）临界机组锅炉厚截面部件和蒸汽管的主选钢种之一。T/P91耐热钢已在我国得到广泛的应用，T/P92也已开始逐步推广使用。

T/P122是成功的改良型12%Cr钢种之一，它具有较高的持久强度，而且比奥氏体钢导热性高，线胀系数小，可以减轻热疲劳损伤，且焊接与加工性能都较好。

T/P23、T/P24、T/P91及T/P122等新型铁素体耐热钢与含Cr量相当的传统耐热钢相比，具有明显高的常温和高温强度，同时具有高的韧性和塑性。这类钢有以下共同点。

① 低的含碳量。以前所有的耐热钢主要通过弥散分布的合金碳化物获得高温强度的，因此，总把碳保持在0.1%以上的较高水平。而新型铁素体耐热钢冲破了这一界限，使碳控制在0.1%以下，该类钢的常温及高温强度都不是依赖于弥散分布的合金碳化物而获得的。

② 除了较低的S、P含量外，还对Cu、Sb、Sn、As等有害元素进行严格控制，提高了钢的纯净度。这不仅有助于提高钢材的韧性，也极有利于提高其高温蠕变强度。

③ 钢的微合金化处理。钢中含有微量的Nb、Al、N、B和较低含量的V，使钢具有较高的常温屈服强度和显著高的冲击韧性，实现了钢的强韧化。

四、耐热钢的成分及性能

在国家标准（GB/T 5310—2017）中给出了常用低合金耐热钢的化学成分和力学性能，分别列于表5-1和表5-2中；在国家标准（GB/T 5310—2017、GB/T 9948—2013）中给出了常用中合金耐热钢的化学成分和力学性能，分别列于表5-3和表5-4中。

表 5-1 常用低合金耐热钢的化学成分（GB/T 5310—2017 节选）

牌号	化学成分(质量分数)/%															
	C	Si	Mn	Cr	Mo	V	Ti	B	Ni	Alt	Cu	Nb	N	W	P	S
															不大于	
15MoG	0.12～0.20	0.17～0.37	0.40～0.80	—	0.25～0.35	—	—	—	—	—	—	—	—	—	0.025	0.015
20MoG	0.15～0.25	0.17～0.37	0.40～0.80	—	0.44～0.65	—	—	—	—	—	—	—	—	—	0.025	0.015
12CrMoG	0.08～0.15	0.17～0.37	0.40～0.70	0.40～0.70	0.40～0.55	—	—	—	—	—	—	—	—	—	0.025	0.015
15CrMoG	0.12～0.18	0.17～0.37	0.40～0.70	0.80～1.10	0.40～0.55	—	—	—	—	—	—	—	—	—	0.025	0.015
12Cr2MoG	0.08～0.15	≤0.50	0.40～0.60	2.00～2.50	0.90～1.13	—	—	—	—	—	—	—	—	—	0.025	0.015
12Cr1MoVG	0.08～0.15	0.17～0.37	0.40～0.70	0.90～1.20	0.25～0.35	0.15～0.30	—	—	—	—	—	—	—	—	0.025	0.010
12Cr2MoWVTiB	0.08～0.15	0.45～0.75	0.45～0.65	1.60～2.10	0.50～0.65	0.28～0.42	0.08～0.18	0.0020～0.0080	—	—	—	—	—	0.30～0.55	0.025	0.015
07Cr2MoW2VNbB	0.04～0.10	≤0.50	0.10～0.60	1.90～2.60	0.05～0.30	0.20～0.30	—	0.0005～0.0060	—	≤0.030	—	0.02～0.08	≤0.030	1.45～1.75	0.025	0.010
12Cr3MoVSiTiB	0.09～0.15	0.60～0.90	0.50～0.80	2.50～3.00	1.00～1.20	0.25～0.35	0.22～0.38	0.0050～0.0110	—	—	—	—	—	—	0.025	0.015
15Ni1MnMoNbCu	0.10～0.17	0.25～0.50	0.80～1.20	—	0.25～0.50	—	—	—	1.00～1.30	≤0.050	0.50～0.80	0.015～0.045	≤0.020	—	0.025	0.015

表 5-2　常用低合金耐热钢的力学性能（GB/T 5310—2017 节选）

牌号	拉伸性能（室温）				冲击吸收能量 KV_2（室温）/J		硬度		
	抗拉强度 R_m/MPa	下屈服强度 R_{eL} 或规定塑性延伸强度 $R_{p0.2}$/MPa	断后伸长率 A/%		纵向	横向	HBW	HV	HRC 或 HRB
			纵向	横向					
		不小于							
15MoG	450～600	270	22	20	40	27	125～180	125～180	—
20MoG	415～665	220	22	20	40	27	125～180	125～180	—
12CrMoG	410～560	205	21	19	40	27	125～170	125～170	—
15CrMoG	440～640	295	21	19	40	27	125～170	125～170	—
12Cr2MoG	450～600	280	22	20	40	27	125～180	125～180	—
12Cr1MoVG	470～640	255	21	19	40	27	135～195	135～195	—
12Cr2MoWVTiB	540～735	345	18	—	40	—	160～220	160～230	85～97HRB
07Cr2MoW2VNbB	≥510	400	22	18	40	27	150～220	150～230	80～97HRB
12Cr3MoVSiTiB	610～805	440	16	—	40	—	180～250	180～265	≤25HRC
15Ni1MnMoNbCu	620～780	440	19	17	40	27	185～255	185～270	≤25HRC

表 5-3 常用中合金耐热钢的化学成分（GB/T 5310—2017、GB/T 9948—2013 节选）

牌号	化学成分(质量分数)/%														
	C	Si	Mn	Cr	Mo	V	B	Ni	Alt	Cu	Nb	N	W	P	S
														不大于	
10Cr9Mo1VNbN	0.08～0.12	0.20～0.50	0.30～0.60	8.00～9.50	0.85～1.05	0.18～0.25	—	≤0.40	≤0.020	—	0.06～0.10	0.030～0.070	—	0.020	0.010
10Cr9MoW2VNbBN	0.07～0.13	≤0.50	0.30～0.60	8.50～9.50	0.30～0.60	0.15～0.25	0.0010～0.0060	≤0.40	≤0.020	—	0.04～0.09	0.030～0.070	1.50～2.00	0.020	0.010
10Cr11MoW2VNbCu1BN	0.07～0.14	≤0.50	≤0.70	10.00～11.50	0.25～0.60	0.15～0.30	0.0005～0.0050	≤0.50	≤0.020	0.30～1.70	0.04～0.10	0.040～0.100	1.50～2.50	0.020	0.010
11Cr9Mo1W1VNbBN	0.09～0.13	0.10～0.50	0.30～0.60	8.50～9.50	0.90～1.10	0.18～0.25	0.0003～0.0060	≤0.40	≤0.020	—	0.06～0.10	0.040～0.090	0.90～1.10	0.020	0.010
12Cr5MoⅠ 12Cr5MoNT	≤0.15	≤0.50	0.30～0.60	4.00～6.00	0.45～0.60	—	—	≤0.60	—	≤0.20	—	—	—	0.025	0.015

表 5-4 常用中合金耐热钢的力学性能（GB/T 5310—2017、GB/T 9948—2013 节选）

牌号	拉伸性能(室温)				冲击吸收能量 KV_2(室温)/J		硬度		
	抗拉强度 R_m/MPa	下屈服强度 R_{eL} 或规定塑性延伸强度 $R_{p0.2}$/MPa	断后伸长率 A/%		纵向	横向	HBW	HV	HRC
			纵向	横向					
		不小于							
10Cr9Mo1VNbN	≥585	415	20	16	40	27	185～250	185～265	≤25
10Cr9MoW2VNbBN	≥620	440	20	16	40	27	185～250	185～265	≤25
10Cr11MoW2VNbCu1BN	≥620	400	20	16	40	27	185～250	185～265	≤25
11Cr9Mo1W1VNbBN	≥620	440	20	16	40	27	185～250	185～265	≤25
12Cr5MoⅠ	415～590	205	22	20	40	27	≤163	—	—
12Cr5MoNT	480～640	280	20	18	40	27	—	—	—

第二节　合金结构钢

合金结构钢也称中碳调质钢，是在碳素结构钢的基础上再加入适量的合金元素，其碳含量为0.3%～0.5%，合金元素的总量通常不超过6%，加入的元素有Ni、Cr、Si、Mn、Mo、W、V等。这类钢有良好的淬透性，有的经过淬火加低温回火，有的经过淬火加高温回火；也有的采用等温淬火加低温回火。淬火加低温回火后得到回火马氏体、回火马氏体加贝氏体组织；高温回火后为索氏体组织。这类组织的钢有高的强度、韧性和疲劳强度，较低的韧-脆性转变温度。经过调质处理的钢，常用于制造承受较大载荷的轴、连杆和螺栓等。

一些常用合金结构钢的化学成分和力学性能见表5-5和表5-6。

表5-5　一些常用合金结构钢的化学成分（GB/T 3077—2015节选）

统一数字代号	牌号	化学成分(质量分数)/%						
		C	Si	Mn	Cr	Mo	Ni	B
A10272	27SiMn	0.24～0.32	1.10～1.40	1.10～1.40	—	—	—	—
A20402	40Cr	0.37～0.44	0.17～0.37	0.50～0.80	0.80～1.10	—	—	—
A71402	40MnB	0.37～0.44	0.17～0.37	1.10～1.40	—	—	—	0.0008～0.0035
A73402	40MnVB	0.37～0.44	0.17～0.37	1.10～1.40	—	—	V 0.05～0.10	0.0008～0.0035
A30302	30CrMo	0.26～0.33	0.17～0.37	0.40～0.70	0.80～1.10	0.15～0.25	—	—
A10352	35SiMn	0.32～0.40	1.10～1.40	1.10～1.40	—	—	—	—
A30352	35CrMo	0.32～0.40	0.17～0.37	0.40～0.70	0.80～1.10	0.15～0.25	—	—
A24302	30CrMnSi	0.28～0.34	0.90～1.20	0.80～1.10	0.80～1.10	—	—	—
A34402	40CrMnMo	0.37～0.45	0.17～0.37	0.90～1.20	0.90～1.20	0.20～0.30	—	—
A50402	40CrNiMo	0.37～0.44	0.17～0.37	0.50～0.80	0.60～0.90	0.15～0.25	1.25～1.65	—
A50400	40CrNi2Mo	0.38～0.43	0.17～0.37	0.60～0.80	0.70～0.90	0.20～0.30	1.65～2.00	—
A14372	37SiMn2MoV	0.33～0.39	0.60～0.90	1.60～1.90	—	0.40～0.50	V 0.05～0.12	—

表5-6　一些常用合金结构钢的力学性能（GB/T 3077—2015节选）

牌号	推荐的热处理制度					力学性能					供货状态为退火或高温回火钢棒布氏硬度/HBW
	淬火			回火		抗拉强度 R_m/MPa	下屈服强度 R_{eL}/MPa	断后伸长率 A/%	断面收缩率 Z/%	冲击吸收能量 KU_2/J	
	加热温度/℃		冷却剂	加热温度/℃	冷却剂						
	第一次	第二次				不小于					不大于
27SiMn	920	—	水	450	水、油	980	835	12	40	39	217
40Cr	850	—	油	520	水、油	980	785	9	45	47	207
40MnB	850	—	油	500	水、油	980	785	10	45	47	207
40MnVB	850	—	油	520	水、油	980	785	10	45	47	207
30CrMo	880	—	油	540	水、油	930	735	12	50	71	229
35SiMn	900	—	水	570	水、油	885	735	15	45	47	229

续表

牌号	推荐的热处理制度					力学性能					供货状态为退火或高温回火钢棒布氏硬度/HBW
	淬火			回火		抗拉强度 R_m /MPa	下屈服强度 R_{eL} /MPa	断后伸长率 A/%	断面收缩率 Z/%	冲击吸收能量 KU_2/J	
	加热温度/℃		冷却剂	加热温度/℃	冷却剂	不小于					不大于
	第一次	第二次									
35CrMo	850	—	油	550	水、油	980	835	12	45	63	229
30CrMnSi	880	—	油	540	水、油	1080	835	10	45	39	229
40CrMnMo	850	—	油	600	水、油	980	785	10	45	63	217
40CrNiMo	850	—	油	600	水、油	980	835	12	55	78	269
40CrNi2Mo	正火 890	850	油	560~580	空气	1050	980	12	45	48	269
	正火 890	850	油	220 两次回火	空气	1790	1500	6	25	—	
37SiMn2MoV	870	—	水、油	650	水、空气	980	835	12	50	63	269

第六章 不锈钢、镍基耐蚀合金

第一节 不 锈 钢

我国从1952年开始生产不锈钢，至今已有60余年历史。近十几年来我国不锈钢的产量、装备、技术工艺水平、产品品种及质量均有很大的提升，不锈钢的粗钢产量从2005年的216万吨，增长至2014～2015年2100万吨，到2017年不锈钢粗钢产量更是达到2577万吨。随着我国不锈钢产量的增长，其在全球不锈钢中的占比也稳步提高；我国不锈钢的品种及质量也在不断提升，不锈钢进口量逐渐减少，而出口量不断增加。

近年来，我国双相不锈钢发展迅速，成为不锈钢发展的典型代表和缩影，其产量从2005年的828吨增长至2014年的35741吨。随着双相不锈钢产量的增长，它在我国不锈钢中的占比也稳步提高，2017年双相不锈钢产量已经突破10万吨，在我国不锈钢产量中占比突破0.4%，已经在石油化工、油气输送、化学品船制造、装备制造、核电、建筑及桥梁等领域得到应用，不但满足了国内需求，替代进口，还出口国外。太钢的双相不锈钢板已应用于化学品船的制造，双相不锈钢钢筋应用于港珠澳大桥的建设，久立的双相不锈钢管材应用于国内外油气输送管线，我国的双相不锈钢发展呈现了应用不断拓展、产量逐年提高的特点。

高强度不锈钢作为不锈钢的重要组成部分，在国民经济建设与国防军工建设中起到了越来越重要的作用。2000年以来，随着我国大飞机项目立项，高强度不锈钢的品种得到了优化，由单一的棒材扩充到了板材和管材，品种由俄罗斯系列材料向美国系列材料过渡发展。根据大飞机设计选材的需求，先后研发了三种高强度不锈钢。其中，在0Cr15Ni5Cu4Nb析出硬化不锈钢开发过程中，发现了新型的NbCN及Cu的强化方式，同时突破了双真空冶炼条件下实现对N的精确控制的关键技术难关。目前，棒材不大于ϕ350mm，板材厚度不大于60mm，管材外径不大于ϕ200mm的产品，均具有稳定的生产能力及供货能力。

0Cr13Ni8Mo2Al析出硬化不锈钢采用了超纯冶炼的双真空工艺，突破了N含量小于10×10^{-6}控制技术，ϕ660mm自耗钢锭的均匀化锻造技术，大幅度提高了钢的断裂韧性，降低了钢的各向异性，保障了我国大飞机的研制成功，为我国航空主干材料体系建设奠定了技术基础。我国高强度不锈钢在合金设计、冶金技术及质量控制等方面的水平得到了大幅度提升，达到了国外同类钢种的质量水平。

不锈钢是以不锈性、耐蚀性为主要特性，且铬含量至少为10.5%，碳含量不超过1.2%的钢。它的品种繁多，性能各异，分类方法也各不相同。目前广泛采用以钢的组织结构为依据的方法，即将不锈钢划分为奥氏体不锈钢、双相不锈钢、铁素体不锈钢、马氏体不锈钢和析出硬化不锈钢五类。

一、奥氏体不锈钢

奥氏体不锈钢的基体以奥氏体组织为主，无磁性，主要通过冷加工使其强化，并可能导致一定的磁性。按照奥氏体化元素的不同，可将其分为铬镍系（3XX系）和铬锰系（2XX系）两大类。铬镍系不锈钢以镍为主要奥氏体化元素，镍含量至少要在8%以上，最高可达30%。为保证钢的不锈性和耐蚀性，铬含量一般不低于17%。铬锰系不锈钢以锰为主要奥氏体化元素，但是锰的奥氏体化能力比镍低得多（仅为镍的一半左右）；而且在铬含量超过15%的钢中，仅靠加锰即使其含量再高也不能使钢完全奥氏体化，因此该系不锈钢中通常都含有足够数量的氮，有的还需保留适量的镍，故该系实际上成为了铬锰氮系或铬锰镍氮系的奥氏体不锈钢。

1. 铬镍奥氏体不锈钢

它是奥氏体不锈钢的主体，其基础牌号是18-8不锈钢，钢中铬、镍含量分别为18%和8%，在氧化性介质中耐蚀性优良。为了提高在各种不同使用条件下及较强腐蚀环境中的耐蚀性，这类钢的合金成分在两个方面作了改进：一是提高铬、镍含量，铬含量可提高到25%以上，镍含量可高达30%左右；二是向钢中添加Mo、Cu、Si、N、Ti和Nb等合金元素。它们的碳含量都较低，通常低于0.08%，且有越来越多的牌号已达到超低碳（≤0.03%）甚至碳含量更低的水平（≤0.02%）。其中最常用的钢种及其代表性牌号有：基础钢种，如00Cr18Ni9、022Cr19Ni10；用钛、铌稳定化的钢，如1Cr18Ni9Ti、06Cr18Ni11Nb；提高铬、镍含量的钢，如06Cr23Ni13、06Cr25Ni20、0Cr18Ni35Si；用钼、铜合金化的钢，如06Cr17Ni12Mo2、0Cr18Ni10Cu3、022Cr18Ni14Mo2Cu2、00Cr20Ni29Mo2Cu3Nb；高硅或含氮的钢，如06Cr18Ni13Si4、06Cr19Ni10N、022Cr17Ni12Mo2N等。

2. 铬锰奥氏体不锈钢

锰是维持奥氏体基体的合金元素，其含量为5%～18%，铬的含量多在17%以上，最高可达22%，以保证其不锈性和耐蚀性。氮的奥氏体化能力是镍的30倍，其含量一般在0.2%以上，有时可达0.5%～0.6%。普通的铬锰氮钢只耐氧化性介质的腐蚀，向钢中加入钼、铜等元素后，可提高钢在多种非氧化性腐蚀环境中的耐蚀性，有时也加入少量铌或钒（<1%），以改善耐晶间腐蚀性能。常用的牌号有：铬锰氮钢，如0Cr18Mn15N；铬锰镍氮钢，如0Cr18Ni3Mn13N、0Cr21Ni6Mn9N；含钼或铜的铬锰系钢，如0Cr18Mn13Mo2N、0Cr18Ni5Mn10Mo3N、0Cr17Ni5Mn6Cu、0Cr17Ni6Mn6MoCu2等。

近年来又开发了一类高钼（钼含量约为6%）、加氮（氮含量约为0.20%～0.40%）的铬镍奥氏体不锈钢，通常称为超级奥氏体不锈钢。除了在还原性介质中具有优异的耐蚀性外，也具有好的抗应力腐蚀、点腐蚀和缝隙腐蚀能力，其代表性的牌号有碳含量小于0.020%的00Cr20Ni18Mo6N、00Cr24Ni22Mo6N、015Cr21Ni26Mo5Cu2以及Avesta 254SMo（6%Mo）、654SMo（7%Mo）等钢。

二、双相不锈钢

双相不锈钢的基体中兼有奥氏体和铁素体两相组织（其中较少相的含量一般大于15%），有磁性，可通过冷加工使其强化。双相不锈钢兼有铁素体不锈钢和奥氏体不锈钢的优点，既有较高的强度和耐氯化物应力腐蚀性能，又有优良的韧性和焊接性。它已经用于化工、石油、造纸及能源等工业领域，尤其在含氯的介质中应用更为广泛。按照钢中主体元素分类，双相不锈钢可分为Cr-Ni系和Cr-Mn-N系两类，但得到广泛应用的是Cr-Ni系双相不锈钢。为了得到恰当的两相比例，Cr-Ni系不锈钢中铬的含量较高，而镍的含量低，甚至很低。为得到更为理想的耐蚀性，还在钢中加入Mo、N、Cu、W、Nb、Ti等元素。根据铬含量的高低，通常划分为18Cr型、22Cr型和25Cr型三类，各类型中镍的含量均为5%～7%。双相不锈钢具有优良的耐孔蚀性能，孔蚀抗力当量值PRE（PRE＝Cr%＋3.3Mo%＋16N%）越大，耐蚀性越好。18Cr型（18Cr-5Ni-3Mo）和22Cr型（22Cr-5Ni-3Mo）的PRE＝29～36；25Cr型（25Cr-5Ni-3Mo）的PRE＝32～40；超级25Cr型（25Cr-7Ni-4Mo-0.3N）的PRE＞40。

双相不锈钢已发展了三代，第一代以美国的329钢为代表，因碳含量较高（≤0.1%），焊接时失去相的平衡及沿晶界析出碳化物而导致耐蚀性和韧性下降，焊后必须经过热处理，应用受到限制。随着二次精炼技术AOD和VOD等方法的出现，可以较容易地炼出超低碳（≤0.03%）的钢；同时发现氮作为奥氏体形成元素对双相不锈钢有重要作用，在焊接热影响区快速冷却时，氮促进了高温下形成的铁素体逆转变为足够数量的二次奥氏体，以维持必要的相平衡，提高了焊接接头的耐蚀性，从而开发了第二代新型含氮双相不锈钢。20世纪80年代后期发展的超级双相不锈钢属于第三代，它的特点是碳含量更低（0.01%～0.02%），钼含量高（约4%），氮含量高（约0.3%），钢中铁素体含量达40%～45%。常用的双相不锈钢牌号有022Cr19Ni5Mo3Si2N、00Cr22Ni5Mo3N、0Cr25Ni6Mo2N、0Cr26Ni5Mo2等。

三、铁素体不锈钢

铁素体不锈钢的基体以铁素体组织为主，有磁性，一般不能通过热处理硬化，但冷加工可使其轻微强化。钢中不含镍，铬含量为11%～30%，有的还含少量的钼、钛或铌等元素，具有良好的抗氧化性、耐蚀性和耐氯化物腐蚀断裂性。按照铬含量可分为低铬、中铬和高铬三类。低铬铁素体不锈钢的铬含量为11%～14%，如022Cr12、06Cr13Al等，具有良好的韧性、塑性、冷加工变形性和焊接性。中铬铁素体不锈钢的铬含量为14%～18%，如10Cr17、10Cr17Mo等，具有较好的耐蚀性和耐锈性。高铬铁素体不锈钢的铬含量为18%～30%，如Cr18Si、Cr25等，具有良好的抗氧化性，可在980℃高温下连续使用。高铬铁素体不锈钢在400～500℃保温时，将引起强烈脆化，由于在475℃下脆化速度最快，故称475℃脆化。脆化程度随铬含量的增加而增高，但在600℃以上热处理可以恢复韧性。另外，在500～800℃保温时，铬含量高的合金会形成σ相，显著降低钢的塑性和韧性。

根据钢的纯净度，特别是碳、氮杂质含量，又可分为普通型和高纯型。普通型铁素体不锈钢具有低温和室温脆性，缺口敏感性和晶间腐蚀倾向较大，焊接性能较差等缺点。高纯型铁素体不锈钢具有极低含量的碳和氮（$C+N<150\times10^{-6}$），铬含量高，又含有钼、钛、铌等元素，具有良好的力学性能（特别是韧性）、焊接性能、耐晶间腐蚀性能，可耐点蚀和缝隙腐蚀，具有优异的耐应力腐蚀断裂性能，如00Cr17Mo、019Cr19Mo2NbTi、00Cr26Mo1、008Cr30Mo2等。

四、马氏体不锈钢

马氏体不锈钢的基体为马氏体组织，有磁性，通过热处理可以调整其力学性能。钢中铬含量为11.5%～18%，碳含量为0.08%～1.2%，其他合金元素含量小于2%～3%，常用的牌号有06Cr13、12Cr13、20Cr13、14Cr17Ni2等。它们高温下呈奥氏体存在，经过适当冷却至室温后转变为马氏体组织，钢中常含有一定量的残余奥氏体、铁素体或珠光体。马氏体不锈钢的特点是具有较高的硬度、强度、耐磨性，良好的抗疲劳性能及一定的耐蚀性。20世纪50年代，为改善马氏体不锈钢的焊接性，将钢的碳含量降至0.07%以下，而为了获得马氏体相变的可能性再加入一定量的镍，从而形成了一个新的系列。随着精炼技术的发展，可将钢中碳含量降至0.03%以下，并根据需要优化钢的成分，形成了超级马氏体不锈钢系列，如00Cr13Ni2Mo、00Cr13Ni5Mo等。

五、析出硬化不锈钢

析出硬化不锈钢（PH钢）的基体为奥氏体或马氏体组织，并能通过沉淀硬化（又称时效硬化）处理使其硬（强）化。沉淀硬化元素有Cu、Mo、Al、Ti、Nb等，此类钢有高的强度、足够的韧性和适宜的耐蚀性，主要用于宇航工业和高技术产业。根据钢的组织可分为如下三类。

1. 马氏体析出硬化不锈钢

钢中碳含量为0.05%～0.10%，以保证较好的强韧性、焊接性和耐蚀性。铬的含量为13%～17%，以保证足够的不锈性和耐蚀性；还要求有合适的铬镍当量配比，以便使钢中δ铁素体的含量处于最低水平（一般≤5%）。再添加适量的沉淀硬化元素如Cu、Mo、Nb、Ti等，以形成ε富铜相和NiTi相等进行强化。应用较广泛的牌号有05Cr17Ni4Cu4Nb、0Cr13Ni8Mo2Al等。其热处理制度包括固溶处理和沉淀硬化处理（480～630℃，保温1h，空冷），有的还要增加冷处理工序。

2. 半奥氏体析出硬化不锈钢

钢中碳含量在0.1%左右，铬含量在14%以上，要求有合适的铬镍当量配比，还要含有适量的沉淀硬化元素。应用较广泛的牌号有07Cr17Ni7Al、07Cr15Ni7Mo2Al等。这类钢的热处理较复杂，固溶处理（生成奥氏体）后必须进行调整处理（碳化物析出过程），有的还要冷处理，以生成马氏体，最后进行时效处理，时效温度为455～565℃，保温1～3h。较高的时效温度可提高钢的韧性，但强度相应下降。

3. 奥氏体析出硬化不锈钢

通过选择合适的铬镍当量配比，使钢形成非常稳定的奥氏体组织；为弥补奥氏体强度的不足，通过加入铝、钛，以形成Ni_3Al、Ni_3Ti加入磷，以形成$M_{23}(C+P)_6$而进行强化。代表性的牌号有0Cr15Ni20Ti2MoVB、1Cr17Ni10P等。此类钢的热处理是在固溶处理后再施以时效处理，可在480～510℃进行时效，保温1～4h。

在国家标准《不锈钢热轧钢板和钢带》（GB/T 4237—2015）中，明确规定了不锈钢的分类、代号和供货状态等。各种类型不锈钢的化学成分及力学性能分别列入以下各表：表6-1列出了奥氏体不锈钢的化学成分；表6-2列出了奥氏体-铁素体双相不锈钢的化学成分；表6-3列出了铁素体不锈钢的化学成分；表6-4列出了马氏体不锈钢的化学成分；表6-5列出了析出硬化不锈钢的化学成分；表6-6列出了经固溶处理的奥氏体不锈钢的力学性能；表6-7列出了经固溶处理的奥氏体-铁素体双相不锈钢的力学性能；表6-8列出了经时效处理的析出硬化不锈钢的力学性能。

表 6-1　奥氏体不锈钢的化学成分

统一数字代号	牌　号	化学成分(质量分数)/%										
		C	Si	Mn	P	S	Ni	Cr	Mo	Cu	N	其他元素
S30103	022Cr17Ni7①	0.030	1.00	2.00	0.045	0.030	6.00～8.00	16.00～18.00	—	—	0.20	—
S30110	12Cr17Ni7	0.15	1.00	2.00	0.045	0.030	6.00～8.00	16.00～18.00	—	—	0.10	—
S30153	022Cr17Ni7N①	0.030	1.00	2.00	0.045	0.030	6.00～8.00	16.00～18.00	—	—	0.07～0.20	—
S30210	12Cr18Ni9①	0.15	0.75	2.00	0.045	0.030	8.00～10.00	17.00～19.00	—	—	0.10	—
S30240	12Cr18Ni9Si3	0.15	2.00～3.00	2.00	0.045	0.030	8.00～10.00	17.00～19.00	—	—	0.10	—
S30403	022Cr19Ni10①	0.030	0.75	2.00	0.045	0.030	8.00～12.00	17.50～19.50	—	—	0.10	—
S30408	06Cr19Ni10①	0.07	0.75	2.00	0.045	0.030	8.00～10.50	17.50～19.50	—	—	0.10	—
S30409	07Cr19Ni10①	0.04～0.10	0.75	2.00	0.045	0.030	8.00～10.50	18.00～20.00	—	—	—	—
S30450	05Cr19Ni10Si2CeN①	0.04～0.06	1.00～2.00	0.80	0.045	0.030	9.00～10.00	18.00～19.0	—	—	0.12～0.18	Ce:0.03～0.08
S30453	022Cr19Ni10N①	0.030	0.75	2.00	0.045	0.030	8.00～12.00	18.00～20.00	—	—	0.10～0.16	—
S30458	06Cr19Ni10N①	0.08	0.75	2.00	0.045	0.030	8.00～10.50	18.00～20.00	—	—	0.10～0.16	—
S30478	06Cr19Ni9NbN	0.08	1.00	2.50	0.045	0.030	7.50～10.50	18.00～20.00	—	—	0.15～0.30	Nb:0.15
S30510	10Cr18Ni12①	0.12	0.75	2.00	0.045	0.030	10.50～13.00	17.00～19.00	—	—	—	—
S30859	08Cr21Ni11Si2CeN	0.05～0.10	1.40～2.00	0.80	0.040	0.030	10.00～12.00	20.00～22.00	—	—	0.14～0.20	Ce:0.03～0.08
S30908	06Cr23Ni13①	0.08	0.75	2.00	0.045	0.030	12.00～15.00	22.00～24.00	—	—	—	—
S31008	06Cr25Ni20	0.08	1.50	2.00	0.045	0.030	19.00～22.00	24.00～26.00	—	—	—	—
S31053	022Cr25Ni22Mo2N①	0.020	0.50	2.00	0.030	0.010	20.50～23.50	24.00～26.00	1.60～2.60	—	0.09～0.15	—
S31252	015Cr20Ni18Mo6CuN	0.020	0.80	1.00	0.030	0.010	17.50～18.50	19.50～20.50	6.00～6.50	0.50～1.00	0.18～0.25	—
S31603	022Cr17Ni12Mo2①	0.030	0.75	2.00	0.045	0.030	10.00～14.00	16.00～18.00	2.00～3.00	—	0.10	—
S31608	06Cr17Ni12Mo2①	0.08	0.75	2.00	0.045	0.030	10.00～14.00	16.00～18.00	2.00～3.00	—	0.10	—

续表

统一数字代号	牌号	化学成分(质量分数)/%									
		C	Si	Mn	P	S	Ni	Cr	Mo	Cu	N	其他元素
S31609	07Cr17Ni12Mo2①	0.04~0.10	0.75	2.00	0.045	0.030	10.00~14.00	16.00~18.00	2.00~3.00	—	—	—
S31653	022Cr17Ni12Mo2N①	0.030	0.75	2.00	0.045	0.030	10.00~14.00	16.00~18.00	2.00~3.00	—	0.10~0.16	—
S31658	06Cr17Ni12Mo2N①	0.08	0.75	2.00	0.045	0.030	10.00~14.00	16.00~18.00	2.00~3.00	—	0.10~0.16	—
S31668	06Cr17Ni12Mo2Ti①	0.08	0.75	2.00	0.045	0.030	10.00~14.00	16.00~18.00	2.00~3.00	—	—	Ti≥5×C
S31678	06Cr17Ni12Mo2Nb①	0.08	0.75	2.00	0.045	0.030	10.00~14.00	16.00~18.00	2.00~3.00	—	0.10	Nb:10×C~1.10
S31688	06Cr18Ni12Mo2Cu2	0.08	1.00	2.00	0.045	0.030	10.00~14.00	17.00~19.00	1.20~2.75	1.00~2.50	—	—
S31703	022Cr19Ni13Mo3①	0.030	0.75	2.00	0.045	0.030	11.00~15.00	18.00~20.00	3.00~4.00	—	0.10	—
S31708	06Cr19Ni13Mo3①	0.08	0.75	2.00	0.045	0.030	11.00~15.00	18.00~20.00	3.00~4.00	—	0.10	—
S31723	022Cr19Ni16Mo5N①	0.030	0.75	2.00	0.045	0.030	13.50~17.50	17.00~20.00	4.00~5.00	—	0.10~0.20	—
S31753	022Cr19Ni13Mo4N①	0.030	0.75	2.00	0.045	0.030	11.00~15.00	18.00~20.00	3.00~4.00	—	0.10~0.22	—
S31782	015Cr21Ni26Mo5Cu2	0.020	1.00	2.00	0.045	0.035	23.00~28.00	19.00~23.00	4.00~5.00	1.00~2.00	0.10	—
S32168	06Cr18Ni11Ti①	0.08	0.75	2.00	0.045	0.030	9.00~12.00	17.00~19.00	—	—	0.10	Ti≥5×C
S32169	07Cr19Ni11Ti①	0.04~0.10	0.75	2.00	0.045	0.030	9.00~12.00	17.00~19.00	—	—	—	Ti:4×C~0.70
S32652	015Cr24Ni22Mo8Mn3CuN	0.020	0.50	2.00~4.00	0.030	0.005	21.00~23.00	24.00~25.00	7.00~8.00	0.30~0.60	0.45~0.55	—
S34553	022Cr24Ni17Mo5Mn6NbN	0.030	1.00	5.00~7.00	0.030	0.010	16.00~18.00	23.00~25.00	4.00~5.00	—	0.40~0.60	Nb:0.10
S34778	06Cr18Ni11Nb①	0.08	0.75	2.00	0.045	0.030	9.00~13.00	17.00~19.00	—	—	—	Nb:10×C~1.00
S34779	07Cr18Ni11Nb①	0.04~0.10	0.75	2.00	0.045	0.030	9.00~13.00	17.00~19.00	—	—	—	Nb:8×C~1.00
S38367	022Cr21Ni25Mo7N	0.030	1.00	2.00	0.040	0.030	23.50~25.50	20.00~22.00	6.00~7.00	0.75	0.18~0.25	—
S38926	015Cr20Ni25Mo7CuN	0.020	0.50	2.00	0.030	0.010	24.00~26.00	19.00~21.00	6.00~7.00	0.50~1.50	0.15~0.25	—

① 为相对于 GB/T 20878—2007 调整化学成分的牌号。

注：表中所列成分除标明范围或最小值，其余均为最大值。

表 6-2　奥氏体-铁素体双相不锈钢的化学成分

统一数字代号	牌　　号	化学成分(质量分数)/%										
		C	Si	Mn	P	S	Ni	Cr	Mo	Cu	N	其他元素
S21860	14Cr18Ni11Si4AlTi	0.10～0.18	3.40～4.00	0.80	0.035	0.030	10.00～12.00	17.50～19.50	—	—	—	Ti:0.40～0.70 Al:0.10～0.30
S21953	022Cr19Ni5Mo3Si2N	0.030	1.30～2.00	1.00～2.00	0.030	0.030	4.50～5.50	18.00～19.50	2.50～3.00	—	0.05～0.10	—
S22053	022Cr23Ni5Mo3N	0.030	1.00	2.00	0.030	0.020	4.50～6.50	22.00～23.00	3.00～3.50	—	0.14～0.20	—
S22152	022Cr21Mn5Ni2N	0.030	1.00	4.00～6.00	0.040	0.030	1.00～3.00	19.50～21.50	0.60	1.00	0.05～0.17	—
S22153	022Cr21Ni3Mo2N	0.030	1.00	2.00	0.030	0.020	3.00～4.00	19.50～22.50	1.50～2.00	—	0.14～0.20	—
S22160	12Cr21Ni5Ti	0.09～0.14	0.80	0.80	0.035	0.030	4.80～5.80	20.00～22.00	—	—	—	Ti:5×(C−0.02)～0.80
S22193	022Cr21Mn3Ni3Mo2N	0.030	1.00	2.00～4.00	0.040	0.030	2.00～4.00	19.00～22.00	1.00～2.00	—	0.14～0.20	—
S22253	022Cr22Mn3Ni2MoN	0.030	1.00	2.00～3.00	0.040	0.020	1.00～2.00	20.50～23.50	0.10～1.00	0.50	0.15～0.27	—
S22293	022Cr22Ni5Mo3N	0.030	1.00	2.00	0.030	0.020	4.50～6.50	21.00～23.00	2.50～3.50	—	0.08～0.20	—
S22294	03Cr22Mn5Ni2MoCuN	0.04	1.00	4.00～6.00	0.040	0.030	1.35～1.70	21.00～22.00	0.10～0.80	0.10～0.80	0.20～0.25	—
S22353	022Cr23Ni2N	0.030	1.00	2.00	0.040	0.010	1.00～2.80	21.50～24.00	0.45	—	0.18～0.26	—
S22493	022Cr24Ni4Mn3Mo2CuN	0.030	0.70	2.50～4.00	0.035	0.005	3.00～4.50	23.00～25.00	1.00～2.00	0.10～0.80	0.20～0.30	—
S22553	022Cr25Ni6Mo2N	0.030	1.00	2.00	0.030	0.030	5.50～6.50	24.00～26.00	1.50～2.50	—	0.10～0.20	—
S23043	022Cr23Ni4MoCuN①	0.030	1.00	2.50	0.040	0.030	3.00～5.50	21.50～24.50	0.05～0.60	0.05～0.60	0.05～0.20	—
S25073	022Cr25Ni7Mo4N	0.030	0.80	1.20	0.035	0.020	6.00～8.00	24.00～26.00	3.00～5.00	0.50	0.24～0.32	—
S25554	03Cr25Ni6Mo3Cu2N	0.04	1.00	1.50	0.040	0.030	4.50～6.50	24.00～27.00	2.90～3.90	1.50～2.50	0.10～0.25	—
S27603	022Cr25Ni7Mo4WCuN①	0.030	1.00	1.00	0.030	0.010	6.00～8.00	24.00～26.00	3.00～4.00	0.50～1.00	0.20～0.30	W:0.50～1.00

① 为相对于 GB/T 20878—2007 调整化学成分的牌号。

注：表中所列成分除标明范围或最小值，其余均为最大值。

表 6-3 铁素体不锈钢的化学成分

统一数字代号	牌号	化学成分(质量分数)/%										
		C	Si	Mn	P	S	Ni	Cr	Mo	Cu	N	其他元素
S11163	022Cr11Ti	0.030	1.00	1.00	0.040	0.020	0.60	10.50～11.75	—	—	0.030	Ti:0.15～0.50 且 Ti≥8×(C+N),Nb:0.10
S11173	022Cr11NbTi	0.030	1.00	1.00	0.040	0.020	0.60	10.50～11.70	—	—	0.030	Ti+Nb:[0.08+8×(C+N)]～0.75 Ti≥0.05
S11203	022Cr12	0.030	1.00	1.00	0.040	0.030	0.60	11.00～13.50	—	—	—	—
S11213	022Cr12Ni	0.030	1.00	1.50	0.040	0.015	0.30～1.00	10.50～12.50	—	—	0.030	—
S11348	06Cr13Al	0.08	1.00	1.00	0.040	0.030	0.60	11.50～14.50	—	—	—	Al:0.10～0.30
S11510	10Cr15	0.12	1.00	1.00	0.040	0.030	0.60	14.00～16.00	—	—	—	—
S11573	022Cr15NbTi	0.030	1.20	1.20	0.040	0.030	0.60	14.00～16.00	0.50	—	0.030	Ti+Nb:0.30～0.80
S11710	10Cr17①	0.12	1.00	1.00	0.040	0.030	0.75	16.00～18.00	—	—	—	—
S11763	022Cr17NbTi①	0.030	0.75	1.00	0.035	0.030	—	16.00～19.00	—	—	—	Ti+Nb:0.10～1.00
S11790	10Cr17Mo	0.12	1.00	1.00	0.040	0.030	—	16.00～18.00	0.75～1.25	—	—	—
S11862	019Cr18MoTi①	0.025	1.00	1.00	0.040	0.030	—	16.00～19.00	0.75～1.50	—	0.025	Ti、Nb、Zr 或其组合:8×(C+N)～0.80
S11863	022Cr18Ti	0.030	1.00	1.00	0.040	0.030	0.50	17.00～19.00	—	—	0.030	Ti:[0.20+4×(C+N)]～1.10 Al:0.15
S11873	022Cr18Nb	0.030	1.00	1.00	0.040	0.015	—	17.50～18.50	—	—	—	Ti:0.10～0.60 Nb≥0.30+3×C
S11882	019Cr18CuNb	0.025	1.00	1.00	0.040	0.030	0.60	16.00～20.00	—	0.30～0.80	0.025	Nb:8×(C+N)～0.8
S11972	019Cr19Mo2NbTi	0.025	1.00	1.00	0.040	0.030	1.00	17.50～19.50	1.75～2.50	—	0.035	Ti+Nb:[0.20+4×(C+N)]～0.80

续表

统一数字代号	牌　号	化学成分(质量分数)/%										
		C	Si	Mn	P	S	Ni	Cr	Mo	Cu	N	其他元素
S11973	022Cr18NbTi	0.030	1.00	1.00	0.040	0.030	0.50	17.00～19.00	—	—	0.030	Ti+Nb:[0.20+4×(C+N)]～0.75 Al:0.15
S12182	019Cr21CuTi	0.025	1.00	1.00	0.030	0.030	—	20.50～23.00	—	0.30～0.80	0.025	Ni、Nb、Zr 或其组合:8×(C+N)～0.80
S12361	019Cr23Mo2Ti	0.025	1.00	1.00	0.040	0.030	—	21.00～24.00	1.50～2.50	0.60	0.025	Ni、Nb、Zr 或其组合:8×(C+N)～0.80
S12362	019Cr23MoTi	0.025	1.00	1.00	0.040	0.030	—	21.00～24.00	0.70～1.50	0.60	0.025	Ni、Nb、Zr 或其组合:8×(C+N)～0.80
S12763	022Cr27Ni2Mo4NbTi	0.030	1.00	1.00	0.040	0.030	1.00～3.50	25.00～28.00	3.00～4.00	—	0.040	Ti+Nb:0.20～1.00 且 Ti+Nb≥6×(C+N)
S12791	008Cr27Mo①	0.010	0.40	0.40	0.030	0.020	—	25.00～27.50	0.75～1.50	—	0.015	Ni+Cu≤0.50
S12963	022Cr29Mo4NbTi	0.030	1.00	1.00	0.040	0.030	1.00	28.00～30.00	3.60～4.20	—	0.045	Ti+Nb:0.20～1.00 且 Ti+Nb≥6×(C+N)
S13091	008Cr30Mo2①,②	0.010	0.40	0.40	0.030	0.020	0.50	28.50～32.00	1.50～2.50	0.20	0.015	Ni+Cu≤0.50

① 为相对于 GB/T 20878—2007 调整化学成分的牌号。

② 可含有 V、Ti、Nb 中的一种或几种元素。

注：表中所列成分除标明范围或最小值，其余均为最大值。

表 6-4　马氏体不锈钢的化学成分

统一数字代号	牌　号	化学成分(质量分数)/%										
		C	Si	Mn	P	S	Ni	Cr	Mo	Cu	N	其他元素
S40310	12Cr12	0.15	0.50	1.00	0.040	0.030	0.60	11.50～13.00	—	—	—	—
S41008	06Cr13	0.08	1.00	1.00	0.040	0.030	0.60	11.50～13.50	—	—	—	—
S41010	12Cr13	0.15	1.00	1.00	0.040	0.030	0.60	11.50～13.50	—	—	—	—
S41595	04Cr13Ni5Mo	0.05	0.60	0.50～1.00	0.030	0.030	3.50～5.50	11.50～14.00	0.50～1.00	—	—	—
S42020	20Cr13	0.16～0.25	1.00	1.00	0.040	0.030	0.60	12.00～14.00	—	—	—	—

续表

统一数字代号	牌号	化学成分(质量分数)/%										
		C	Si	Mn	P	S	Ni	Cr	Mo	Cu	N	其他元素
S42030	30Cr13	0.26～0.35	1.00	1.00	0.040	0.030	0.60	12.00～14.00	—	—	—	—
S42040	40Cr13①	0.36～0.45	0.80	0.80	0.040	0.030	0.60	12.00～14.00	—	—	—	—
S43120	17Cr16Ni2①	0.12～0.20	1.00	1.00	0.025	0.015	2.00～3.00	15.00～18.00	—	—	—	—
S44070	68Cr17	0.60～0.75	1.00	1.00	0.040	0.030	0.60	16.00～18.00	0.75	—	—	—
S46050	50Cr15MoV	0.45～0.55	1.00	1.00	0.040	0.015	—	14.00～15.00	0.50～0.80	—	—	V:0.10～0.20

① 为相对于 GB/T 20878—2007 调整化学成分的牌号。

注：表中所列成分除标明范围或最小值，其余均为最大值。

表 6-5　析出硬化不锈钢的化学成分

统一数字代号	牌号	化学成分(质量分数)/%										
		C	Si	Mn	P	S	Ni	Cr	Mo	Cu	N	其他元素
S51380	04Cr13Ni8Mo2Al①	0.05	0.10	0.20	0.010	0.008	7.50～8.50	12.30～13.25	2.00～2.50	—	0.01	Al:0.90～1.35
S51290	022Cr12Ni9Cu2NbTi①	0.05	0.50	0.50	0.040	0.030	7.50～9.50	11.00～12.50	0.50	1.50～2.50	—	Ti:0.80～1.40 Nb+Ta:0.10～0.50
S51770	07Cr17Ni7Al	0.09	1.00	1.00	0.040	0.030	6.50～7.75	16.00～18.00	—	—	—	Al:0.75～1.50
S51570	07Cr15Ni7Mo2Al	0.09	1.00	1.00	0.040	0.030	6.50～7.75	14.00～16.00	2.00～3.00	—	—	Al:0.75～1.50
S51750	09Cr17Ni5Mo3N①	0.07～0.11	0.50	0.50～1.25	0.040	0.030	4.00～5.00	16.00～17.00	2.50～3.20	—	0.07～0.13	—
S51778	06Cr17Ni7AlTi	0.08	1.00	1.00	0.040	0.030	6.00～7.50	16.00～17.50	—	—	—	Al:0.40 Ti:0.40～1.20

① 为相对于 GB/T 20878—2007 调整化学成分的牌号。

注：表中所列成分除标明范围或最小值，其余均为最大值。

表 6-6 经固溶处理的奥氏体不锈钢的力学性能

统一数字代号	牌　　号	规定塑性延伸强度 $R_{p0.2}$/MPa	抗拉强度 R_m/MPa	断后伸长率[①] A/%	硬　度		
					HBW	HRB	HV
		不小于			不大于		
S30103	022Cr17Ni7	220	550	45	241	100	242
S30110	12Cr17Ni7	205	515	40	217	95	220
S30153	022Cr17Ni7N	240	550	45	241	100	242
S30210	12Cr18Ni9	205	515	40	201	92	210
S30240	12Cr18Ni9Si3	205	515	40	217	95	220
S30403	022Cr19Ni10	180	485	40	201	92	210
S30408	06Cr19Ni10	205	515	40	201	92	210
S30409	07Cr19Ni10	205	515	40	201	92	210
S30450	05Cr19Ni10Si2CeN	290	600	40	217	95	220
S30453	022Cr19Ni10N	205	515	40	217	95	220
S30458	06Cr19Ni10N	240	550	30	217	95	220
S30478	06Cr19Ni9NbN	275	585	30	241	100	242
S30510	10Cr18Ni12	170	485	40	183	88	200
S30859	08Cr21Ni11Si2CeN	310	600	40	217	95	220
S30908	06Cr23Ni13	205	515	40	217	95	220
S31008	06Cr25Ni20	205	515	40	217	95	220
S31053	022Cr25Ni22Mo2N	270	580	25	217	95	220
S31252	015Cr20Ni18Mo6CuN	310	655	35	223	96	225
S31603	022Cr17Ni12Mo2	180	485	40	217	95	220
S31608	06Cr17Ni12Mo2	205	515	40	217	95	220
S31609	07Cr17Ni12Mo2	205	515	40	217	95	220
S31653	022Cr17Ni12Mo2N	205	515	40	217	95	220
S31658	06Cr17Ni12Mo2N	240	550	35	217	95	220
S31668	06Cr17Ni12Mo2Ti	205	515	40	217	95	220
S31678	06Cr17Ni12Mo2Nb	205	515	30	217	95	220
S31688	06Cr18Ni12Mo2Cu2	205	520	40	187	90	200
S31703	022Cr19Ni13Mo3	205	515	40	217	95	220
S31708	06Cr19Ni13Mo3	205	515	35	217	95	220
S31723	022Cr19Ni16Mo5N	240	550	40	223	96	225
S31753	022Cr19Ni13Mo4N	240	550	40	217	95	220
S31782	015Cr21Ni26Mo5Cu2	220	490	35	—	90	200
S32168	06Cr18Ni11Ti	205	515	40	217	95	220

续表

统一数字代号	牌号	规定塑性延伸强度 $R_{p0.2}$/MPa	抗拉强度 R_m/MPa	断后伸长率[①] A/%	硬度		
					HBW	HRB	HV
		不小于			不大于		
S32169	07Cr19Ni11Ti	205	515	40	217	95	220
S32652	015Cr24Ni22Mo8Mn3CuN	430	750	40	250	—	252
S34553	022Cr24Ni17Mo5Mn6NbN	415	795	35	241	100	242
S34778	06Cr18Ni11Nb	205	515	40	201	92	210
S34779	07Cr18Ni11Nb	205	515	40	201	92	210
S38367	022Cr21Ni25Mo7N	310	655	30	241	—	—
S38926	015Cr20Ni25Mo7CuN	295	650	35	—	—	—

① 厚度不大于 3mm 时使用 A_{50mm} 试样。

表 6-7　经固溶处理的奥氏体-铁素体双相不锈钢的力学性能

统一数字代号	牌号	规定塑性延伸强度 $R_{p0.2}$/MPa	抗拉强度 R_m/MPa	断后伸长率[①] A/%	硬度	
					HBW	HRC
		不小于			不大于	
S21860	14Cr18Ni11Si4AlTi	—	715	25	—	—
S21953	022Cr19Ni5Mo3Si2N	440	630	25	290	31
S22053	022Cr23Ni5Mo3N	450	655	25	293	31
S22152	022Cr21Mn5Ni2N	450	620	25	—	25
S22153	022Cr21Ni3Mo2N	450	655	25	293	31
S22160	12Cr21Ni5Ti	—	635	20	—	—
S22193	022Cr21Mn3Ni3Mo2N	450	620	25	293	31
S22253	022Cr22Mn3Ni2MoN	450	655	30	293	31
S22293	022Cr22Ni5Mo3N	450	620	25	293	31
S22294	03Cr22Mn5Ni2MoCuN	450	650	30	290	—
S22353	022Cr23Ni2N	450	650	30	290	—
S22493	022Cr24Ni4Mn3Mo2CuN	480	680	25	290	—
S22553	022Cr25Ni6Mo2N	450	640	25	295	31
S23043	022Cr23Ni4MoCuN	400	600	25	290	31
S25073	022Cr25Ni7Mo4N	550	795	15	310	32
S25554	03Cr25Ni6Mo3Cu2N	550	760	15	302	32
S27603	022Cr25Ni7Mo4WCuN	550	750	25	270	—

① 厚度不大于 3mm 时使用 A_{50mm} 试样。

表 6-8　经时效处理的析出硬化不锈钢的力学性能

统一数字代号	牌　号	钢材厚度/mm	处理温度①	规定塑性延伸强度 $R_{p0.2}$/MPa	抗拉强度 R_m/MPa	断后伸长率②,③ A/%	硬度 HRC	硬度 HBW
				不小于			不小于	
S51380	04Cr13Ni8Mo2Al	2～<5 5～<16 16～100	510℃±5℃	1410 1410 1410	1515 1515 1515	8 10 10	45 45 45	— — 429
		2～<5 5～<16 16～100	540℃±5℃	1310 1310 1310	1380 1380 1380	8 10 10	43 43 43	— — 401
S51290	022Cr12Ni9Cu2NbTi	≥2	480℃±6℃或 510℃±5℃	1410	1525	4	44	—
S51770	07Cr17Ni7Al	2～<5 5～16	760℃±15℃ 15℃±3℃ 566℃±6℃	1035 956	1240 1170	6 7	38 38	— 352
		2～<5 5～16	954℃±8℃ −73℃±6℃ 510℃±6℃	1310 1240	1450 1380	4 6	44 43	— 401
S51570	07Cr15Ni7Mo2Al	2～<5 5～16	760℃±15℃ 15℃±3℃ 566℃±6℃	1170 1170	1310 1310	5 4	40 40	— 375
S51570	07Cr15Ni7Mo2Al	2～<5 5～16	954℃±8℃ −73℃±6℃ 510℃±6℃	1380 1380	1550 1550	4 4	46 45	— 429
S51750	09Cr17Ni5Mo3N	2～5	455℃±10℃	1035	1275	8	42	—
		2～5	540℃±10℃	1000	1140	8	36	—
S51778	06Cr17Ni7AlTi	2～<3 ≥3	510℃±10℃	1170 1170	1310 1310	5 8	39 39	— 363
		2～<3 ≥3	540℃±10℃	1105 1105	1240 1240	5 8	37 38	— 352
		2～<3 ≥3	565℃±10℃	1035 1035	1170 1170	5 8	35 36	— 331

① 为推荐性热处理温度，供方应向需方提供推荐性热处理制度。
② 适用于沿宽度方向的试验，垂直于轧制方向且平行于钢板表面。
③ 厚度不大于 3mm 时使用 A_{50mm} 试样。

第二节　镍基耐蚀合金

镍基合金是镍含量大于 50%并含有多量其他元素的合金，镍基比铁基能固溶更多的合金元素，所以镍基合金不但保持了镍的良好特性，又兼有组分元素的良好特性，既可耐高温，又可耐腐蚀。工程上将其分为两大合金类型，即耐热用镍基合金（又称高温合金）和耐蚀用镍基合金。前者主要用于航空、航天等高温工作构件；后者则用于化学、石油、核工业等苛刻腐蚀环境。本节中主要介绍耐蚀用镍基合金。

镍基耐蚀合金具有耐活泼性气体、耐苛性介质、耐还原性酸介质腐蚀的良好性能，又具有强度高、塑性好、可冷热变形及可焊接等特点，因此广泛应用于石油化工、冶金、原子能、海洋开发、航空航天等工业中，解决了一般不锈钢和其他金属、非金属材料无法解决的工程腐蚀问题，是一类非常重要的耐蚀金属材料。

一、镍基耐蚀合金的分类

为提高镍基耐蚀合金的耐腐蚀性能，要求碳含量越低越好，并在 Ni 基中加入 Cr、W、Mo 等合金元素，Ti、Nb 等的加入量较低，主要作用是抑制碳的有害影响，以提高耐蚀性。我国的耐蚀合金牌号标准见 GB/T 15007—2017。镍基耐蚀合金有固溶和沉淀两种强化方式，有如下几种成分类型：Ni 系，近于纯镍，如 Ni200 等；Ni-Cu 系，如 Monel 400（66Ni31Cu）；Ni-Cr 系和 Ni-Cr-Fe 系，如 Inconel 600（76Ni15Cr8Fe）、Inconel 718（53Ni19Cr3Mo5Nb18Fe）；Ni-Fe-Cr 系，如 Incoloy 800（32Ni46Fe21Cr）；Ni-Mo 系和 Ni-Cr-Mo 系，如 Hastelloy C（64Ni16Cr16Mo4W）；Ni-Cr-Mo-Cu 系，含 Cu 在 3%以上。镍基耐蚀合金在焊接时可能产生热裂纹、焊缝气孔等问题，有的合金类型（如 Ni-Cr、Ni-Mo、Ni-Cr-Mo 系）焊接接头中还存在晶间腐蚀和应力腐蚀问题。

二、镍基耐蚀合金产品的研究与开发

20 世纪 30 年代，诞生了哈氏 C 族第一种合金，即 Hastelloy C；20 世纪后半叶，耐蚀合金有了很大发展，如 60 年代有 C-276，70 年代有 C-4，80 年代有 C-22，90 年代有 C-2000 等。Hastelloy C 是在 Hastelloy B 合金基础上添加 Cr、W 元素形成的，是 Ni-Cr 合金和 Ni-Mo 合金的兼容和优化，在氧化性和还原性介质中都具有很好的耐腐蚀性能，以及耐局部腐蚀、耐氯化物应力腐蚀破裂和耐海水的孔蚀性能。但在苛刻的氧化性介质中，这种合金的 Cr 含量不足以使基体保持钝化状态而显示出高的均匀腐蚀速率；最大的问题是焊后必须经过固溶处理以消除热影响区的偏析。而 C-276 及 C-4 降低了碳和硅的含量，因此不会产生严重的晶界腐蚀，目前 C-276 在许多腐蚀环境中仍得到广泛应用。C-4 合金对成分作了进一步调整，除了降低 C、Si 含量外，还除去 W、减少 Fe，添加 Ti。这样就明显改进了热稳定性，消除了合金中金属间化合物的析出和晶界偏析。在强还原性介质（如盐酸）及高氧化性介质中，C-4 的耐蚀性也比 C-276 更好一些。C-22 的 Cr、Mo、W 含量经过了仔细的调整，使其既耐氧化性酸腐蚀又能满足高温稳定性的需求，C-22 合金常用于烟气脱硫系统腐蚀环境及复杂的制药反应器中。

Haynes 625 是以 Mo、Nb 为主要强化元素的固溶强化合金，从低温到 1095℃温度范围内均具有良好的强度和韧性，在空气中高达 980℃时还有良好的抗氧化剥蚀能力，因而常用在高温和航空场合。1990 年德国 Krupp 公司研究开发了合金 59（Alloy 59），它克服了 C-22 和 C-276 的缺点，C、Si 含量极低，不易于在热成形或焊接过程中产生晶界沉淀，热稳定性非常好；且具有优异的耐腐蚀能力，对矿物酸如硝酸、磷酸、硫酸和盐酸等耐蚀性都很好，对氯离子引起的应力腐蚀开裂不敏感，是最“纯真”的 Ni-Cr-Mo 合金。Hastelloy C-2000 是 Hayne 公司 1995 年的专利产品，是在合金 59 配方的基础上添加 1.6%Cu。Ni-Cr-Mo 合金以高 Cr 抗氧化性介质，以高 Mo 和 W 抗还原性介质；而加入 1.6%Cu 后，使合金抗还原性介质腐蚀的能力得到极大提高。当然，Cu 的添加导致对局部腐蚀抵抗力的大幅度下降，而且热稳定性也逊色于合金 59。

Inconel 686 是美国 SMC 公司 1993 年的专利产品，是 Ni-Cr-Mo-W 合金。Inconel 686 合金适合于两性酸或两性混合酸，尤其是两性混合酸中含有高浓度氯离子的腐蚀环境中应用。在海水中具有较强的抗均匀腐蚀、电化学腐蚀、局部侵蚀和氢脆的能力，是理想的海洋环境应用材料。也可应用在化工过程、污染控制（烟气脱硫）、造纸、制药和垃圾处理等腐蚀环境中。

总之，Inconel 686、Alloy 59 及 Hastelloy C-2000 合金，被称为当今世界三大顶尖合金，代表着世界冶金工业的最高成就。哈氏 C 系列耐蚀合金的突出特点是抗均匀腐蚀、局部腐蚀、应力腐蚀、晶界腐蚀，并且容易加工和焊接，因此在化工领域得到广泛应用，同时也越来越多地应用在能源、环保、石油与天然气、制药、烟气脱硫等领域。

三、镍基耐蚀合金典型产品的化学成分

INCO 公司的分类方法是：Ni 系（镍）；Ni-Cu 系，称 Monel（蒙乃尔）；Ni-Cr 和 Ni-Cr-Fe 系，称 Inconel（茵科镍）；Ni-Fe-Cr 系，称 Incoloy（茵科洛依）。用数字将同一类合金分成两组，第一位数字是偶数的属固溶强化合金，第一位数字是奇数的属析出强化合金，详见表 6-9。哈氏公司（哈斯特洛依）的合金系列主要是 Ni-Mo 系、Ni-Cr-Mo 系，包括 Hastelloy B、Hastelloy C、Hastelloy N 及 Hastelloy C-22、Hastelloy C-276 等。常用镍基合金的种类、用途及其一般特性列于表 6-10。

表 6-9 INCO 公司的镍基合金分类

合金系	分组	强化类型	典型合金
镍	200	固溶强化 Ni	Ni 200
镍	300	析出强化 Ni	Ni 300
蒙乃尔	400	固溶强化 Ni-Cu	Monel 400
蒙乃尔	500	析出强化 Ni-Cu	Monel 500
茵科镍	600	固溶强化 Ni-Cr-Fe	Inconel 600
茵科镍	700	析出强化 Ni-Cr-Fe	Inconel 700
茵科洛依	800	固溶强化 Ni-Fe-Cr	Incoloy 800
茵科洛依	900	析出强化 Ni-Fe-Cr	Incoloy 900

表 6-10 常用镍基合金的种类、用途及其一般特性

分 类	典型的合金名称	用 途	特 性
纯 Ni	Nickel 200、Nickel 301	碱液、氯气、氟酸、脂肪酸、水	对碱液，特别是对 NaOH 的耐蚀性好，Ni301 是含 Al、Ti 析出硬化型合金
Ni-Cu	Monel 400、Monel K500	非氧化性酸、磷酸、水脂肪酸	在多数情况下，较 Ni 及 Cu 更耐蚀，K500 是含 Al、Ti 析出硬化型合金
Ni-Cr(-Fe)	Inconel 600、Inconel 625	氧化性酸、盐酸水溶液、碱液	耐蚀和耐热性很好，高温强度和低温韧性优良，焊接性良好
Ni-Fe-Cr(-Mo)	Incoloy 800、Incoloy 825、Incoloy 925、Carpenter 20	氧化性酸（硫酸、硝酸、磷酸）、非氧化性酸	Incoloy 800 和 Incoloy 925 是耐热材料，而 Incoloy 825 和 Carpenter 20 是耐腐蚀材料
Ni-Mo	Hastelloy B	盐酸、碱、磷酸	含 Mo15%以上者，耐盐酸性能良好
Ni-Cr-Mo	Hastelloy C-276、Hastelloy C-2000、Haynes 625	氯化铜、氯化铁、乙酸、卤族化合物、海水、碱液	部分 Mo 被 Cr 置换，以便使耐氧化性得到改进

镍基及铁镍基耐蚀合金典型产品的化学成分列于表 6-11，哈氏合金 C 系列镍基耐蚀合金典型产品的化学成分列于表 6-12。

表 6-11　镍基及铁镍基耐蚀合金典型产品的化学成分　　%

合金	Ni	C	Mn	Fe	S	Si	Cu	Cr	Al	Ti	Nb	Mo
Nickel 200	99.5	0.08	0.2	0.2	0.005	0.2	0.1	—	—	—	—	—
Nickel 201	99.5	0.01	0.2	0.2	0.005	0.2	0.1	—	—	—	—	—
Monel 400	66.5	0.2	1.0	1.2	0.01	0.2	31.5	—	—	—	—	—
Monel 401	42.5	0.05	1.6	0.4	0.008	0.1	余	—	—	—	—	—
Monel K500	66.5	0.1	0.8	1.0	0.005	0.2	29.5	—	2.7	0.5	—	—
Inconel 600	76.0	0.08	0.5	8.0	0.006	0.2	0.2	15.5	—	—	—	—
Inconel 601	60.5	0.05	0.5	14.1	0.007	0.2	0.5	23.0	1.4	—	—	—
Inconel 718	52.5	0.04	0.2	18.5	0.008	0.2	0.2	19.0	0.5	0.9	5.1	3.0
Inconel X-750	73.0	0.04	0.5	7.0	0.005	0.2	0.2	15.5	0.7	2.5	1.0	—
Incoloy 800	32.5	0.05	0.8	46.0	0.008	0.5	0.4	21.0	0.4	0.4	—	—
Incoloy 803	32.0～37.0	0.06～0.10	1.50	余	0.015	1.0	0.75	25.0～29.0	0.15～0.60	0.15～0.60	—	—
Incoloy 825	42.0	0.03	0.5	30.4	0.02	0.2	2.2	21.5	0.1	0.9	—	3.0

注：表中 Ni 的单值为最小值，其他单值均为最大值。

表 6-12　哈氏合金 C 系列镍基耐蚀合金典型产品的化学成分　　%

合金牌号	国产牌号	C	Si	Ni	Cr	Mo	Fe	W	Nb	Cu
Hastelloy C	NS333	≤0.08	≤0.10	55	15.5	16	5	4	—	—
Hastelloy C-276	NS334	≤0.01	≤0.08	57	15.5	16	6	3.9	—	—
Hastelloy C-4	NS335	≤0.01	≤0.08	66	16	16	2	—	—	—
Hastelloy C-22	—	≤0.01	≤0.08	59	21.5	13.6	2.5	3.1	—	—
Hastelloy C-2000	—	≤0.01	≤0.08	57	23	16	1	—	—	1.6
Haynes 625	NS336	≤0.10	≤0.50	62	22	9	3	—	3.6	—
Alloy 59	—	≤0.01	≤0.10	59	23	16	1	—	—	—
Inconel 686	—	≤0.01	≤0.08	58	20.5	16.3	1	3.9	—	—

第二篇

焊接材料的成分与性能

我国熔化焊焊接材料相关国家标准，包括焊条、气体保护焊焊丝、药芯焊丝、埋弧焊材和有色焊材的产品标准，以及试验方法标准。早期我国标准大部分是采用AWS标准，自2002年发布的ISO 2560采用了A（EN标准体系类）、B（AWS、JIS、GB等标准体系类）两种分类并存的方式，我国焊接材料标准与国际标准接轨具备了技术基础。开始先将试验方法等通用标准及有色焊材产品标准（不分A、B体系）完成了向ISO体系的转化，之后焊条、药芯焊丝、埋弧焊材几大产品系列陆续采用ISO标准的B体系，由原来的碳钢、低合金钢和不锈钢三个类别标准调整为非合金钢及细晶粒钢、热强钢、高强钢和不锈钢四个类别标准，气体保护焊用实心焊丝系列国家标准和焊接及切割用保护气体也正在采用ISO相关标准进行制定和修订，此后将陆续进行铸铁焊条及焊丝、堆焊焊条等标准的转化，以及完善有色焊材和一些试验方法的标准，届时，我国焊接材料的国家标准将形成完整的与ISO标准对应的标准体系。主要焊接材料相关标准见附录一。

本篇收录了技术上成熟，用量较大的钢、镍基合金用焊条、气体保护焊焊丝、药芯焊丝、埋弧焊材的国家标准和/或ISO标准中化学成分、力学性能等指标要求，供焊接施工中选用。

第七章
电焊条

第一节　非合金钢和细晶粒钢焊条

国家标准（GB/T 5117—2012）中包括最小抗拉强度为 430～570MPa 级的碳钢、低合金高强度钢、低温钢及低合金耐腐蚀钢用焊条等，现将最小抗拉强度为 490～570MPa 级碱性焊条的熔敷金属化学成分和力学性能分别列于表 7-1 和表 7-2 中。

表 7-1　490～570MPa 级碱性焊条熔敷金属的化学成分（GB/T 5117—2012 节选）

焊条型号	化学成分(质量分数)/%								
	C	Mn	Si	P	S	Ni	Cr	Mo	V	其　他
E5015	0.15	1.60	0.75	0.035	0.035	0.30	0.20	0.30	0.08	—
E5016	0.15	1.60	0.75	0.035	0.035	0.30	0.20	0.30	0.08	—
E5016-1	0.15	1.60	0.75	0.035	0.035	0.30	0.20	0.30	0.08	—
E5018	0.15	1.60	0.90	0.035	0.035	0.30	0.20	0.30	0.08	—
E5018-1	0.15	1.60	0.90	0.035	0.035	0.30	0.20	0.30	0.08	—
E5028	0.15	1.60	0.90	0.035	0.035	0.30	0.20	0.30	0.08	—
E5048	0.15	1.60	0.90	0.035	0.035	0.30	0.20	0.30	0.08	—
E5716	0.12	1.60	0.90	0.03	0.03	1.00	0.30	0.35	—	—
E5728	0.12	1.60	0.90	0.03	0.03	1.00	0.30	0.35	—	—
E5518-P2	0.12	0.90～1.70	0.80	0.03	0.03	1.00	0.20	0.50	0.05	—
E5545-P2	0.12	0.90～1.70	0.80	0.03	0.03	1.00	0.20	0.50	0.05	—

续表

焊条型号	化学成分(质量分数)/%								
	C	Mn	Si	P	S	Ni	Cr	Mo	V	其　他
E5015-1M3	0.12	0.90	0.60	0.03	0.03	—	—	0.40～0.65	—	—
E5016-1M3	0.12	0.90	0.60	0.03	0.03	—	—	0.40～0.65	—	—
E5018-1M3	0.12	0.90	0.80	0.03	0.03	—	—	0.40～0.65	—	—
E5518-3M2	0.12	1.00～1.75	0.80	0.03	0.03	0.90	—	0.25～0.45	—	—
E5515-3M3	0.12	1.00～1.80	0.80	0.03	0.03	0.90	—	0.40～0.65	—	—
E5516-3M3	0.12	1.00～1.80	0.80	0.03	0.03	0.90	—	0.40～0.65	—	—
E5518-3M3	0.12	1.00～1.80	0.80	0.03	0.03	0.90	—	0.40～0.65	—	—
E5015-N1	0.12	0.60～1.60	0.90	0.03	0.03	0.30～1.00	—	0.35	0.05	—
E5016-N1	0.12	0.60～1.60	0.90	0.03	0.03	0.30～1.00	—	0.35	0.05	—
E5028-N1	0.12	0.60～1.60	0.90	0.03	0.03	0.30～1.00	—	0.35	0.05	—
E5515-N1	0.12	0.60～1.60	0.90	0.03	0.03	0.30～1.00	—	0.35	0.05	—
E5516-N1	0.12	0.60～1.60	0.90	0.03	0.03	0.30～1.00	—	0.35	0.05	—
E5528-N1	0.12	0.60～1.60	0.90	0.03	0.03	0.30～1.00	—	0.35	0.05	—
E5015-N2	0.08	0.40～1.40	0.50	0.03	0.03	0.80～1.10	0.15	0.35	0.05	—
E5016-N2	0.08	0.40～1.40	0.50	0.03	0.03	0.80～1.10	0.15	0.35	0.05	—
E5018-N2	0.08	0.40～1.40	0.50	0.03	0.03	0.80～1.10	0.15	0.35	0.05	—
E5515-N2	0.12	0.40～1.25	0.80	0.03	0.03	0.80～1.10	0.15	0.35	0.05	—
E5516-N2	0.12	0.40～1.25	0.80	0.03	0.03	0.80～1.10	0.15	0.35	0.05	—
E5518-N2	0.12	0.40～1.25	0.80	0.03	0.03	0.80～1.10	0.15	0.35	0.05	—
E5015-N3	0.10	1.25	0.60	0.03	0.03	1.10～2.00	—	0.35	—	—
E5016-N3	0.10	1.25	0.60	0.03	0.03	1.10～2.00	—	0.35	—	—

续表

焊条型号	化学成分(质量分数)/%									
	C	Mn	Si	P	S	Ni	Cr	Mo	V	其他
E5515-N3	0.10	1.25	0.60	0.03	0.03	1.10～2.00	—	0.35	—	—
E5516-N3	0.10	1.25	0.60	0.03	0.03	1.10～2.00	—	0.35	—	—
E5516-3N3	0.10	1.60	0.60	0.03	0.03	1.10～2.00	—	—	—	—
E5518-N3	0.10	1.25	0.80	0.03	0.03	1.10～2.00	—	—	—	—
E5015-N5	0.05	1.25	0.50	0.03	0.03	2.00～2.75	—	—	—	—
E5016-N5	0.05	1.25	0.50	0.03	0.03	2.00～2.75	—	—	—	—
E5018-N5	0.05	1.25	0.50	0.03	0.03	2.00～2.75	—	—	—	—
E5028-N5	0.10	1.00	0.80	0.025	0.020	2.00～2.75	—	—	—	—
E5515-N5	0.12	1.25	0.60	0.03	0.03	2.00～2.75	—	—	—	—
E5516-N5	0.12	1.25	0.60	0.03	0.03	2.00～2.75	—	—	—	—
E5518-N5	0.12	1.25	0.80	0.03	0.03	2.00～2.75	—	—	—	—
E5015-N7	0.05	1.25	0.50	0.03	0.03	3.00～3.75	—	—	—	—
E5016-N7	0.05	1.25	0.50	0.03	0.03	3.00～3.75	—	—	—	—
E5018-N7	0.05	1.25	0.50	0.03	0.03	3.00～3.75	—	—	—	—
E5515-N7	0.12	1.25	0.80	0.03	0.03	3.00～3.75	—	—	—	—
E5516-N7	0.12	1.25	0.80	0.03	0.03	3.00～3.75	—	—	—	—
E5518-N7	0.12	1.25	0.80	0.03	0.03	3.00～3.75	—	—	—	—
E5515-N13	0.06	1.00	0.60	0.025	0.020	6.00～7.00	—	—	—	—
E5516-N13	0.06	1.00	0.60	0.025	0.020	6.00～7.00	—	—	—	—
E5518-N2M3	0.10	0.80～1.25	0.60	0.02	0.02	0.80～1.10	0.10	0.40～0.65	0.02	Cu:0.10 Al:0.05
E5016-NC	0.12	0.30～1.40	0.90	0.03	0.03	0.25～0.70	0.30	—	—	Cu:0.20～0.60

续表

焊条型号	化学成分(质量分数)/%								
	C	Mn	Si	P	S	Ni	Cr	Mo	V	其 他
E5028-NC	0.12	0.30～1.40	0.90	0.03	0.03	0.25～0.70	0.30	—	—	Cu:0.20～0.60
E5716-NC	0.12	0.30～1.40	0.90	0.03	0.03	0.25～0.70	0.30	—	—	Cu:0.20～0.60
E5728-NC	0.12	0.30～1.40	0.90	0.03	0.03	0.25～0.70	0.30	—	—	Cu:0.20～0.60
E5016-CC	0.12	0.30～1.40	0.90	0.03	0.03	—	0.30～0.70	—	—	Cu:0.20～0.60
E5028-CC	0.12	0.30～1.40	0.90	0.03	0.03	—	0.30～0.70	—	—	Cu:0.20～0.60
E5716-CC	0.12	0.30～1.40	0.90	0.03	0.03	—	0.30～0.70	—	—	Cu:0.20～0.60
E5728-CC	0.12	0.30～1.40	0.90	0.03	0.03	—	0.30～0.70	—	—	Cu:0.20～0.60
E5016-NCC	0.12	0.30～1.40	0.90	0.03	0.03	0.05～0.45	0.45～0.75	—	—	Cu:0.30～0.70
E5028-NCC	0.12	0.30～1.40	0.90	0.03	0.03	0.05～0.45	0.45～0.75	—	—	Cu:0.30～0.70
E5716-NCC	0.12	0.30～1.40	0.90	0.03	0.03	0.05～0.45	0.45～0.75	—	—	Cu:0.30～0.70
E5728-NCC	0.12	0.30～1.40	0.90	0.03	0.03	0.05～0.45	0.45～0.75	—	—	Cu:0.30～0.70
E5016-NCC1	0.12	0.50～1.30	0.35～0.80	0.03	0.03	0.40～0.80	0.45～0.70	—	—	Cu:0.30～0.75
E5028-NCC1	0.12	0.50～1.30	0.80	0.03	0.03	0.40～0.80	0.45～0.70	—	—	Cu:0.30～0.75
E5516-NCC1	0.12	0.50～1.30	0.35～0.80	0.03	0.03	0.40～0.80	0.45～0.70	—	—	Cu:0.30～0.75
E5518-NCC1	0.12	0.50～1.30	0.35～0.80	0.03	0.03	0.40～0.80	0.45～0.70	—	—	Cu:0.30～0.75
E5716-NCC1	0.12	0.50～1.30	0.35～0.80	0.03	0.03	0.40～0.80	0.45～0.70	—	—	Cu:0.30～0.75
E5728-NCC1	0.12	0.50～1.30	0.80	0.03	0.03	0.40～0.80	0.45～0.70	—	—	Cu:0.30～0.75
E5016-NCC2	0.12	0.40～0.70	0.40～0.70	0.025	0.025	0.20～0.40	0.15～0.30	—	0.08	Cu:0.30～0.60
E5018-NCC2	0.12	0.40～0.70	0.40～0.70	0.025	0.025	0.20～0.40	0.15～0.30	—	0.08	Cu:0.30～0.60
E50XX-G①、E55XX-G①、E57XX-G①	—	—	—	—	—	—	—	—	—	—

① 焊条型号中的“XX”代表焊条的药皮类型。

注：表中单值均为最大值。

表 7-2　490～570MPa 级碱性焊条熔敷金属的力学性能（GB/T 5117—2012 节选）

焊条型号	抗拉强度 R_m/MPa	屈服强度[①] R_{eL}/MPa	断后伸长率 A/%	≥27J 的冲击试验温度/℃
E5015	≥490	≥400	≥20	−30
E5016	≥490	≥400	≥20	−30
E5016-1	≥490	≥400	≥20	−45
E5018	≥490	≥400	≥20	−30
E5018-1	≥490	≥400	≥20	−45
E5028	≥490	≥400	≥20	−20
E5048	≥490	≥400	≥20	−30
E5716	≥570	≥490	≥16	−30
E5728	≥570	≥490	≥16	−20
E5518-P2	≥550	≥460	≥17	−30
E5545-P2	≥550	≥460	≥17	−30
E5015-1M3	≥490	≥400	≥20	—
E5016-1M3	≥490	≥400	≥20	—
E5018-1M3	≥490	≥400	≥20	—
E5518-3M2	≥550	≥460	≥17	−50
E5515-3M3	≥550	≥460	≥17	−50
E5516-3M3	≥550	≥460	≥17	−50
E5518-3M3	≥550	≥460	≥17	−50
E5015-N1	≥490	≥390	≥20	−40
E5016-N1	≥490	≥390	≥20	−40
E5028-N1	≥490	≥390	≥20	−40
E5515-N1	≥550	≥460	≥17	−40
E5516-N1	≥550	≥460	≥17	−40
E5528-N1	≥550	≥460	≥17	−40
E5015-N2	≥490	≥390	≥20	−40
E5016-N2	≥490	≥390	≥20	−40
E5018-N2	≥490	≥390	≥20	−50
E5515-N2	≥550	470～550	≥20	−40
E5516-N2	≥550	470～550	≥20	−40
E5518-N2	≥550	470～550	≥20	−40
E5015-N3	≥490	≥390	≥20	−40
E5016-N3	≥490	≥390	≥20	−40
E5515-N3	≥550	≥460	≥17	−50
E5516-N3	≥550	≥460	≥17	−50
E5516-3N3	≥550	≥460	≥17	−50
E5518-N3	≥550	≥460	≥17	−50
E5015-N5	≥490	≥390	≥20	−75
E5016-N5	≥490	≥390	≥20	−75

续表

焊条型号	抗拉强度 R_m/MPa	屈服强度[1] R_{eL}/MPa	断后伸长率 A/%	≥27J 的冲击试验温度/℃
E5018-N5	≥490	≥390	≥20	−75
E5028-N5	≥490	≥390	≥20	−60
E5515-N5	≥550	≥460	≥17	−60
E5516-N5	≥550	≥460	≥17	−60
E5518-N5	≥550	≥460	≥17	−60
E5015-N7	≥490	≥390	≥20	−100
E5016-N7	≥490	≥390	≥20	−100
E5018-N7	≥490	≥390	≥20	−100
E5515-N7	≥550	≥460	≥17	−75
E5516-N7	≥550	≥460	≥17	−75
E5518-N7	≥550	≥460	≥17	−75
E5515-N13	≥550	≥460	≥17	−100
E5516-N13	≥550	≥460	≥17	−100
E5518-N2M3	≥550	≥460	≥17	−40
E5016-NC	≥490	≥390	≥20	0
E5028-NC	≥490	≥390	≥20	0
E5716-NC	≥570	≥490	≥16	0
E5728-NC	≥570	≥490	≥16	0
E5016-CC	≥490	≥390	≥20	0
E5028-CC	≥490	≥390	≥20	0
E5716-CC	≥570	≥490	≥16	0
E5728-CC	≥570	≥490	≥16	0
E5016-NCC	≥490	≥390	≥20	0
E5028-NCC	≥490	≥390	≥20	0
E5716-NCC	≥570	≥490	≥16	0
E5728-NCC	≥570	≥490	≥16	0
E5016-NCC1	≥490	≥390	≥20	0
E5028-NCC1	≥490	≥390	≥20	0
E5516-NCC1	≥550	≥460	≥17	−20
E5518-NCC1	≥550	≥460	≥17	−20
E5716-NCC1	≥570	≥490	≥16	0
E5728-NCC1	≥570	≥490	≥16	0
E5016-NCC2	≥490	≥420	≥20	−20
E5018-NCC2	≥490	≥420	≥20	−20
E50XX-G[2]	≥490	≥400	≥20	—
E55XX-G[2]	≥550	≥460	≥17	—
E57XX-G[2]	≥570	≥490	≥16	—

① 当屈服发生不明显时，应测定规定塑性延伸强度 $R_{p0.2}$。

② 焊条型号中“XX”代表焊条的药皮类型。

第二节 高强钢焊条

GB/T 32533—2016 中包括熔敷金属抗拉强度不小于 590MPa 的高强钢焊条，其熔敷金属化学成分及力学性能要求分别列于表 7-3 和表 7-4 中。

表 7-3 高强钢焊条熔敷金属的化学成分（GB/T 32533—2016）

焊条型号	化学成分(质量分数)/%									
	C	Mn	Si	P	S	Ni	Cr	Mo	V	Cu
E5915-3M2	0.12	1.00～1.75	0.60	0.03	0.03	0.90	—	0.25～0.45	—	—
E5916-3M2	0.12	1.00～1.75	0.60	0.03	0.03	0.90	—	0.25～0.45	—	—
E5918-3M2	0.12	1.00～1.75	0.60	0.03	0.03	0.90	—	0.25～0.45	—	—
E5916-N1M1	0.12	0.70～1.50	0.80	0.03	0.03	0.30～1.00	—	0.10～0.40	—	—
E5916-N5M1	0.12	0.60～1.20	0.80	0.03	0.03	2.00～2.75	—	0.30	—	—
E5918-N1M1	0.12	0.70～1.50	0.80	0.03	0.03	0.30～1.00	—	0.10～0.40	—	—
E6210-P1	0.20	1.20	0.60	0.03	0.03	1.00	0.30	0.50	0.10	—
E6218-P2	0.12	0.90～1.70	0.80	0.03	0.03	1.00	0.20	0.50	0.05	—
E6215-N13L	0.05	0.40～1.00	0.50	0.03	0.03	6.00～7.25	—	—	—	—
E6215-3M2	0.12	1.00～1.75	0.60	0.03	0.03	0.90	—	0.25～0.45	—	—
E6216-3M2	0.12	1.00～1.75	0.60	0.03	0.03	0.90	—	0.20～0.50	—	—
E6216-N1M1	0.12	0.70～1.50	0.80	0.03	0.03	0.30～1.00	—	0.10～0.40	—	—
E6215-N2M1	0.12	0.70～1.50	0.80	0.03	0.03	0.80～1.50	—	0.10～0.40	—	—
E6216-N2M1	0.12	0.70～1.50	0.80	0.03	0.03	0.80～1.50	—	0.10～0.40	—	—
E6216-N4M1	0.12	0.75～1.35	0.80	0.03	0.03	1.30～2.30	—	0.10～0.30	—	—
E6215-N5M1	0.12	0.60～1.20	0.80	0.03	0.03	2.00～2.75	—	0.30	—	—
E6216-N5M1	0.12	0.60～1.20	0.80	0.03	0.03	2.00～2.75	—	0.30	—	—
E6218-3M2	0.12	1.00～1.75	0.80	0.03	0.03	0.90	—	0.25～0.45	—	—

续表

焊条型号	化学成分(质量分数)/%									
	C	Mn	Si	P	S	Ni	Cr	Mo	V	Cu
E6218-3M3	0.12	1.00～1.80	0.80	0.03	0.03	0.90	—	0.40～0.65	—	—
E6218-N1M1	0.12	0.70～1.50	0.80	0.03	0.03	0.30～1.00	—	0.10～0.40	—	—
E6218-N2M1	0.12	0.70～1.50	0.80	0.03	0.03	0.80～1.50	—	0.10～0.40	—	—
E6218-N3M1	0.10	0.60～1.25	0.80	0.030	0.030	1.40～1.80	0.15	0.35	0.05	—
E6218-P2	0.12	0.90～1.70	0.80	0.03	0.03	1.00	0.20	0.50	0.05	—
E6245-P2	0.12	0.90～1.70	0.80	0.03	0.03	1.00	0.20	0.50	0.05	—
E6915-4M2	0.15	1.65～2.00	0.60	0.03	0.03	0.90	—	0.25～0.45	—	—
E6916-4M2	0.15	1.65～2.00	0.60	0.03	0.03	0.90	—	0.25～0.45	—	—
E6916-N3CM1	0.12	1.20～1.70	0.80	0.03	0.03	1.20～1.70	0.10～0.30	0.10～0.30	—	—
E6916-N4M3	0.12	0.70～1.50	0.80	0.03	0.03	1.50～2.50	—	0.35～0.65	—	—
E6916-N7CM3	0.12	0.80～1.40	0.80	0.03	0.03	3.00～3.80	0.10～0.40	0.30～0.60	—	—
E6918-4M2	0.15	1.65～2.00	0.80	0.03	0.03	0.90	—	0.25～0.45	—	—
E6918-N3M2	0.10	0.75～1.70	0.60	0.030	0.030	1.40～2.10	0.35	0.25～0.50	0.05	—
E6945-P2	0.12	0.90～1.70	0.80	0.03	0.03	1.00	0.20	0.50	0.05	—
E7315-11MoVNi	0.19	0.5～1.0	0.50	0.035	0.030	0.60～0.90	9.5～11.5	0.60～0.90	0.20～0.40	0.5
E7316-11MoVNi	0.19	0.5～1.0	0.50	0.035	0.030	0.60～0.90	9.5～11.5	0.60～0.90	0.20～0.40	0.5
E7315-11MoVNiW	0.19	0.5～1.0	0.50	0.035	0.030	0.40～1.10	9.5～12.0	0.80～1.00	0.20～0.40	Cu:0.5 W:0.40～0.70
E7316-11MoVNiW	0.19	0.5～1.0	0.50	0.035	0.030	0.40～1.10	9.5～12.0	0.80～1.00	0.20～0.40	Cu:0.5 W:0.40～0.70
E7618-N4M2	0.10	1.30～1.80	0.60	0.030	0.030	1.25～2.50	0.40	0.25～0.50	0.05	—
E7816-N4CM2	0.12	1.20～1.80	0.80	0.03	0.03	1.50～2.10	0.10～0.40	0.25～0.55	—	—

续表

焊条型号	化学成分(质量分数)/%									
	C	Mn	Si	P	S	Ni	Cr	Mo	V	Cu
E7816-N4C2M1	0.12	1.00～1.50	0.80	0.03	0.03	1.50～2.50	0.50～0.90	0.10～0.40	—	—
E7816-N5M4	0.12	1.40～2.00	0.80	0.03	0.03	2.10～2.80	—	0.50～0.80	—	—
E7816-N5CM3	0.12	1.00～1.50	0.80	0.03	0.03	2.10～2.80	0.10～0.40	0.35～0.65	—	—
E7816-N9M3	0.12	1.00～1.80	0.80	0.03	0.03	4.20～5.00	—	0.35～0.65	—	—
E8318-N4C2M2	0.10	1.30～2.25	0.60	0.030	0.030	1.75～2.50	0.30～1.50	0.30～0.55	0.05	—
E8318-N7CM1	0.10	0.80～1.60	0.65	0.015	0.012	3.00～3.80	0.65	0.20～0.30	0.05	—
EXXYY-G①	—	≥1.00	≥0.80	—	—	≥0.50	≥0.30	≥0.20	≥0.10	≥0.20

① 对于化学成分分类代号为“G”的焊条：“XX”代表熔敷金属抗拉强度级别（59、62、69、76、78、83、88、98），见表7-4；“YY”代表药皮类型（10、11、13、15、16、18）。此类焊条的熔敷金属化学成分中应至少有一个元素满足要求。其他的化学成分要求，应由供需双方协议确定。

注：表中未特殊注明的单值均为最大值。

表 7-4 高强钢焊条熔敷金属的力学性能（GB/T 32533—2016）

焊条型号	焊后状态代号①	抗拉强度 R_m /MPa	屈服强度② R_{eL} /MPa	断后伸长率 A /%	≥27J的冲击试验温度 /℃
E5915-3M2	—/P/AP	590	490	16	−20
E5916-3M2	—/P/AP	590	490	16	−20
E5918-3M2	—/P/AP	590	490	16	−20
E5916-N1M1	—/P/AP	590	490	16	−20
E5916-N5M1	—/P/AP	590	490	16	−60
E5918-N1M1	—/P/AP	590	490	16	−20
E6210-P1	—	620	530	15	−30
E6215-N13L	P	620	530	15	−115
E6215-3M2	P	620	530	15	−50
E6216-3M2	—/P/AP	620	530	15	−20
E6216-N1M1	—/P/AP	620	530	15	−20
E6215-N2M1	—/P/AP	620	530	15	−20
E6216-N2M1	—/P/AP	620	530	15	−20
E6216-N4M1	—/P/AP	620	530	15	−40
E6215-N5M1	—/P/AP	620	530	15	−60
E6216-N5M1	—/P/AP	620	530	15	−60
E6218-3M2	P	620	530	15	−50
E6218-3M3	P	620	530	15	−50

续表

焊条型号	焊后状态代号[①]	抗拉强度 R_m /MPa	屈服强度[②] R_{eL} /MPa	断后伸长率 A /%	≥27J 的冲击试验温度 /℃
E6218-N1M1	—/P/AP	620	530	15	−20
E6218-N2M1	—/P/AP	620	530	15	−20
E6218-N3M1	—	620	540～620[③]	21	−50
E6218-P2	—	620	530	15	−30
E6245-P2	—	620	530	15	−30
E6915-4M2	P	690	600	14	−50
E6916-4M2	P	690	600	14	−50
E6916-N3CM1	—	690	600	14	−20
E6916-N4M3	—/P/AP	690	600	14	−20
E6916-N7CM3	—	690	600	14	−60
E6918-4M2	P	690	600	14	−50
E6945-P2	—	690	600	14	−30
E6918-N3M2	—	690	610～690[③]	18	−50
E7315-11MoVNi	—/P/AP	730	—	15	—
E7316-11MoVNi	—/P/AP	730	—	15	—
E7315-11MoVNiW	—/P/AP	730	—	15	—
E7316-11MoVNiW	—/P/AP	730	—	15	—
E7618-N4M2	—	760	680～760[③]	18	−50
E7816-N4CM2	—	780	690	13	−20
E7816-N4C2M1	—	780	690	13	−40
E7816-N5M4	—	780	690	13	−60
E7816-N5CM3	—/P/AP	780	690	13	−20
E7816-N9M3	—	780	690	13	−80
E8318-N4C2M2	—	830	745～830[③]	16	−50
E8318-N7CM1	—	830	745～830[③]	16	—
E5915-G	—/P/AP	590	490	16	−20
E62YY-G[④]	—/P/AP	620	530	15	—
E69YY-G[④]	—/P/AP	690	600	14(E6913-G:11)	—
E76YY-G[④]	—/P/AP	760	670	13(E7613-G:11)	—
E7815-G	—/P/AP	780	690	13	−40
E83YY-G[④]	—/P/AP	830	740	12(E8313-G:10)	—
E8815/16/18-G	—/P/AP	880	780	12	—
E9815/16/18-G	—/P/AP	980	880	12	—

① 焊后状态代号中，“—”为无标记，表示焊态；“P”表示热处理状态；“AP”表示焊态和热处理状态均可。如何标注由制造商确定。

② 屈服发生不明显时，应采用规定塑性延伸强度 $R_{p0.2}$。

③ 对于 ϕ2.5mm（2.4mm/2.6mm）的焊条，上限值可扩大35MPa。

④ 对于化学成分分类代号为“G”的焊条，“YY”代表药皮类型（10、11、13、15、16、18）。

注：表中单值均为最小值。

第三节　热强钢焊条

国家标准（GB/T 5118—2012）中包括了碳钼系和铬钼系热强钢焊条，其熔敷金属的化学成分及力学性能（最小抗拉强度等级包括490MPa、520MPa、550MPa和620MPa）分别列于表7-5和表7-6中。

表7-5　热强钢焊条熔敷金属的化学成分（GB/T 5118—2012）

焊条型号	化学成分(质量分数)/%								
	C	Mn	Si	P	S	Cr	Mo	V	其他[①]
EXXXX-1M3	0.12	1.00	0.80	0.030	0.030	—	0.40～0.65	—	—
EXXXX-CM	0.05～0.12	0.90	0.80	0.030	0.030	0.40～0.65	0.40～0.65	—	—
EXXXX-C1M	0.07～0.15	0.40～0.70	0.30～0.60	0.030	0.030	0.40～0.60	1.00～1.25	0.05	—
EXXXX-1CM	0.05～0.12	0.90	0.80	0.030	0.030	1.00～1.50	0.40～0.65	—	—
EXXXX-1CML	0.05	0.90	1.00	0.030	0.030	1.00～1.50	0.40～0.65	—	—
EXXXX-1CMV	0.05～0.12	0.90	0.60	0.030	0.030	0.80～1.50	0.40～0.65	0.10～0.35	—
EXXXX-1CMVNb	0.05～0.12	0.90	0.60	0.030	0.030	0.80～1.50	0.70～1.00	0.15～0.40	Nb:0.10～0.25
EXXXX-1CMWV	0.05～0.12	0.70～1.10	0.60	0.030	0.030	0.80～1.50	0.70～1.00	0.20～0.35	W:0.25～0.50
EXXXX-2C1M	0.05～0.12	0.90	1.00	0.030	0.030	2.00～2.50	0.90～1.20	—	—
EXXXX-2C1ML	0.05	0.90	1.00	0.030	0.030	2.00～2.50	0.90～1.20	—	—
EXXXX-2CML	0.05	0.90	1.00	0.030	0.030	1.75～2.25	0.40～0.65	—	—
EXXXX-2CMWVB	0.05～0.12	1.00	0.60	0.030	0.030	1.50～2.50	0.30～0.80	0.20～0.60	W:0.20～0.60 B:0.001～0.003
EXXXX-2CMVNb	0.05～0.12	1.00	0.60	0.030	0.030	2.40～3.00	0.70～1.00	0.25～0.50	Nb:0.35～0.65
EXXXX-2C1MV	0.05～0.15	0.40～1.50	0.60	0.030	0.030	2.00～2.60	0.90～1.20	0.20～0.40	Nb:0.010～0.050
EXXXX-3C1MV	0.05～0.15	0.40～1.50	0.60	0.030	0.030	2.60～3.40	0.90～1.20	0.20～0.40	Nb:0.010～0.050
EXXXX-5CM	0.05～0.10	1.00	0.90	0.030	0.030	4.0～6.0	0.45～0.65	—	Ni:0.40

续表

焊条型号	化学成分(质量分数)/%								
	C	Mn	Si	P	S	Cr	Mo	V	其他[1]
EXXXX-5CML	0.05	1.00	0.90	0.030	0.030	4.0~6.0	0.45~0.65	—	Ni:0.40
EXXXX-5CMV	0.12	0.5~0.9	0.50	0.030	0.030	4.5~6.0	0.40~0.70	0.10~0.35	Cu:0.5
EXXXX-7CM	0.05~0.10	1.00	0.90	0.030	0.030	6.0~8.0	0.45~0.65	—	Ni:0.40
EXXXX-7CML	0.05	1.00	0.90	0.030	0.030	6.0~8.0	0.45~0.65	—	Ni:0.40
EXXXX-9C1M	0.05~0.10	1.00	0.90	0.030	0.030	8.0~10.5	0.85~1.20		Ni:0.40
EXXXX-9C1ML	0.05	1.00	0.90	0.030	0.030	8.0~10.5	0.85~1.20	—	Ni:0.40
EXXXX-9C1MV	0.08~0.13	1.25	0.30	0.01	0.01	8.0~10.5	0.85~1.20	0.15~0.30	Ni:1.0 Mn+Ni≤1.50 Cu:0.25 Al:0.04 Nb:0.02~0.10 N:0.02~0.07
EXXXX-9C1MV1[2]	0.03~0.12	1.00~1.80	0.60	0.025	0.025	8.0~10.5	0.80~1.20	0.15~0.30	Ni:1.0 Cu:0.25 Al:0.04 Nb:0.02~0.10 N:0.02~0.07

① 如果有意添加表中未列出的元素，则应进行报告，这些添加元素和在常规化学分析中发现的其他元素的总量不应超过0.50%。

② Ni与Mn复合加入能降低A_{c1}点温度，所要求的焊后热处理温度可能接近或超过了焊缝金属的A_{c1}点。

注：表中单值均为最大值。

表7-6　热强钢焊条熔敷金属的力学性能（GB/T 5118—2012）

焊条型号[1]	抗拉强度R_m/MPa	屈服强度[2]R_{eL}/MPa	断后伸长率A/%	预热和道间温度/℃	焊后热处理[3]	
					热处理温度/℃	保温时间[4]/min
E50XX-1M3	≥490	≥390	≥22	90~110	605~645	60
E50YY-1M3	≥490	≥390	≥20	90~110	605~645	60
E55XX-CM	≥550	≥460	≥17	160~190	675~705	60
E5540-CM	≥550	≥460	≥14	160~190	675~705	60
E5503-CM	≥550	≥460	≥14	160~190	675~705	60
E55XX-C1M	≥550	≥460	≥17	160~190	675~705	60
E55XX-1CM	≥550	≥460	≥17	160~190	675~705	60
E5513-1CM	≥550	≥460	≥14	160~190	675~705	60
E52XX-1CML	≥520	≥390	≥17	160~190	675~705	60

续表

焊条型号[①]	抗拉强度 R_m /MPa	屈服强度[②] R_{eL} /MPa	断后伸长率 A /%	预热和道间温度 /℃	焊后热处理[③]	
					热处理温度 /℃	保温时间[④] /min
E5540-1CMV	≥550	≥460	≥14	250～300	715～745	120
E5515-1CMV	≥550	≥460	≥15	250～300	715～745	120
E5515-1CMVNb	≥550	≥460	≥15	250～300	715～745	300
E5515-1CMWV	≥550	≥460	≥15	250～300	715～745	300
E62XX-2C1M	≥620	≥530	≥15	160～190	675～705	60
E6240-2C1M	≥620	≥530	≥12	160～190	675～705	60
E6213-2C1M	≥620	≥530	≥12	160～190	675～705	60
E55XX-2C1ML	≥550	≥460	≥15	160～190	675～705	60
E55XX-2CML	≥550	≥460	≥15	160～190	675～705	60
E5540-2CMWVB	≥550	≥460	≥14	250～300	745～775	120
E5515-2CMWVB	≥550	≥460	≥15	320～360	745～775	120
E5515-2CMVNb	≥550	≥460	≥15	250～300	715～745	240
E62XX-2C1MV	≥620	≥530	≥15	160～190	725～755	60
E62XX-3C1MV	≥620	≥530	≥15	160～190	725～755	60
E55XX-5CM	≥550	≥460	≥17	175～230	725～755	60
E55XX-5CML	≥550	≥460	≥17	175～230	725～755	60
E55XX-5CMV	≥550	≥460	≥14	175～230	740～760	240
E55XX-7CM	≥550	≥460	≥17	175～230	725～755	60
E55XX-7CML	≥550	≥460	≥17	175～230	725～755	60
E62XX-9C1M	≥620	≥530	≥15	205～260	725～755	60
E62XX-9C1ML	≥620	≥530	≥15	205～260	725～755	60
E62XX-9C1MV	≥620	≥530	≥15	200～315	745～775	120
E62XX-9C1MV1	≥620	≥530	≥15	205～260	725～755	60

① 焊条型号中，“XX”代表药皮类型15、16或18，YY代表药皮类型10、11、19、20或27。

② 当屈服发生不明显时，应测定规定塑性延伸强度 $R_{p0.2}$。

③ 试件放入炉内时，以85～275℃/h的速率加热到规定温度。达到保温时间后，以不大于200℃/h的速率随炉冷却至300℃以下。试件冷却至300℃以下的任意温度时，允许从炉中取出，在静态大气中冷却至室温。

④ 保温时间公差为0～10min。

第四节　不锈钢焊条

GB/T 983—2012中包括熔敷金属铬含量大于11%的不锈钢焊条，分为奥氏体不锈钢、马氏体不锈钢、铁素体不锈钢、双相不锈钢及析出硬化不锈钢等类型，其熔敷金属化学成分和力学性能汇总于表7-7和表7-8中。

表 7-7 不锈钢焊条熔敷金属的化学成分（GB/T 983—2012）

焊条型号[①]	化学成分[②]（质量分数）/%								
	C	Mn	Si	P	S	Cr	Ni	Mo	Cu	其他
E209-XX	0.06	4.0～7.0	1.00	0.04	0.03	20.5～24.0	9.5～12.0	1.5～3.0	0.75	N:0.10～0.30 V:0.10～0.30
E219-XX	0.06	8.0～10.0	1.00	0.04	0.03	19.0～21.5	5.5～7.0	0.75	0.75	N:0.10～0.30
E240-XX	0.06	10.5～13.5	1.00	0.04	0.03	17.0～19.0	4.0～6.0	0.75	0.75	N:0.10～0.30
E307-XX	0.04～0.14	3.30～4.75	1.00	0.04	0.03	18.0～21.5	9.0～10.7	0.5～1.5	0.75	—
E308-XX	0.08	0.5～2.5	1.00	0.04	0.03	18.0～21.0	9.0～11.0	0.75	0.75	—
E308H-XX	0.04～0.08	0.5～2.5	1.00	0.04	0.03	18.0～21.0	9.0～11.0	0.75	0.75	—
E308L-XX	0.04	0.5～2.5	1.00	0.04	0.03	18.0～21.0	9.0～12.0	0.75	0.75	—
E308Mo-XX	0.08	0.5～2.5	1.00	0.04	0.03	18.0～21.0	9.0～12.0	2.0～3.0	0.75	—
E308LMo-XX	0.04	0.5～2.5	1.00	0.04	0.03	18.0～21.0	9.0～12.0	2.0～3.0	0.75	—
E309L-XX	0.04	0.5～2.5	1.00	0.04	0.03	22.0～25.0	12.0～14.0	0.75	0.75	—
E309-XX	0.15	0.5～2.5	1.00	0.04	0.03	22.0～25.0	12.0～14.0	0.75	0.75	—
E309H-XX	0.04～0.15	0.5～2.5	1.00	0.04	0.03	22.0～25.0	12.0～14.0	0.75	0.75	—
E309LNb-XX	0.04	0.5～2.5	1.00	0.040	0.030	22.0～25.0	12.0～14.0	0.75	0.75	Nb+Ta: 0.70～1.00
E309Nb-XX	0.12	0.5～2.5	1.00	0.04	0.03	22.0～25.0	12.0～14.0	0.75	0.75	Nb+Ta: 0.70～1.00
E309Mo-XX	0.12	0.5～2.5	1.00	0.04	0.03	22.0～25.0	12.0～14.0	2.0～3.0	0.75	—
E309LMo-XX	0.04	0.5～2.5	1.00	0.04	0.03	22.0～25.0	12.0～14.0	2.0～3.0	0.75	—
E310-XX	0.08～0.20	1.0～2.5	0.75	0.03	0.03	25.0～28.0	20.0～22.5	0.75	0.75	—
E310H-XX	0.35～0.45	1.0～2.5	0.75	0.03	0.03	25.0～28.0	20.0～22.5	0.75	0.75	—
E310Nb-XX	0.12	1.0～2.5	0.75	0.03	0.03	25.0～28.0	20.0～22.0	0.75	0.75	Nb+Ta: 0.70～1.00
E310Mo-XX	0.12	1.0～2.5	0.75	0.03	0.03	25.0～28.0	20.0～22.0	2.0～3.0	0.75	—

续表

焊条型号[①]	化学成分[②](质量分数)/%									
	C	Mn	Si	P	S	Cr	Ni	Mo	Cu	其他
E312-XX	0.15	0.5~2.5	1.00	0.04	0.03	28.0~32.0	8.0~10.5	0.75	0.75	—
E316-XX	0.08	0.5~2.5	1.00	0.04	0.03	17.0~20.0	11.0~14.0	2.0~3.0	0.75	—
E316H-XX	0.04~0.08	0.5~2.5	1.00	0.04	0.03	17.0~20.0	11.0~14.0	2.0~3.0	0.75	—
E316L-XX	0.04	0.5~2.5	1.00	0.04	0.03	17.0~20.0	11.0~14.0	2.0~3.0	0.75	—
E316LCu-XX	0.04	0.5~2.5	1.00	0.040	0.030	17.0~20.0	11.0~16.0	1.20~2.75	1.00~2.50	—
E316LMn-XX	0.04	5.0~8.0	0.90	0.04	0.03	18.0~21.0	15.0~18.0	2.5~3.5	0.75	N:0.10~0.25
E317-XX	0.08	0.5~2.5	1.00	0.04	0.03	18.0~21.0	12.0~14.0	3.0~4.0	0.75	—
E317L-XX	0.04	0.5~2.5	1.00	0.04	0.03	18.0~21.0	12.0~14.0	3.0~4.0	0.75	—
E317MoCu-XX	0.08	0.5~2.5	0.90	0.035	0.030	18.0~21.0	12.0~14.0	2.0~2.5	2	—
E317LMoCu-XX	0.04	0.5~2.5	0.90	0.035	0.030	18.0~21.0	12.0~14.0	2.0~2.5	2	—
E318-XX	0.08	0.5~2.5	1.00	0.04	0.03	17.0~20.0	11.0~14.0	2.0~3.0	0.75	Nb+Ta:6×C~1.00
E318V-XX	0.08	0.5~2.5	1.00	0.035	0.03	17.0~20.0	11.0~14.0	2.0~2.5	0.75	V:0.30~0.70
E320-XX	0.07	0.5~2.5	0.60	0.04	0.03	19.0~21.0	32.0~36.0	2.0~3.0	3.0~4.0	Nb+Ta:8×C~1.00
E320LR-XX	0.03	1.5~2.5	0.30	0.020	0.015	19.0~21.0	32.0~36.0	2.0~3.0	3.0~4.0	Nb+Ta:8×C~0.40
E330-XX	0.18~0.25	1.0~2.5	1.00	0.04	0.03	14.0~17.0	33.0~37.0	0.75	0.75	—
E330H-XX	0.35~0.45	1.0~2.5	1.00	0.04	0.03	14.0~17.0	33.0~37.0	0.75	0.75	—
E330MoMnWNb-XX	0.20	3.5	0.70	0.035	0.030	15.0~17.0	33.0~37.0	2.0~3.0	0.75	Nb:1.0~2.0 W:2.0~3.0
E347-XX	0.08	0.5~2.5	1.00	0.04	0.03	18.0~21.0	9.0~11.0	0.75	0.75	Nb+Ta:8×C~1.00
E347L-XX	0.04	0.5~2.5	1.00	0.040	0.030	18.0~21.0	9.0~11.0	0.75	0.75	Nb+Ta:8×C~1.00
E349-XX	0.13	0.5~2.5	1.00	0.04	0.03	18.0~21.0	8.0~10.0	0.35~0.65	0.75	Nb+Ta:0.75~1.20 V:0.10~0.30 Ti≤0.15 W:1.25~1.75

续表

焊条型号[①]	化学成分[②](质量分数)/%								
	C	Mn	Si	P	S	Cr	Ni	Mo	Cu	其他
E383-XX	0.03	0.5～2.5	0.90	0.02	0.02	26.5～29.0	30.0～33.0	3.2～4.2	0.6～1.5	—
E385-XX	0.03	1.0～2.5	0.90	0.03	0.02	19.5～21.5	24.0～26.0	4.2～5.2	1.2～2.0	—
E409Nb-XX	0.12	1.00	1.00	0.040	0.030	11.0～14.0	0.60	0.75	0.75	Nb+Ta：0.50～1.50
E410-XX	0.12	1.0	0.90	0.04	0.03	11.0～14.0	0.70	0.75	0.75	—
E410NiMo-XX	0.06	1.0	0.90	0.04	0.03	11.0～12.5	4.0～5.0	0.40～0.70	0.75	—
E430-XX	0.10	1.0	0.90	0.04	0.03	15.0～18.0	0.6	0.75	0.75	—
E430Nb-XX	0.10	1.00	1.00	0.040	0.030	15.0～18.0	0.60	0.75	0.75	Nb+Ta：0.50～1.50
E630-XX	0.05	0.25～0.75	0.75	0.04	0.03	16.00～16.75	4.5～5.0	0.75	3.25～4.00	Nb+Ta：0.15～0.30
E16-8-2-XX	0.10	0.5～2.5	0.60	0.03	0.03	14.5～16.5	7.5～9.5	1.0～2.0	0.75	—
E16-25MoN-XX	0.12	0.5～2.5	0.90	0.035	0.030	14.0～18.0	22.0～27.0	5.0～7.0	0.75	N：≥0.1
E2209-XX	0.04	0.5～2.0	1.00	0.04	0.03	21.5～23.5	7.5～10.5	2.5～3.5	0.75	N：0.08～0.20
E2553-XX	0.06	0.5～1.5	1.0	0.04	0.03	24.0～27.0	6.5～8.5	2.9～3.9	1.5～2.5	N：0.10～0.25
E2593-XX	0.04	0.5～1.5	1.0	0.04	0.03	24.0～27.0	8.5～10.5	2.9～3.9	1.5～3.0	N：0.08～0.25
E2594-XX	0.04	0.5～2.0	1.00	0.04	0.03	24.0～27.0	8.0～10.5	3.5～4.5	0.75	N：0.20～0.30
E2595-XX	0.04	2.5	1.2	0.03	0.025	24.0～27.0	8.0～10.5	2.5～4.5	0.4～1.5	N：0.20～0.30 W：0.4～1.0
E3155-XX	0.10	1.0～2.5	1.00	0.04	0.03	20.0～22.5	19.0～21.0	2.5～3.5	0.75	Nb+Ta：0.75～1.25 Co：18.5～21.0 W：2.0～3.0
E33-31-XX	0.03	2.5～4.0	0.9	0.02	0.01	31.0～35.0	30.0～32.0	1.0～2.0	0.4～0.8	N：0.3～0.5

① 焊条型号中“XX”表示焊接位置和药皮类型。

② 化学成分应按表中规定的元素进行分析。如果在分析过程中发现其他化学成分，则应进一步分析这些元素的含量，除铁外，不应超过0.5%。

注：表中单值均为最大值。

表 7-8　不锈钢焊条熔敷金属的力学性能（GB/T 983—2012）

焊条型号	抗拉强度 R_m/MPa	断后伸长率 A/%	焊后热处理
E209-XX	690	15	—
E219-XX	620	15	—
E240-XX	690	25	—
E307-XX	590	25	—
E308-XX	550	30	—
E308H-XX	550	30	—
E308L-XX	510	30	—
E308Mo-XX	550	30	—
E308LMo-XX	520	30	—
E309L-XX	510	25	—
E309-XX	550	25	—
E309H-XX	550	25	—
E309LNb-XX	510	25	—
E309Nb-XX	550	25	—
E309Mo-XX	550	25	—
E309LMo-XX	510	25	—
E310-XX	550	25	—
E310H-XX	620	8	—
E310Nb-XX	550	23	—
E310Mo-XX	550	28	—
E312-XX	660	15	—
E316-XX	520	25	—
E316H-XX	520	25	—
E316L-XX	490	25	—
E316LCu-XX	510	25	—
E316LMn-XX	550	15	—
E317-XX	550	20	—
E317L-XX	510	20	—
E317MoCu-XX	540	25	—
E317LMoCu-XX	540	25	—
E318-XX	550	20	—
E318V-XX	540	25	—
E320-XX	550	28	—

续表

焊条型号	抗拉强度 R_m/MPa	断后伸长率 A/%	焊后热处理
E320LR-XX	520	28	—
E330-XX	520	23	—
E330H-XX	620	8	—
E330MoMnWNb-XX	590	25	—
E347-XX	520	25	—
E347L-XX	510	25	—
E349-XX	690	23	—
E383-XX	520	28	—
E385-XX	520	28	—
E409Nb-XX	450	13	①
E410-XX	450	15	②
E410NiMo-XX	760	10	③
E430-XX	450	15	①
E430Nb-XX	450	13	①
E630-XX	930	6	④
E16-8-2-XX	520	25	—
E16-25MoN-XX	610	30	—
E2209-XX	690	15	—
E2553-XX	760	13	—
E2593-XX	760	13	—
E2594-XX	760	13	—
E2595-XX	760	13	—
E3155-XX	690	15	—
E33-31-XX	720	20	—

① 加热到760～790℃，保温2h，以不高于55℃/h的速率炉冷至595℃以下，然后空冷至室温。
② 加热到730～760℃，保温1h，以不高于110℃/h的速率炉冷至315℃以下，然后空冷至室温。
③ 加热到595～620℃，保温1h，然后空冷至室温。
④ 加热到1025～1050℃，保温1h，空冷至室温，然后在610～630℃，保温4h沉淀硬化处理，空冷至室温。
注：表中单值均为最小值。

第五节 镍及镍合金焊条

镍及镍合金焊条包括镍、镍铜、镍铬、镍铬铁、镍钼、镍铬钼、镍铬钴钼七类，具有优良的耐腐蚀、抗氧化、抗渗碳、抗硫化等特性，高温工作场合下一些性能会受限。镍及镍合金焊条的熔敷金属化学成分和力学性能分别列于表7-9和表7-10中。

表 7-9 镍及镍合金焊条熔敷金属的化学成分（GB/T 13814—2008）

焊条型号	化学成分代号	化学成分(质量分数)/%																
		C	Mn	Fe	Si	Cu	Ni①	Co	Al	Ti	Cr	Nb②	Mo	V	W	S	P	其他③
镍																		
ENi2061	NiTi3	0.10	0.7	0.7	1.2	0.2	≥92.0	—	1.0	1.0～4.0	—	—	—	—	—	0.015	0.020	—
ENi2061A	NiNbTi	0.06	2.5	4.5	1.5	—			0.5	1.5		2.5					0.015	
镍铜																		
ENi4060	NiCu30Mn3Ti	0.15	4.0	2.5	1.5	27.0～34.0	≥62.0	—	1.0	1.0	—	—	—	—	—	0.015	0.020	—
ENi4061	NiCu27Mn3NbTi				1.3	24.0～31.0				1.5		3.0						
镍铬																		
ENi6082	NiCr20Mn3Nb	0.10	2.0～6.0	4.0	0.8	0.5	≥63.0	—	—	0.5	18.0～22.0	1.5～3.0	2.0	—	—	0.015	0.020	—
ENi6231	NiCr22W14Mo	0.05～0.10	0.3～1.0	3.0	0.3～0.7		≥45.0	5.0	0.5	0.1	20.0～24.0	—	1.0～3.0		13.0～15.0			
镍铬铁																		
ENi6025	NiCr25Fe10AlY	0.10～0.25	0.5	8.0～11.0	0.8	—	≥55.0	—	1.5～2.2	0.3	24.0～26.0	—	—	—	—	0.015	0.020	Y：0.15
ENi6062	NiCr15Fe8Nb	0.08	3.5	11.0		0.5	≥62.0		—	—	13.0～17.0	0.5～4.0						—
ENi6093	NiCr15Fe8NbMo	0.20	1.0～5.0	12.0	1.0		≥60.0					1.0～3.5	1.0～3.5					
ENi6094	NiCr14Fe4NbMo	0.15	1.0～4.5		0.8		≥55.0				12.0～17.0	0.5～3.0	2.5～5.5		1.5			
ENi6095	NiCr15Fe8NbMoW	0.20	1.0～3.5								13.0～17.0	1.0～3.5	1.0～3.5		1.5～3.5			
ENi6133	NiCr16Fe12NbMo	0.10	1.0～3.5				≥62.0				13.0～17.0	0.5～3.0	0.5～2.5		—			
ENi6152	NiCr30Fe9Nb	0.05	5.0	7.0～12.0			≥50.0		0.5	0.5	28.0～31.5	1.0～2.5	0.5					

续表

焊条型号	化学成分代号	化学成分(质量分数)/%																
		C	Mn	Fe	Si	Cu	Ni[1]	Co	Al	Ti	Cr	Nb[2]	Mo	V	W	S	P	其他[3]
镍铬铁																		
ENi6182	NiCr15Fe6Mn	0.10	5.0~10.0	10.0	1.0	0.5	≥60.0	—	—	1.0	13.0~17.0	1.0~3.5	—	—	—	0.015	0.020	Ta:0.3
ENi6333	NiCr25Fe16CoMo3W		1.2~2.0	≥16.0	0.8~1.2		44.0~47.0	2.5~3.5		—	24.0~26.0	—	2.5~3.5		2.5~3.5			—
ENi6701	NiCr36Fe7Nb	0.35~0.50	0.5~2.0	7.0	0.5~2.0	—	42.0~48.0	—			33.0~39.0	0.8~1.8	—		—			
ENi6702	NiCr28Fe6W		0.5~1.5	6.0			47.0~50.0				27.0~30.0	—			4.0~5.5			
ENi6704	NiCr25Fe10Al3YC	0.15~0.30	0.5	8.0~11.0	0.8		≥55.0		1.8~2.8	0.3	24.0~26.0				—			Y:0.15
ENi8025	NiCr29Fe30Mo	0.06	1.0~3.0	30.0	0.7	1.5~3.0	35.0~40.0		0.1	1.0	27.0~31.0	1.0	2.5~4.5					—
ENi8165	NiCr25Fe30Mo	0.03					37.0~42.0			1.0	23.0~27.0	—	3.5~7.5					
镍钼																		
ENi1001	NiMo28Fe5	0.07	1.0	4.0~7.0	1.0	0.5	≥55.0	2.5	—	—	1.0	—	26.0~30.0	0.6	1.0	0.015	0.020	—
ENi1004	NiMo25Cr5Fe5	0.12					≥60.0	—			2.5~5.5		23.0~27.0					
ENi1008	NiMo19WCr	0.10	1.5	10.0	0.8						0.5~3.5		17.0~20.0	—	2.0~4.0			
ENi1009	NiMo20WCu			7.0		0.3~1.3	≥62.0				—		18.0~22.0					

续表

焊条型号	化学成分代号	化学成分(质量分数)/%																
		C	Mn	Fe	Si	Cu	Ni①	Co	Al	Ti	Cr	Nb②	Mo	V	W	S	P	其他③
镍钼																		
ENi1062	NiMo24Cr8Fe6	0.02	1.0	4.0~7.0	0.7	—	≥60.0	—	—	—	6.0~9.0	—	22.0~26.0	—	—	0.015	0.020	—
ENi1066	NiMo28	0.02	2.0	2.2	0.2	0.5	≥64.5	—	—	—	1.0	—	26.0~30.0	—	1.0	0.015	0.020	—
ENi1067	NiMo30Cr	0.02	2.0	1.0~3.0	0.2	0.5	≥62.0	3.0	—	—	1.0~3.0	—	27.0~32.0	—	3.0	0.015	0.020	—
ENi1069	NiMo28Fe4Cr	0.02	1.0	2.0~5.0	0.7	—	≥65.0	1.0	0.5	—	0.5~1.5	—	26.0~30.0	—	—	0.015	0.020	—
镍铬钼																		
ENi6002	NiCr22Fe18Mo	0.05~0.15	1.0	17.0~20.0	1.0	0.5	≥45.0	0.5~2.5	—	—	20.0~23.0	—	8.0~10.0	—	0.2~1.0	0.015	0.020	—
ENi6012	NiCr22Mo9	0.03	1.0	3.5	0.7	0.5	≥58.0	—	0.4	0.4	20.0~23.0	1.5	8.5~10.5	—	—	0.015	0.020	—
ENi6022	NiCr21Mo13W3	0.02	1.0	2.0~6.0	0.2	0.5	≥49.0	2.5	—	—	20.0~22.5	—	12.5~14.5	0.4	2.5~3.5	0.015	0.020	—
ENi6024	NiCr26Mo14	0.02	0.5	1.5	0.2	0.5	≥55.0	—	—	—	25.0~27.0	—	13.5~15.0	—	—	0.015	0.020	—
ENi6030	NiCr29Mo5Fe15W2	0.03	1.5	13.0~17.0	1.0	1.0~2.4	≥36.0	5.0	—	—	28.0~31.5	0.3~1.5	4.0~6.0	—	1.5~4.0	0.015	0.020	—
ENi6059	NiCr23Mo16	0.02	1.0	1.5	0.2	—	≥56.0	—	—	—	22.0~24.0	—	15.0~16.5	—	—	0.015	0.020	—
ENi6200	NiCr23Mo16Cu2	0.02	1.0	3.0	0.2	1.3~1.9	≥45.0	2.0	—	—	20.0~24.0	—	15.0~17.0	—	—	0.015	0.020	—
ENi6205	NiCr25Mo16	0.02	0.5	5.0	0.2	2.0	≥50.0	—	0.4	—	22.0~27.0	—	13.5~16.5	—	—	0.015	0.020	—

续表

焊条型号	化学成分代号	化学成分(质量分数)/%																
		C	Mn	Fe	Si	Cu	Ni①	Co	Al	Ti	Cr	Nb②	Mo	V	W	S	P	其他③
镍铬钼																		
ENi6275	NiCr15Mo16Fe5W3	0.10	1.0	4.0～7.0	1.0	0.5	≥50.0	2.5	—	—	14.5～16.5	—	15.0～18.0	0.4	3.0～4.5	0.015	0.020	—
ENi6276	NiCr15Mo15Fe6W4	0.02			0.2								15.0～17.0					
ENi6452	NiCr19Mo15	0.025	2.0	1.5	0.4		≥56.0	—			18.0～20.0	0.4	14.0～16.0		—			
ENi6455	NiCr16Mo15Ti	0.02	1.5	3.0	0.2			2.0		0.7	14.0～18.0	—	14.0～17.0	—	0.5			
ENi6620	NiCr14Mo7Fe	0.10	2.0～4.0	10.0	1.0		≥55.0	—		—	12.0～17.0	0.5～2.0	5.0～9.0		1.0～2.0			
ENi6625	NiCr22Mo9Nb	0.10	2.0	7.0	0.8	0.5	≥55.0	—	—	—	20.0～23.0	3.0～4.2	8.0～10.0	—	—	0.015	0.020	
ENi6627	NiCr21MoFeNb	0.03	2.2	5.0	0.7		≥57.0				20.5～22.5	1.0～2.8	8.8～10.0		0.5			
ENi6650	NiCr20Fe14Mo11WN		0.7	12.0～15.0	0.6		≥44.0	1.0	0.5		19.0～22.0	0.3	10.0～13.0		1.0～2.0	0.020		N:0.15
ENi6686	NiCr21Mo16W4	0.02	1.0	5.0	0.3		≥49.0	—	—	0.3	19.0～23.0	—	15.0～17.0		3.0～4.4	0.015		—
ENi6985	NiCr22Mo7Fe19			18.0～21.0	1.0	1.5～2.5	≥45.0	5.0		—	21.0～23.5	1.0	6.0～8.0		1.5			
镍铬钴钼																		
ENi6117	NiCr22Co12Mo	0.05～0.15	3.0	5.0	1.0	0.5	≥45.0	9.0～15.0	1.5	0.6	20.0～26.0	1.0	8.0～10.0	—	—	0.015	0.020	—

① 除非另有规定，Co 含量应低于该含量的 1%。也可供需双方协商，要求较低的 Co 含量。

② Ta 含量应低于该含量的 20%。

③ 未规定数值的元素总量不应超过 0.5%。

注：除 Ni 外所有单值元素均为最大值。

表 7-10　镍及镍合金焊条熔敷金属的力学性能（GB/T 13814—2008）

焊条型号	化学成分代号	屈服强度[①] R_{eL}/MPa	抗拉强度 R_m/MPa	伸长率 A/%
		不小于		
镍				
ENi2061	NiTi3	200	410	18
ENi2061A	NiNbTi			
镍铜				
ENi4060 ENi4061	NiCu30Mn3Ti NiCu27Mn3NbTi	200	480	27
镍铬				
ENi6082	NiCr20Mn3Nb	360	600	22
ENi6231	NiCr22W14Mo	350	620	18
镍铬铁				
ENi6025	NiCr25Fe10AlY	400	690	12
ENi6062	NiCr15Fe8Nb	360	550	27
ENi6093 ENi6094 ENi6095	NiCr15Fe8NbMo NiCr14Fe4NbMo NiCr15Fe8NbMoW	360	650	18
ENi6133 ENi6152 ENi6182	NiCr16Fe12NbMo NiCr30Fe9Nb NiCr15Fe6Mn	360	550	27
ENi6333	NiCr25Fe16CoMo3W	360	550	18
ENi6701 ENi6702	NiCr36Fe7Nb NiCr28Fe6W	450	650	8
ENi6704	NiCr25Fe10Al3YC	400	690	12
ENi8025 ENi8165	NiCr29Fe30Mo NiCr25Fe30Mo	240	550	22
镍钼				
ENi1001 ENi1004	NiMo28Fe5 NiMo25Cr5Fe5	400	690	22
ENi1008 ENi1009	NiMo19WCr NiMo20WCu	360	650	22
ENi1062	NiMo24Cr8Fe6	360	550	18
ENi1066	NiMo28	400	690	22
ENI1067	NiMo30Cr	350	690	22
ENi1069	NiMo28Fe4Cr	360	550	20
镍铬钼				
ENi6002	NiCr22Fe18Mo	380	650	18
ENI6012	NiCr22Mo9	410	650	22
ENi6022 ENi6024	NiCr21Mo13W3 NiCr26Mo14	350	690	22

续表

焊条型号	化学成分代号	屈服强度[①] R_{eL}/MPa	抗拉强度 R_m/MPa	伸长率 A/%
		不小于		
镍铬钼				
ENi6030	NiCr29Mo5Fe15W2	350	585	22
ENi6059	NiCr23Mo16	350	690	22
ENi6200 ENi6275 ENi6276	NiCr23Mo16Cu2 NiCr15Mo16Fe5W3 NiCr15Mo15Fe6W4	400	690	22
ENi6205 ENi6452	NiCr25Mo16 NiCr19Mo15	350	690	22
ENi6455	NiCr16Mo15Ti	300	690	22
ENi6620	NiCr14Mo7Fe	350	620	32
ENi6625	NiCr22Mo9Nb	420	760	27
ENi6627	NiCr21MoFeNb	400	650	32
ENi6650	NiCr20Fe14Mo11WN	420	660	30
ENi6686	NiCr21Mo16W4	350	690	27
ENi6985	NiCr22Mo7Fe19	350	620	22
镍铬钴钼				
ENi6117	NiCr22Co12Mo	400	620	22

① 屈服发生不明显时，应采用0.2%的屈服点强度（$R_{p0.2}$）。

第八章 气体保护焊焊丝

气体保护焊焊丝包括熔化极气体保护电弧焊、钨极气体保护电弧焊及等离子弧焊等焊接方法采用的焊丝，保护气体有CO_2、纯Ar及Ar与CO_2等不同比例的混合气体。

国家标准《气体保护电弧焊用碳钢、低合金钢焊丝》（GB/T 8110—2008）适用于熔化极气体保护电弧焊、钨极气体保护电弧焊及等离子弧焊等焊接用碳钢、低合金钢实心焊丝和填充丝，修改采用美国标准《气体保护电弧焊用碳钢焊丝和填充丝规程》（AWS A5.18M：2005）和《气体保护电弧焊用低合金钢焊丝和填充丝规程》（AWS A5.28M：2005）。目前正在进行国家标准的制定修订工作，向ISO-B体系的转化完成后，气体保护焊焊丝产品国家标准将扩展出“非合金钢及细晶粒钢焊丝”“TIG用非合金钢及细晶粒钢焊丝”“热强钢焊丝”“高强钢焊丝”四个标准，与之前发布的《不锈钢焊丝和焊带》（GB/T 29713—2013）构成完整的气体保护焊焊丝产品标准。

第一节 非合金钢及细晶粒钢气体保护焊焊丝

一、我国标准（GB/T 8110—2008）

2019年完成向ISO-B体系的转化后，GB/T 8110—202X将对应ISO 14341-B：2010，只保留熔化极气体保护焊用非合金钢及细晶粒钢焊丝。在现行的GB/T 8110—2008中，对应于非合金钢和细晶粒钢的碳钢、碳钼钢、镍钢、锰钼钢和其他低合金钢气体保护焊焊丝化学成分范围列于表8-1中，熔敷金属力学性能列于表8-2中，其最小抗拉强度等级不大于550MPa。

表 8-1　非合金钢和细晶粒钢气体保护焊焊丝化学成分（GB/T 8110—2008 节选）

<table>
<tr><th rowspan="2">焊丝型号</th><th colspan="14">化学成分(质量分数)/%</th></tr>
<tr><th>C</th><th>Mn</th><th>Si</th><th>P</th><th>S</th><th>Ni</th><th>Cr</th><th>Mo</th><th>V</th><th>Ti</th><th>Zr</th><th>Al</th><th>Cu①</th><th>其他元素总量</th></tr>
<tr><td colspan="15">碳钢</td></tr>
<tr><td>ER50-2</td><td>0.07</td><td rowspan="2">0.90～1.40</td><td>0.40～0.70</td><td rowspan="5">0.025</td><td rowspan="5">0.025</td><td rowspan="5">0.15</td><td rowspan="5">0.15</td><td rowspan="5">0.15</td><td rowspan="5">0.03</td><td>0.05～0.15</td><td>0.02～0.12</td><td>0.05～0.15</td><td rowspan="6">0.50</td><td rowspan="6">—</td></tr>
<tr><td>ER50-3</td><td rowspan="3">0.06～0.15</td><td>0.45～0.75</td><td rowspan="5">—</td><td rowspan="5">—</td><td rowspan="5">—</td></tr>
<tr><td>ER50-4</td><td>1.00～1.50</td><td>0.65～0.85</td></tr>
<tr><td>ER50-6</td><td>1.40～1.85</td><td>0.80～1.15</td></tr>
<tr><td>ER50-7</td><td>0.07～0.15</td><td>1.50～2.00②</td><td>0.50～0.80</td></tr>
<tr><td>ER49-1</td><td>0.11</td><td>1.80～2.10</td><td>0.65～0.95</td><td>0.030</td><td>0.030</td><td>0.30</td><td>0.20</td><td>—</td><td>—</td></tr>
<tr><td colspan="15">碳钼钢</td></tr>
<tr><td>ER49-A1</td><td>0.12</td><td>1.30</td><td>0.30～0.70</td><td>0.025</td><td>0.025</td><td>0.20</td><td>—</td><td>0.40～0.65</td><td>—</td><td>—</td><td>—</td><td>—</td><td>0.35</td><td>0.50</td></tr>
<tr><td colspan="15">镍钢</td></tr>
<tr><td>ER55-Ni1</td><td rowspan="3">0.12</td><td rowspan="3">1.25</td><td rowspan="3">0.40～0.80</td><td rowspan="3">0.025</td><td rowspan="3">0.025</td><td>0.80～1.10</td><td>0.15</td><td>0.35</td><td>0.05</td><td rowspan="3">—</td><td rowspan="3">—</td><td rowspan="3">—</td><td rowspan="3">0.35</td><td rowspan="3">0.50</td></tr>
<tr><td>ER55-Ni2</td><td>2.00～2.75</td><td>—</td><td>—</td><td>—</td></tr>
<tr><td>ER55-Ni3</td><td>3.00～3.75</td><td>—</td><td>—</td><td>—</td></tr>
<tr><td colspan="15">锰钼钢</td></tr>
<tr><td>ER55-D2</td><td>0.07～0.12</td><td>1.60～2.10</td><td>0.50～0.80</td><td rowspan="2">0.025</td><td rowspan="2">0.025</td><td>0.15</td><td rowspan="2">—</td><td>0.40～0.60</td><td rowspan="2">—</td><td>—</td><td>—</td><td>—</td><td>0.50</td><td>0.50</td></tr>
<tr><td>ER55-D2-Ti</td><td>0.12</td><td>1.20～1.90</td><td>0.40～0.80</td><td>—</td><td>0.20～0.50</td><td>0.20</td><td>—</td><td>—</td><td>0.50</td><td>0.50</td></tr>
<tr><td colspan="15">其他低合金钢</td></tr>
<tr><td>ER55-1</td><td>0.10</td><td>1.20～1.60</td><td>0.60</td><td>0.025</td><td>0.020</td><td>0.20～0.60</td><td>0.30～0.90</td><td>—</td><td>—</td><td>—</td><td>—</td><td>—</td><td>0.20～0.50</td><td>0.50</td></tr>
</table>

① 如果焊丝镀铜，则焊丝中 Cu 含量和镀铜层中 Cu 含量之和不应大于 0.50%。

② Mn 的最大含量可以超过 2.00%，但每增加 0.05%的 Mn，最大 C 含量应降低 0.01%。

注：表中单值均为最大值。

表 8-2　非合金钢和细晶粒钢气体保护焊焊丝熔敷金属力学性能（GB/T 8110—2008 节选）

焊丝型号	保护气体①	抗拉强度② R_m/MPa	屈服强度② $R_{p0.2}$/MPa	伸长率 A/%	试验温度/℃	V形缺口冲击吸收能量/J	试样状态
碳钢							
ER50-2	CO_2	≥500	≥420	≥22	−30	≥27	焊态
ER50-3					−20		
ER50-4					不要求		
ER50-6					−30	≥27	
ER50-7							
ER49-1		≥490	≥372	≥20	室温	≥47	
碳钼钢							
ER49-A1	Ar+(1%～5%)O_2	≥515	≥400	≥19	不要求		焊后热处理
镍钢							
ER55-Ni1	Ar+(1%～5%)O_2	≥550	≥470	≥24	−45	≥27	焊态
ER55-Ni2					−60		焊后热处理
ER55-Ni3					−75		
锰钼钢							
ER55-D2	CO_2	≥550	≥470	≥17	−30	≥27	焊态
ER55-D2-Ti							
其他低合金钢							
ER55-1	Ar+20%CO_2	≥550	≥450	≥22	−40	≥60	焊态

① 仅为分类时限定，在实际应用中并不限制采用其他保护气体类型，但力学性能可能会产生变化。

② 对于 ER50-2、ER50-3、ER50-4、ER50-6、ER50-7 型焊丝，当伸长率超过最小值时，每增加 1%，抗拉强度和屈服强度可减少 10MPa，但抗拉强度最小值不得小于 480MPa，屈服强度最小值不得小于 400MPa。

二、国际标准（ISO 14341-B：2010）

在 ISO 14341-B：2010 中，焊丝的熔敷金属在焊态或焊后热处理状态下，其最小抗拉强度等级不大于 570MPa。因受到保护气体类型、焊后热处理状态等方面的影响，不能对熔敷金属的成分和性能作统一要求。焊丝化学成分列于表 8-3 中。

表 8-3　非合金钢和细晶粒钢气体保护焊焊丝化学成分（ISO 14341-B：2010）

代号	化学成分①,②（质量分数）/%										
	C	Si	Mn	P	S	Ni	Cr	Mo	V	Cu	Al	Ti+Zr
S2	0.07	0.40～0.70	0.90～1.40	0.025	0.030	—	—	—	—	0.50	0.05～0.15	Ti:0.05～0.15 Zr:0.02～0.12
S3	0.06～0.15	0.45～0.75	0.90～1.40	0.025	0.035	—	—	—	—	0.50	—	—
S4	0.06～0.15	0.65～0.85	1.00～1.50	0.025	0.035	—	—	—	—	0.50	—	—
S6	0.06～0.15	0.80～1.15	1.40～1.85	0.025	0.035	—	—	—	—	0.50	—	—

续表

代号	化学成分[1,2]（质量分数）/%											
	C	Si	Mn	P	S	Ni	Cr	Mo	V	Cu	Al	Ti+Zr
S7	0.07～0.15	0.50～0.80	1.50～2.00	0.025	0.035	—	—	—	—	0.50	—	—
S11	0.02～0.15	0.55～1.10	1.40～1.90	0.030	0.030	—	—	—	—	0.50	—	0.02～0.30
S12	0.02～0.15	0.55～1.00	1.25～1.90	0.030	0.030	—	—	—	—	0.50	—	—
S13	0.02～0.15	0.55～1.10	1.35～1.90	0.030	0.030	—	—	—	—	0.50	0.10～0.50	0.02～0.30
S14	0.02～0.15	1.00～1.35	1.30～1.60	0.030	0.030	—	—	—	—	0.50	—	—
S15	0.02～0.15	0.40～1.00	1.00～1.60	0.030	0.030	—	—	—	—	0.50	—	0.02～0.15
S16	0.02～0.15	0.40～1.00	0.90～1.60	0.030	0.030	—	—	—	—	0.50	—	—
S17	0.02～0.15	0.20～0.55	1.50～2.10	0.030	0.030	—	—	—	—	0.50	—	0.02～0.30
S18	0.02～0.15	0.50～1.10	1.60～2.40	0.030	0.030	—	—	—	—	0.50	—	0.02～0.30
S1M3	0.12	0.30～0.70	1.30	0.025	0.025	0.20	—	0.40～0.65	—	0.35		
S2M3	0.12	0.30～0.70	0.60～1.40	0.025	0.025	—	—	0.40～0.65	—	0.50	—	—
S2M31	0.12	0.30～0.90	0.80～1.50	0.025	0.025	—	—	0.40～0.65	—	0.50	—	—
S3M3T	0.12	0.40～1.00	1.00～1.80	0.025	0.025	—	—	0.40～0.65	—	0.50	—	Ti:0.02～0.30
S3M1	0.05～0.15	0.40～1.00	1.40～2.10	0.025	0.025	—	—	0.10～0.45	—	0.50	—	—
S3M1T	0.12	0.40～1.00	1.40～2.10	0.025	0.025	—	—	0.10～0.45	—	0.50	—	Ti:0.02～0.30
S4M31	0.07～0.12	0.50～0.80	1.60～2.10	0.025	0.025	—	—	0.40～0.60	—	0.50	—	—
S4M3T	0.12	0.50～0.80	1.60～2.20	0.025	0.025	—	—	0.40～0.65	—	0.50	—	Ti:0.02～0.30
SN1	0.12	0.20～0.50	1.25	0.025	0.025	0.60～1.00	—	0.35	—	0.35	—	—
SN2	0.12	0.40～0.80	1.25	0.025	0.025	0.80～1.10	0.15	0.35	0.05	0.35	—	—
SN3	0.12	0.30～0.80	1.20～1.60	0.025	0.025	1.50～1.90	—	0.35	—	0.35	—	—

续表

代号	化学成分①,②(质量分数)/%										
	C	Si	Mn	P	S	Ni	Cr	Mo	V	Cu	Al	Ti+Zr
SN5	0.12	0.40～0.80	1.25	0.025	0.025	2.00～2.75	—	—	—	0.35	—	—
SN7	0.12	0.20～0.50	1.25	0.025	0.025	3.00～3.75	—	0.35	—	0.35	—	—
SN71	0.12	0.40～0.80	1.25	0.025	0.025	3.00～3.75	—	—	—	0.35	—	—
SN9	0.10	0.50	1.40	0.025	0.025	4.00～4.75	—	0.35	—	0.35	—	—
SNCC	0.12	0.60～0.90	1.00～1.65	0.030	0.030	0.10～0.30	0.50～0.80	—	—	0.20～0.60	—	—
SNCCT	0.12	0.60～0.90	1.10～1.65	0.030	0.030	0.10～0.30	0.50～0.80	—	—	0.20～0.60	—	Ti:0.02～0.30
SNCCT1	0.12	0.50～0.80	1.20～1.80	0.030	0.030	0.10～0.40	0.50～0.80	0.02～0.30	—	0.20～0.60	—	Ti:0.02～0.30
SNCCT2	0.12	0.50～0.90	1.10～1.70	0.030	0.030	0.40～0.80	0.50～0.80	—	—	0.20～0.60	—	Ti:0.02～0.30
SN1M2T	0.12	0.60～1.00	1.70～2.30	0.025	0.025	0.40～0.80	—	0.20～0.60	—	0.50	—	Ti:0.02～0.30
SN2M1T	0.12	0.30～0.80	1.10～1.90	0.025	0.025	0.80～1.60	—	0.10～0.45	—	0.50	—	Ti:0.02～0.30
SN2M2T	0.05～0.15	0.30～0.90	1.00～1.80	0.025	0.025	0.70～1.20	—	0.20～0.60	—	0.50	—	Ti:0.02～0.30
SN2M3T	0.05～0.15	0.30～0.90	1.40～2.10	0.025	0.025	0.70～1.20	—	0.40～0.65	—	0.50	—	Ti:0.02～0.30
SN2M4T	0.12	0.50～1.00	1.70～2.30	0.025	0.025	0.80～1.30	—	0.55～0.85	—	0.50	—	Ti:0.02～0.30
SZ③	任意协商成分											

① 焊丝需按照表中列出数值的化学元素进行分析，如果在分析过程中存在其他未列出元素，这些元素的总和（除Fe之外）不应超过0.50%（质量分数）。

② 表中单值均为最大值。

③ 表中未列的焊丝型号可用字母“SZ”作词头。制造商确定的化学成分可加在括号内。

第二节　非合金钢及细晶粒钢TIG焊焊丝和填充丝

一、我国标准（GB/T 8110—2008）

2019年完成向ISO-B体系的转化后，GB/T XXXX—202X《钨极惰性气体保护焊用非合金钢及细晶粒钢焊丝》将对应ISO 636-B：2017形成一个独立的国家标准，在现行的GB/T 8110—2008中，对应于非合金钢和细晶粒钢的最小抗拉强度等级不大于550MPa的碳钢、碳钼钢、镍钢、锰钼钢和其他低合金钢TIG焊用焊丝和填充丝化学成分参照表8-1。

二、国际标准（ISO 636-B：2017）

ISO 636-B：2017 的焊丝和填充丝化学成分列于表 8-4 中，熔敷金属拉伸和冲击性能列于表 8-5 和表 8-6 中。

表 8-4　非合金钢和细晶粒钢 TIG 焊焊丝和填充丝化学成分（ISO 636-B：2017）

代号	化学成分①,②(质量分数)/%											
	C	Si	Mn	P	S	Ni	Cr	Mo	V	Cu③	Al	Ti+Zr
2	0.07	0.40～0.70	0.90～1.40	0.025	0.035	0.15	0.15	0.15	0.03	0.05	0.05～0.15	Ti:0.05～0.15 Zr:0.02～0.12
3	0.06～0.15	0.45～0.75	0.90～1.40	0.025	0.035	0.15	0.15	0.15	0.03	0.05	—	—
4	0.07～0.15	0.65～0.85	1.00～1.50	0.025	0.035	0.15	0.15	0.15	0.03	0.05	—	—
6	0.06～0.15	0.80～1.15	1.40～1.85	0.025	0.035	0.15	0.15	0.15	0.03	0.05	—	—
12	0.02～0.15	0.55～1.00	1.25～1.90	0.03	0.03	—	—	—	—	0.05	—	—
16	0.02～0.15	0.40～1.00	0.90～1.60	0.03	0.03	—	—	—	—	0.05	—	—
1M3	0.12	0.30～0.70	1.3	0.025	0.025	0.2	—	0.40～0.65	—	0.35	—	—
2M3	0.12	0.30～0.70	0.60～1.40	0.025	0.025	—	—	0.40～0.65	—	0.05	—	—
2M31	0.12	0.30～0.90	0.80～1.50	0.025	0.025	—	—	0.40～0.65	—	0.05	—	—
2M32	0.05	0.30～0.90	0.80～1.40	0.025	0.025	—	—	0.40～0.65	—	0.05	—	—
3M1T	0.12	0.40～1.00	1.40～2.10	0.025	0.025	—	—	0.10～0.45	—	0.05	—	Ti:0.02～0.30
3M3	0.12	0.60～0.90	1.10～1.60	0.025	0.025	—	—	0.40～0.65	—	0.05	—	—
4M3	0.12	0.3	1.50～2.00	0.025	0.025	—	—	0.40～0.65	—	0.05	—	—
4M31	0.07～0.12	0.50～0.80	1.60～2.10	0.025	0.025	—	—	0.40～0.60	—	0.05	—	—
4M3T	0.12	0.50～0.80	1.60～2.20	0.025	0.025	—	—	0.40～0.65	—	0.05	—	Ti:0.02～0.30
N1	0.12	0.20～0.50	1.25	0.025	0.025	0.60～1.00	—	0.35	—	0.35	—	—
N2	0.12	0.40～0.80	1.25	0.025	0.025	0.80～1.10	0.15	0.35	0.05	0.35	—	—
N3	0.12	0.30～0.80	1.20～1.60	0.025	0.025	1.50～1.90	—	0.35	—	0.35	—	—

续表

代号	化学成分①,②(质量分数)/%										
	C	Si	Mn	P	S	Ni	Cr	Mo	V	Cu③	Al	Ti+Zr
N5	0.12	0.40～0.80	1.25	0.025	0.025	2.00～2.75	—	—	—	0.35	—	—
N7	0.12	0.20～0.50	1.25	0.025	0.025	3.00～3.75	—	0.35	—	0.35	—	—
N71	0.12	0.40～0.80	1.25	0.025	0.025	3.00～3.75	—	—	—	0.35	—	—
N9	0.1	0.5	1.4	0.025	0.025	4.00～4.75	—	0.35	—	0.35	—	Ti:0.02～0.30
NCC	0.12	0.60～0.90	1.00～1.65	0.03	0.03	0.10～0.30	0.50～0.80	—	—	0.20～0.60	—	Ti:0.02～0.30
NCC1	0.12	0.20～0.40	0.40～0.70	0.03	0.03	0.50～0.80	0.50～0.80	—	—	0.30～0.75	—	Ti:0.02～0.30
NCCT	0.12	0.60～0.90	1.00～1.65	0.03	0.03	0.10～0.30	0.50～0.80	—	—	0.20～0.60	—	Ti:0.02～0.30
NCCT1	0.12	0.50～0.80	1.20～1.80	0.03	0.03	0.10～0.40	0.50～0.80	0.02～0.30	—	0.20～0.60	—	—
NCCT2	0.12	0.50～0.90	1.10～1.70	0.03	0.03	0.40～0.80	0.50～0.80	—	—	0.20～0.60	—	—
N1M2T	0.12	0.60～1.00	1.70～2.30	0.025	0.025	0.40～0.80	—	0.20～0.60	—	0.5	—	—
N1M3	0.12	0.20～0.80	1.00～1.80	0.025	0.025	0.30～0.90	—	0.40～0.65	—	0.5	—	—
N2M3	0.12	0.3	1.10～1.60	0.025	0.025	0.80～1.20	—	0.40～0.65	—	0.5	—	—
Z④	任意协商成分											

① 实心焊丝需按表中所列化学元素进行分析，如果在分析过程中存在其他未列出元素，这些元素的总和（除 Fe 之外）不应超过 0.50%（质量分数）。

② 表中单值均为最大值。

③ Cu 含量包括镀铜层中的含量。

④ 表中未列的焊丝型号可用相类似的型号表示，词头加字母“Z”。化学成分范围不进行规定，分类同为“Z”的两种焊丝之间不可替换。

表 8-5 非合金钢和细晶粒钢 TIG 焊焊丝和填充丝熔敷金属拉伸性能（ISO 636-B：2017）

代号①	最小屈服强度②/MPa	抗拉强度/MPa	最小伸长率③/%
43X	330	430～600	20
49X	390	490～670	18
55X	460	550～740	17
57X	490	570～770	17

① “X”是“A”或者“P”，“A”指在焊态条件下试验，“P”指在焊后热处理条件下试验。

② 在屈服发生时将使用屈服强度（R_{eL}），否则，将使用规定塑性延伸强度（$R_{p0.2}$）。

③ 标距长度等于试样直径的 5 倍。

表 8-6　非合金钢和细晶粒钢 TIG 焊焊丝和填充丝熔敷金属冲击性能（ISO 636-B：2017）

标　记	≥27J 平均冲击能量的最低温度/℃	标　记	≥27J 平均冲击能量的最低温度/℃
Z	无要求	5	−50
Y	+20	6	−60
0	0	7	−70
2	−20	8	−80
3	−30	9	−90
4	−40	10	−100

第三节　高强钢气体保护焊焊丝和填充丝

一、我国标准（GB/T 8110—2008）

2019 年完成向 ISO-B 体系的转化后，GB/T XXXX—202X《气体保护电弧焊用高强钢焊丝》将对应 ISO 16834-B：2012 形成一个独立的国家标准，在现行的 GB/T 8110—2008 中，对应于高强钢的锰钼钢和其他低合金钢气体保护焊焊丝化学成分列于表 8-7 中，熔敷金属力学性能列于表 8-8 中，其最小抗拉强度等级大于 550MPa。

表 8-7　高强钢气体保护焊焊丝化学成分（GB/T 8110—2008 节选）

<table>
<tr><th rowspan="2">焊丝型号</th><th colspan="14">化学成分(质量分数)/%</th></tr>
<tr><th>C</th><th>Mn</th><th>Si</th><th>P</th><th>S</th><th>Ni</th><th>Cr</th><th>Mo</th><th>V</th><th>Ti</th><th>Zr</th><th>Al</th><th>Cu①</th><th>其他元素总量</th></tr>
<tr><td colspan="15">锰钼钢</td></tr>
<tr><td>ER62-D2</td><td>0.07～0.12</td><td>1.60～2.10</td><td>0.50～0.80</td><td>0.025</td><td>0.025</td><td>0.15</td><td>—</td><td>0.40～0.60</td><td>—</td><td>—</td><td>—</td><td>—</td><td>0.50</td><td>0.50</td></tr>
<tr><td colspan="15">其他低合金钢</td></tr>
<tr><td>ER69-1</td><td>0.08</td><td>1.25～1.80</td><td rowspan="2">0.20～0.55</td><td rowspan="3">0.010</td><td rowspan="3">0.010</td><td>1.40～2.10</td><td>0.30</td><td rowspan="2">0.25～0.55</td><td>0.05</td><td rowspan="3">0.10</td><td rowspan="3">0.10</td><td rowspan="3">0.10</td><td rowspan="3">0.25</td><td rowspan="3">0.50</td></tr>
<tr><td>ER76-1</td><td>0.09</td><td rowspan="2">1.40～1.80</td><td>1.90～2.60</td><td>0.50</td><td>0.04</td></tr>
<tr><td>ER83-1</td><td>0.10</td><td>0.25～0.60</td><td>2.00～2.80</td><td>0.60</td><td>0.30～0.65</td><td>0.03</td></tr>
<tr><td>ERXX-G</td><td colspan="14">供需双方协商确定</td></tr>
</table>

① 如果焊丝镀铜，则焊丝中 Cu 含量和镀铜层中 Cu 含量之和不应大于 0.50%。

注：表中单值均为最大值。

表 8-8　高强钢气体保护焊焊丝熔敷金属力学性能（GB/T 8110—2008 节选）

焊丝型号	保护气体①	抗拉强度 R_m/MPa	屈服强度 $R_{p0.2}$/MPa	伸长率 A/%	试验温度/℃	V 形缺口冲击吸收能量/J	试样状态
锰钼钢							
ER62-D2	Ar+(1%～5%)O_2	≥620	≥540	≥17	−30	≥27	焊态

续表

焊丝型号	保护气体[①]	抗拉强度 R_m/MPa	屈服强度 $R_{p0.2}$/MPa	伸长率 A/%	试验温度/℃	V形缺口冲击吸收能量/J	试样状态
其他低合金钢							
ER69-1	Ar+2%O_2	≥690	≥610	≥16	−50	≥68	焊态
ER76-1		≥760	≥660	≥15			
ER83-1		≥830	≥730	≥14			
ERXX-G	供需双方协商						

① 本标准分类时限定的保护气体类型，在实际应用中并不限制采用其他保护气体类型，但力学性能可能会产生变化。

二、国际标准（ISO 16834-B：2012）

在ISO 16834-B：2012中，焊丝和填充丝的熔敷金属在焊态或焊后热处理状态下，其最小抗拉强度等级不小于570MPa。因受到保护气体类型、焊后热处理状态等方面的影响，不能对熔敷金属的成分和性能作统一规定。焊丝和填充丝化学成分列于表8-9中。

表8-9　高强钢气体保护焊焊丝和填充丝化学成分（ISO 16834-B：2012）

代号	化学成分[①,②]（质量分数）/%								
	C	Si	Mn	P	S	Ni	Cr	Mo	Cu	Ti
2M3	0.12	0.30～0.70	0.60～1.40	0.025	0.025	—	—	0.40～0.65	0.50	—
3M1	0.05～0.15	0.40～1.00	1.40～2.10	0.025	0.025	—	—	0.10～0.45	0.50	—
3M1T	0.12	0.40～1.00	1.40～2.10	0.025	0.025	—	—	0.10～0.45	0.50	0.02～0.30
3M3	0.12	0.60～0.90	1.10～1.60	0.025	0.025	—	—	0.40～0.65	0.50	—
3M31	0.12	0.30～0.90	1.00～1.85	0.025	0.025	—	—	0.40～0.65	0.50	—
3M3T	0.12	0.40～1.00	1.00～1.85	0.025	0.025	—	—	0.40～0.65	0.50	0.02～0.30
4M3	0.12	0.30	1.50～2.00	0.025	0.025	—	—	0.40～0.65	0.50	—
4M31	0.07～0.12	0.50～0.80	1.60～2.10	0.025	0.025	—	—	0.40～0.60	0.50	—
4M3T	0.12	0.50～0.80	1.60～2.20	0.025	0.025	—	—	0.40～0.65	0.50	0.02～0.30
N1M2T	0.12	0.60～1.00	1.70～2.30	0.025	0.025	0.40～0.80	—	0.20～0.60	0.50	0.02～0.30
N1M3	0.12	0.20～0.80	1.00～1.80	0.025	0.025	0.30～0.90	—	0.40～0.65	0.50	—
N2M1T	0.12	0.30～0.80	1.10～1.90	0.025	0.025	0.80～1.60	—	0.10～0.45	0.50	0.02～0.30
N2M2T	0.05～0.15	0.30～0.90	1.00～1.80	0.025	0.025	0.70～1.20	—	0.20～0.60	0.50	0.02～0.30
N2M3	0.12	0.30	1.10～1.60	0.025	0.025	0.80～1.20	—	0.40～0.65	0.50	—
N2M3T	0.05～0.15	0.30～0.90	1.40～2.10	0.025	0.025	0.70～1.20	—	0.40～0.65	0.50	0.02～0.30
N2M4T	0.12	0.50～1.00	1.70～2.30	0.025	0.025	0.80～1.30	—	0.55～0.85	0.50	0.02～0.30
N3M2[③]	0.08	0.20～0.55	1.25～1.80	0.010	0.010	1.40～2.10	0.30	0.25～0.55	0.25	0.10
N4M2[④]	0.09	0.20～0.55	1.40～1.80	0.010	0.010	1.90～2.60	0.50	0.25～0.55	0.25	0.10

续表

代号	化学成分①,②(质量分数)/%									
	C	Si	Mn	P	S	Ni	Cr	Mo	Cu	Ti
N4M3T	0.12	0.45～0.90	1.40～1.90	0.025	0.025	1.50～2.10	—	0.40～0.65	0.50	0.01～0.30
N4M4T	0.12	0.40～0.90	1.60～2.10	0.025	0.025	1.90～2.50	—	0.40～0.90	0.50	0.02～0.30
N5M3⑤	0.10	0.25～0.60	1.40～1.80	0.010	0.010	2.00～2.80	0.60	0.30～0.65	0.25	0.10
N5M3T	0.12	0.40～0.90	1.40～2.00	0.025	0.025	2.40～3.10	—	0.40～0.70	0.50	0.02～0.30
N7M4T	0.12	0.30～0.70	1.30～1.70	0.025	0.025	3.20～3.80	0.30	0.60～0.90	0.50	0.02～0.30
C1M1T	0.02～0.15	0.50～0.90	1.10～1.60	0.025	0.025	—	0.30～0.60	0.10～0.45	0.40	0.02～0.30
N3C1M4T	0.12	0.35～0.75	1.25～1.70	0.025	0.025	1.30～1.80	0.30～0.60	0.50～0.75	0.50	0.02～0.30
N4CM2T	0.12	0.20～0.60	1.30～1.80	0.025	0.025	1.50～2.10	0.20～0.50	0.30～0.60	0.50	0.02～0.30
N4CM21T	0.12	0.20～0.70	1.10～1.70	0.025	0.025	1.80～2.30	0.05～0.35	0.25～0.60	0.50	0.02～0.30
N4CM22T	0.12	0.65～0.95	1.90～2.40	0.025	0.025	2.00～2.30	0.10～0.30	0.35～0.55	0.50	0.02～0.30
N5CM3T	0.12	0.20～0.70	1.10～1.70	0.025	0.025	2.40～2.90	0.05～0.35	0.35～0.70	0.50	0.02～0.30
N5C1M3T	0.12	0.40～0.90	1.40～2.00	0.025	0.025	2.40～3.00	0.40～0.60	0.40～0.70	0.50	0.02～0.30
N6CM2T	0.12	0.30～0.60	1.50～1.80	0.025	0.025	2.80～3.00	0.05～0.30	0.25～0.50	0.50	0.02～0.30
N6C1M4	0.12	0.25	0.90～1.40	0.025	0.025	2.65～3.15	0.20～0.50	0.55～0.85	0.50	—
N6C2M2T	0.12	0.20～0.50	1.50～1.90	0.025	0.025	2.50～3.10	0.70～1.00	0.30～0.60	0.50	0.02～0.30
N6C2M4	0.12	0.40～0.60	1.80～2.00	0.025	0.025	2.80～3.00	1.00～1.20	0.50～0.80	0.50	0.04
N6CM3T	0.12	0.30～0.70	1.20～1.50	0.025	0.025	2.70～3.30	0.10～0.35	0.40～0.65	0.50	0.02～0.30
G⑥	任意协商成分									

① 填充金属分析应按表中规定的元素进行分析。如果在分析过程中发现其他元素，这些元素的总量（除铁外）不应超过0.50%（质量分数）。

② 表中单值均为最大值。

③ V 0.05%（质量分数），Zr 0.10%（质量分数），Al 0.10%（质量分数）。

④V 0.04%（质量分数），Zr 0.10%（质量分数），Al 0.10%（质量分数）。

⑤ V 0.03%（质量分数），Zr 0.10%（质量分数），Al 0.10%（质量分数）。

⑥ 该表中未列出的焊丝的化学成分应该用相似的代号表示且前面加字母“G”。其化学成分范围不作规定，因此可能存在两种焊丝具有相同的“G”分类，这两种分类之间不可替换。

第四节　热强钢气体保护焊焊丝和填充丝

一、我国标准（GB/T 8110—2008）

2019年完成向ISO-B体系的转化后，GB/T XXXX—202X《气体保护焊用热强钢焊丝》将对应ISO 21952-B：2012形成一个独立的国家标准，在现行的GB/T 8110—2008中，对应于热强钢的铬钼钢气体保护焊焊丝和填充丝化学成分列于表8-10中，熔敷金属力学性能列于表8-11中；

表 8-10 热强钢用气体保护焊焊丝化学成分（GB/T 8110—2008 节选）

<table>
<tr><th rowspan="2">焊丝型号</th><th colspan="14">化学成分(质量分数)/%</th></tr>
<tr><th>C</th><th>Mn</th><th>Si</th><th>P</th><th>S</th><th>Ni</th><th>Cr</th><th>Mo</th><th>V</th><th>Ti</th><th>Zr</th><th>Al</th><th>Cu①</th><th>其他元素总量</th></tr>
<tr><td colspan="15">铬钼钢</td></tr>
<tr><td>ER55-B2</td><td>0.07~0.12</td><td rowspan="2">0.40~0.70</td><td rowspan="2">0.40~0.70</td><td rowspan="2">0.025</td><td rowspan="8">0.025</td><td rowspan="2">0.20</td><td rowspan="2">1.20~1.50</td><td rowspan="2">0.40~0.65</td><td rowspan="2">—</td><td rowspan="9">—</td><td rowspan="9">—</td><td rowspan="8">—</td><td rowspan="8">0.35</td><td rowspan="9">0.50</td></tr>
<tr><td>ER49-B2L</td><td>0.05</td></tr>
<tr><td>ER55-B2-MnV</td><td rowspan="2">0.06~0.10</td><td>1.20~1.60</td><td rowspan="2">0.60~0.90</td><td rowspan="2">0.030</td><td rowspan="2">0.25</td><td>1.00~1.30</td><td>0.50~0.70</td><td>0.20~0.40</td></tr>
<tr><td>ER55-B2-Mn</td><td>1.20~1.70</td><td>0.90~1.20</td><td>0.45~0.65</td><td rowspan="5">—</td></tr>
<tr><td>ER62-B3</td><td>0.07~0.12</td><td rowspan="4">0.40~0.70</td><td rowspan="2">0.40~0.70</td><td rowspan="4">0.025</td><td rowspan="2">0.20</td><td rowspan="2">2.30~2.70</td><td rowspan="2">0.90~1.20</td></tr>
<tr><td>ER55-B3L</td><td>0.05</td></tr>
<tr><td>ER55-B6</td><td>0.10</td><td rowspan="2">0.50</td><td>0.60</td><td>4.50~6.00</td><td>0.45~0.65</td></tr>
<tr><td>ER55-B8</td><td>0.10</td><td>0.50</td><td rowspan="2">8.00~10.50</td><td>0.80~1.20</td></tr>
<tr><td>ER62-B9②</td><td>0.07~0.13</td><td>1.20</td><td>0.15~0.50</td><td>0.010</td><td>0.010</td><td>0.80</td><td>0.85~1.20</td><td>0.15~0.30</td><td>0.04</td><td>0.20</td></tr>
<tr><td>ERXX-G</td><td colspan="14">供需双方协商确定</td></tr>
</table>

① 如果焊丝镀铜，则焊丝中 Cu 含量和镀铜层中 Cu 含量之和不应大于 0.50%。

② Nb(Cb) 为 0.02%~0.10%；N 为 0.03%~0.07%；Mn+Ni≤1.50%。

注：表中单值均为最大值。

表 8-11 热强钢气体保护焊焊丝熔敷金属力学性能（GB/T 8110—2008 节选）

<table>
<tr><th>焊丝型号</th><th>保护气体①</th><th>抗拉强度 R_m/MPa</th><th>屈服强度 $R_{p0.2}$/MPa</th><th>伸长率 A/%</th><th>试验温度/℃</th><th>V形缺口冲击吸收能量/J</th><th>试样状态</th></tr>
<tr><td colspan="8">铬钼钢</td></tr>
<tr><td>ER55-B2</td><td rowspan="2">Ar+(1%~5%)O_2</td><td>≥550</td><td>≥470</td><td rowspan="3">≥19</td><td colspan="2" rowspan="2">不要求</td><td rowspan="9">焊后热处理</td></tr>
<tr><td>ER49-B2L</td><td>≥515</td><td>≥400</td></tr>
<tr><td>ER55-B2-MnV</td><td rowspan="2">Ar+20%CO_2</td><td rowspan="2">≥550</td><td rowspan="2">≥440</td><td rowspan="2">室温</td><td rowspan="2">≥27</td></tr>
<tr><td>ER55-B2-Mn</td><td>≥20</td></tr>
<tr><td>ER62-B3</td><td rowspan="4">Ar+(1%~5%)O_2</td><td>≥620</td><td>≥540</td><td rowspan="4">≥17</td><td colspan="2" rowspan="5">不要求</td></tr>
<tr><td>ER55-B3L</td><td rowspan="3">≥550</td><td rowspan="3">≥470</td></tr>
<tr><td>ER55-B6</td></tr>
<tr><td>ER55-B8</td></tr>
<tr><td>ER62-B9</td><td>Ar+5%O_2</td><td>≥620</td><td>≥410</td><td>≥16</td></tr>
</table>

① 本标准分类时限定的保护气体类型，在实际应用中并不限制采用其他保护气体类型，但力学性能可能会产生变化。

二、国际标准（ISO 21952-B：2012）

ISO 21952-B：2012 中热强钢气体保护焊实心焊丝化学成分列于表 8-12 中，熔敷金属力学性能列于表 8-13 中。

表 8-12 热强钢气体保护焊实心焊丝化学成分（ISO 21952-B：2012）

代号[1]	化学成分[2],[3]（质量分数）/%											
	C	Si	Mn	P	S	Ni	Cr	Mo	Cu	Ti	V	其他元素
（1M3）	0.08～0.15	0.50～0.80	0.70～1.30	0.020	0.020	—	—	0.40～0.60	—	—	—	—
1M3	0.12	0.30～0.70	1.30	0.025	0.025	0.20	—	040～0.65	0.35	—	—	—
A 系 MnMo	0.08～0.15	0.05～0.25	1.30～1.70	0.025	0.025	—	—	0.45～0.65	—	—	—	—
3M3[4]	0.12	0.60～0.90	1.10～1.60	0.025	0.025	—	—	0.40～0.65	0.50	—	—	—
3M3T[4]	0.12	0.40～1.00	1.00～1.80	0.025	0.025	—	—	0.40～0.65	0.50	0.02～0.30	—	—
A 系 MoVSi	0.06～0.15	0.40～0.70	0.70～1.10	0.020	0.020	—	0.30～0.60	0.50～1.00	—	—	0.20～0.40	—
CM	0.12	0.10～0.40	0.20～1.00	0.025	0.025	—	0.40～0.90	0.40～0.65	0.40	—	—	—
CMT[4]	0.12	0.30～0.90	1.00～1.80	0.025	0.025	—	0.30～0.70	0.40～0.65	0.40	0.02～0.30	—	—
（1CM3）	0.08～0.14	0.50～0.80	0.80～1.20	0.020	0.020	—	0.90～1.30	0.40～0.65	—	—	—	—
A 系 CrMoV1Si	0.06～0.15	0.50～0.80	0.80～1.20	0.020	0.020	—	0.90～1.30	0.90～1.30	—	—	0.10～0.35	—
1CM	0.07～0.12	0.40～0.70	0.40～0.70	0.025	0.025	0.20	1.20～1.50	0.40～0.65	0.35	—	—	—
1CM1	0.12	0.20～0.50	0.60～0.90	0.025	0.025	—	1.00～1.60	0.30～0.65	0.40	—	—	—
1CM2	0.05～0.15	0.15～0.40	1.60～2.00	0.025	0.025	—	1.00～1.60	0.40～0.65	0.40	—	—	—
1CM3	0.12	0.30～0.90	0.80～1.50	0.025	0.025	—	1.00～1.60	0.40～0.65	0.40	—	—	—
1CML	0.05	0.40～0.70	0.40～0.70	0.025	0.025	0.20	1.20～1.50	0.40～0.65	0.35	—	—	—
1CML1	0.05	0.20～0.80	0.80～1.40	0.025	0.025	—	1.00～1.60	0.40～0.60	0.40	—	—	—
1CMT	0.05～0.15	0.30～0.90	0.80～1.50	0.025	0.025	—	1.00～1.60	0.40～0.65	0.40	0.02～0.30	—	—
1CMT1	0.12	0.30～0.90	1.20～1.90	0.025	0.025	—	1.00～1.60	0.40～0.65	0.40	0.02～0.30	—	—
2CMWV	0.12	0.10～0.70	0.20～1.00	0.020	0.010	—	2.00～2.60	0.40～0.65	0.40	—	0.10～0.50	Nb:0.01～0.08 W:1.00～2.00

续表

代号[①]	化学成分[②,③]（质量分数）/%											
	C	Si	Mn	P	S	Ni	Cr	Mo	Cu	Ti	V	其他元素
2CMWV-Ni	0.12	0.10～0.70	0.80～1.60	0.020	0.010	0.30～1.00	2.00～2.60	0.05～0.30	0.40	—	0.10～0.50	Nb:0.01～0.08 W:1.00～2.00
(2C1M3)	0.04～0.12	0.50～0.80	0.80～1.20	0.020	0.020	—	2.3～3.0	0.90～1.20	—	—	—	—
(2C1ML1)	0.05	0.50～0.80	0.80～1.20	0.020	0.020	—	2.3～3.0	0.90～1.20	—	—	—	—
2C1M	0.07～0.12	0.40～0.70	0.40～0.70	0.025	0.025	0.20	2.30～2.70	0.90～1.20	0.35	—	—	—
2C1M1	0.05～0.15	0.10～0.50	0.30～0.60	0.025	0.025	—	2.10～2.70	0.85～1.20	0.40	—	—	—
2C1M2	0.05～0.15	010～0.60	0.50～1.20	0.025	0.025	—	2.10～2.70	0.85～1.20	0.40	—	—	—
2C1M3	0.12	0.30～0.90	0.75～1.50	0.025	0.025	—	2.10～2.70	0.90～1.20	0.40	—	—	—
2C1ML	0.05	0.40～0.70	0.40～0.70	0.025	0.025	0.20	2.30～2.70	0.90～1.20	0.35	—	—	—
2C1ML1	0.05	0.30～0.90	0.80～1.40	0.025	0.025	—	2.10～2.70	0.90～1.20	0.40	—	—	—
2C1MV	0.05～0.15	0.10～0.50	0.20～1.00	0.025	0.025	—	2.10～2.70	0.85～1.20	0.40	—	0.15～0.50	—
2C1MV1	0.12	0.10～0.70	0.80～1.60	0.025	0.025	—	2.10～2.70	0.90～1.20	0.40	—	0.15～0.50	—
2C1MT	0.05～0.15	0.35～0.80	0.75～1.50	0.025	0.025	—	2.10～2.70	0.90～1.20	0.40	0.02～0.30	—	—
2C1MT1	0.04～0.12	0.20～0.80	1.60～2.30	0.025	0.025	—	2.10～2.70	0.90～1.20	0.40	0.02～0.30	—	—
3C1M	0.12	0.10～0.70	0.50～1.20	0.025	0.025	—	2.75～3.75	0.90～1.20	0.40	—	—	—
3C1MV	0.05～0.15	0.5	0.20～1.00	0.025	0.025	—	2.75～3.75	0.90～1.20	0.40	—	0.15～0.50	—
3C1MV1	0.12	0.10～0.70	0.80～1.60	0.025	0.025	—	2.75～3.75	0.90～1.20	0.40	—	0.15～0.50	—
(5CM)	0.03～0.10	0.30～0.60	0.30～0.70	0.020	0.020	—	5.5～6.5	0.50～0.80	—	—	—	—
5CM	0.10	0.50	0.40～0.70	0.025	0.025	0.60	4.50～6.00	0.45～0.65	0.35	—	—	—
A系 CrMo9	0.06～0.10	0.30～0.60	0.30～0.70	0.025	0.025	1.0	8.5～10.0	0.80～1.20	—	—	0.15	—
(9C1M)	0.03～0.10	0.40～0.80	0.40～0.80	0.020	0.020	—	8.5～10.0	0.80～1.20	—	—	—	—
A系 CrMo91	0.07～0.15	0.60	0.4～1.5	0.020	0.020	0.4～1.0	8.0～10.5	0.80～1.20	0.25	—	0.15～0.30	Nb:0.03～0.10 N:0.02～0.07
9C1M	0.10	0.50	0.40～0.70	0.025	0.025	0.50	8.00～10.50	0.80～1.20	0.35	—	—	—

续表

代号①	化学成分②·③(质量分数)/%											
	C	Si	Mn	P	S	Ni	Cr	Mo	Cu	Ti	V	其他元素
9C1MV	0.07～0.13	0.15～0.50	1.20	0.010	0.010	0.80	8.00～10.50	0.85～1.20	0.20	—	0.15～0.35	Nb:0.02～0.10 Al:0.04 N:0.03～0.07 Mn+Ni≤1.50
9C1MV1	0.12	0.50	0.50～1.25	0.025	0.025	0.10～0.80	8.00～10.50	0.80～1.20	0.40	—	0.10～0.35	Nb:0.01～0.12 N:0.01～0.05
9C1MV2	0.12	0.10～0.60	1.20～1.90	0.025	0.025	0.20～1.00	8.00～10.50	0.80～1.20	0.40	—	0.15～0.50	Nb:0.01～0.12 N:0.01～0.05
10CMV	0.05～0.15	0.10～0.70	0.02～1.00	0.025	0.025	0.30～1.00	9.00～11.50	0.40～0.65	0.40	—	0.10～0.50	Nb:0.04～0.16 N:0.02～0.07
10CMWV-Co	0.12	0.10～0.70	0.20～1.00	0.020	0.020	0.30～1.00	9.00～11.50	0.20～0.55	0.40	—	0.10～0.50	Co:0.80～1.20 Nb:0.01～0.08 W:1.00～2.00 N:0.02～0.07
10CMWV-Co1	0.12	0.10～0.70	0.80～1.50	0.020	0.020	0.30～1.00	9.00～11.50	0.25～0.55	0.40	—	0.10～0.50	Co:1.00～2.00 Nb:0.01～0.08 W:1.00～2.00 N:0.02～0.07
10CMWV-Cu	0.05～0.15	0.10～0.70	0.20～1.00	0.020	0.020	0.70～1.40	9.00～11.50	0.20～0.50	1.00～2.00	—	0.10～0.50	Nb:0.01～0.08 W:1.00～2.00 N:0.02～0.07
A系 CrMoWV12Si	0.17～0.24	0.20～0.60	0.40～1.00	0.025	0.020	0.8	10.5～12.0	0.80～1.20	—	—	0.20～0.40	W:0.35～0.80
G⑤	其他协定成分											

① 括号里面的代号表示与另一个分类A体系化学成分近似，但是不完全一致。一个特定成分的正确代号是不带括号的。

② 单值均为最大值。

③ 焊缝金属需按照表中所列化学元素进行分析，如果在分析过程中存在其他未列出元素，这些元素的总和（除Fe之外）不应超过0.50%（质量分数）。

④ 化学成分中含有约0.5%的Mo，不含Cr，如果焊缝中Mn的含量超过1%过多，可能无法提供最佳的抗蠕变性能。

⑤ 表中未列出化学成分的焊材可用相类似的型号表示，词头加字母“G”。化学成分范围不进行规定，分类同为“G”的两种焊丝之间不可替换。

表8-13　热强钢气体保护焊实心焊丝熔敷金属力学性能（ISO 21952-B：2012）

代号①·②	最小屈服强度③/MPa	最小抗拉强度/MPa	最小断后伸长率④/%	+20℃冲击功/J		焊缝金属热处理		
				3个试样最低平均值	单值最小值⑤	预热和道间温度/℃	试件焊后热处理条件	
							温度/℃	时间/min
X 52X 1M3	400	520	17	—	—	135～165	605～635⑥	60⑦
(1M3)	355	510	22	47	38	<200	—	—
(3M3)	355	510	22	47	38	<200	—	—
X 49X 3M3 X 49X 3M3T	390	490	22	—	—	135～165	605～635⑥	60⑦

续表

代号①,②	最小屈服强度③/MPa	最小抗拉强度/MPa	最小断后伸长率④/%	+20℃冲击功/J		焊缝金属热处理		
				3个试样最低平均值	单值最小值⑤	预热和道间温度/℃	试件焊后热处理条件	
							温度/℃	时间/min
A系 MoVSi	355	510	18	47	38	200～300	690～730⑧	60⑦
X 55X CM X 55X CMT	470	550	17	—	—	135～165	605～635⑥	60⑦
(1CM)	355	510	20	47	38	150～250	660～700⑧	60⑦
X 55X 1CM	470	550	17			135～165	605～635⑥	60⑦
X 55X 1CM1 X 55X 1CM2 X 55X 1CM3 X 55X 1CMT X 55X 1CMT1	470	550	17	—	—	135～165	675～705⑥	60⑦
X 52X 1CML	400	520	17	—	—	135～165	605～635⑥	60⑦
X 52X 1CML1	400	520	17	—	—	135～165	675～705⑥	60⑦
X 52X 2CMWV	400	520	17	—	—	160～190	700～730	120⑦
X 57X 2CMWV-Ni	490	570	15	—	—	160～190	700～730	120⑦
A系 CrMoV1Si	435	590	15	24	21	200～300	680～730⑧	60⑦
(2C1M)	400	500	18	47	38	200～300	690～750⑧	60⑦
X 62X 2C1M X 62X 2C1M1 X 62X 2C1M2 X 62X 2C1M3 X 62X 2C1MT X 62X 2C1MT1	540	620	15	—	—	185～215	675～705⑥	60⑦
(2C1ML)	400	500	18	47	38	200～300	690～750⑧	60⑦
X 55X 2C1ML X 55X 2C1ML1	470	550	15	—	—	185～215	675～705⑥	60⑦
X 55X 2C1MV X 55X 2C1MV1	470	550	15	—	—	185～215	675～705⑥	60⑦
X 62X 3C1M	530	620	15	—	—	185～215	675～705⑥	60⑦
X 62X 3C1MV X 62X 3C1MV1	530	620	15	—	—	185～215	675～705⑥	60⑦
X 55X 5CM	470	550	15			175～235	730～760⑥	60⑦
(5CM)	400	590	17	47	38	200～300	730～760⑧	60⑦
(9C1M)	435	590	18	34	27	200～300	740～780⑧	120⑦
X 55X 9C1M	470	550	15	—	—	205～260	730～760⑥	60⑦
(9C1M)	415	585	17	47	38	250～350	750～760⑧	120⑦
X 62X 9C1MV X 62X 9C1MV1 X 62X 9C1MV2	410	620	15	—	—	205～320	745～775⑥	120⑦
X 62X 10CMWV-Co X 62X 10CMWV-Co1	530	620	15	—	—	205～260	725～755	480⑦

续表

代号①,②	最小屈服强度③/MPa	最小抗拉强度/MPa	最小断后伸长率④/%	+20℃冲击功/J		焊缝金属热处理		
				3个试样最低平均值	单值最小值⑤	预热和道间温度/℃	试件焊后热处理条件	
							温度/℃	时间/min
X 69X 10CMWV-Cu	600	690	15	—	—	100～200	725～755	60⑦
X 78X 10CMV	680	780	13	—	—	205～260	675～705	480⑦
A 系 CrMoWV12Si	550	690	15	34	27	250～350⑨ 或 400～500⑨	740～780⑧	120
X XXX G⑩	供需双方协商确定							

① 括号里面的代号表示与另一个分类体系A化学成分近似，但是不完全一致。一个特定成分的正确代号是不带括号的。

② 第一个“X”表示“G”(熔化极气体保护电弧焊)和/或“W”(钨极惰性气体保护电弧焊)，第二个“X”表示保护气体代号。

③ 使用0.2%的屈服点强度 $R_{p0.2}$。

④ 标距长度等于试样直径的5倍。

⑤ 仅允许有一个值低于最小平均值。

⑥ 试件放入炉内时，炉温不得高于315℃，以不超过220℃/h的速率加热到规定温度。达到保温时间后，以不大于195℃/h的速率随炉冷却至315℃以下。试件冷却至315℃以下时，允许从炉中取出，自然冷却至室温。

⑦ 公差应该为−10，+15（min)。

⑧ 试件应该以不超过200℃/h的速率随炉冷却至300℃以下。试件可在低于300℃的任何温度由炉中取出，在静态大气中冷却至室温。

⑨ 试件在焊接后立即冷却至100～120℃并保持该温度1h。

⑩ 表中未列出化学成分的焊丝可用相类似的代号表示，词头加字母X XXX G。化学成分范围不进行规定，分类同为“G”的两种焊丝之间不可替换。

第五节　不锈钢气体保护焊焊丝

气体保护焊用不锈钢焊丝的技术要求执行GB/T 29713—2013《不锈钢焊丝和焊带》标准，其中焊丝化学成分列于表8-14中。因GB/T 4241—2017《焊接用不锈钢盘条》与焊接用不锈钢焊丝标准均采用ISO 14343：2009，GB/T 29713—2013中焊丝与GB/T 4241—2017中盘条的分类/牌号对照可参见表11-1。

表8-14　不锈钢气体保护焊焊丝化学成分（GB/T 29713—2013）

化学成分分类	化学成分(质量分数)/%									
	C	Si	Mn	P	S	Cr	Ni	Mo	Cu	Nb①	其　他
209	0.05	0.90	4.0～7.0	0.03	0.03	20.5～24.0	9.5～12.0	1.5～3.0	0.75	—	N:0.10～0.30 V:0.10～0.30
218	0.10	3.5～4.5	7.0～9.0	0.03	0.03	16.0～18.0	8.0～9.0	0.75	0.75	—	N:0.08～0.18
219	0.05	1.00	8.0～10.0	0.03	0.03	19.0～21.5	5.5～7.0	0.75	0.75	—	N:0.10～0.30
240	0.05	1.00	10.5～13.5	0.03	0.03	17.0～19.0	4.0～6.0	0.75	0.75	—	N:0.10～0.30

续表

化学成分分类	化学成分(质量分数)/%									
	C	Si	Mn	P	S	Cr	Ni	Mo	Cu	Nb[①]	其　他
307[②]	0.04～0.14	0.65	3.3～4.8	0.03	0.03	19.5～22.0	8.0～10.7	0.5～1.5	0.75	—	—
307Si[②]	0.04～0.14	0.65～1.00	6.5～8.0	0.03	0.03	18.5～22.0	8.0～10.7	0.75	0.75	—	—
307Mn[②]	0.20	1.2	5.0～8.0	0.03	0.03	17.0～20.0	7.0～10.0	0.5	0.5	—	—
308	0.08	0.65	1.0～2.5	0.03	0.03	19.5～22.0	9.0～11.0	0.75	0.75	—	—
308Si	0.08	0.65～1.00	1.0～2.5	0.03	0.03	19.5～22.0	9.0～11.0	0.75	0.75	—	—
308H	0.04～0.08	0.65	1.0～2.5	0.03	0.03	19.5～22.0	9.0～11.0	0.50	0.75	—	—
308L	0.03	0.65	1.0～2.5	0.03	0.03	19.5～22.0	9.0～11.0	0.75	0.75	—	—
308LSi	0.03	0.65～1.00	1.0～2.5	0.03	0.03	19.5～22.0	9.0～11.0	0.75	0.75	—	—
308Mo	0.08	0.65	1.0～2.5	0.03	0.03	18.0～21.0	9.0～12.0	2.0～3.0	0.75	—	—
308LMo	0.03	0.65	1.0～2.5	0.03	0.03	18.0～21.0	9.0～12.0	2.0～3.0	0.75	—	—
309	0.12	0.65	1.0～2.5	0.03	0.03	23.0～25.0	12.0～14.0	0.75	0.75	—	—
309Si	0.12	0.65～1.00	1.0～2.5	0.03	0.03	23.0～25.0	12.0～14.0	0.75	0.75	—	—
309L	0.03	0.65	1.0～2.5	0.03	0.03	23.0～25.0	12.0～14.0	0.75	0.75	—	—
309LD[③]	0.03	0.65	1.0～2.5	0.03	0.03	21.0～24.0	10.0～12.0	0.75	0.75	—	—
309LSi	0.03	0.65～1.00	1.0～2.5	0.03	0.03	23.0～25.0	12.0～14.0	0.75	0.75	—	—
309LNb	0.03	0.65	1.0～2.5	0.03	0.03	23.0～25.0	12.0～14.0	0.75	0.75	10×C～1.0	—
309LNbD[③]	0.03	0.65	1.0～2.5	0.03	0.03	20.0～23.0	11.0～13.0	0.75	0.75	10×C～1.2	—
309Mo	0.12	0.65	1.0～2.5	0.03	0.03	23.0～25.0	12.0～14.0	2.0～3.0	0.75	—	—
309LMo	0.03	0.65	1.0～2.5	0.03	0.03	23.0～25.0	12.0～14.0	2.0～3.0	0.75	—	—
309LMoD[③]	0.03	0.65	1.0～2.5	0.03	0.03	19.0～22.0	12.0～14.0	2.3～3.3	0.75	—	—
310[②]	0.08～0.15	0.65	1.0～2.5	0.03	0.03	25.0～28.0	20.0～22.5	0.75	0.75	—	—
310S[②]	0.08	0.65	1.0～2.5	0.03	0.03	25.0～28.0	20.0～22.5	0.75	0.75	—	—
310L[②]	0.03	0.65	1.0～2.5	0.03	0.03	25.0～28.0	20.0～22.5	0.75	0.75	—	—

续表

化学成分分类	化学成分(质量分数)/%									
	C	Si	Mn	P	S	Cr	Ni	Mo	Cu	Nb①	其　他
312	0.15	0.65	1.0～2.5	0.03	0.03	28.0～32.0	8.0～10.5	0.75	0.75	—	—
316	0.08	0.65	1.0～2.5	0.03	0.03	18.0～20.0	11.0～14.0	2.0～3.0	0.75	—	—
316Si	0.08	0.65～1.00	1.0～2.5	0.03	0.03	18.0～20.0	11.0～14.0	2.0～3.0	0.75	—	—
316H	0.04～0.08	0.65	1.0～2.5	0.03	0.03	18.0～20.0	11.0～14.0	2.0～3.0	0.75	—	—
316L	0.03	0.65	1.0～2.5	0.03	0.03	18.0～20.0	11.0～14.0	2.0～3.0	0.75	—	—
316LSi	0.03	0.65～1.00	1.0～2.5	0.03	0.03	18.0～20.0	11.0～14.0	2.0～3.0	0.75	—	—
316LCu	0.03	0.65	1.0～2.5	0.03	0.03	18.0～20.0	11.0～14.0	2.0～3.0	1.0～2.5	—	—
316LMn②	0.03	1.0	5.0～9.0	0.03	0.02	19.0～22.0	15.0～18.0	2.5～4.5	0.5	—	N:0.10～0.20
317	0.08	0.65	1.0～2.5	0.03	0.03	18.5～20.5	13.0～15.0	3.0～4.0	0.75	—	—
317L	0.03	0.65	1.0～2.5	0.03	0.03	18.5～20.5	13.0～15.0	3.0～4.0	0.75	—	—
318	0.08	0.65	1.0～2.5	0.03	0.03	18.0～20.0	11.0～14.0	2.0～3.0	0.75	8×C～1.0	—
318L	0.03	0.65	1.0～2.5	0.03	0.03	18.0～20.0	11.0～14.0	2.0～3.0	0.75	8×C～1.0	—
320②	0.07	0.60	2.5	0.03	0.03	19.0～21.0	32.0～36.0	2.0～3.0	3.0～4.0	8×C～1.0	—
320LR②	0.025	0.15	1.5～2.0	0.015	0.02	19.0～21.0	32.0～36.0	2.0～3.0	3.0～4.0	8×C～0.40	—
321	0.08	0.65	1.0～2.5	0.03	0.03	18.5～20.5	9.0～10.5	0.75	0.75	—	Ti:9×C～1.0
330	0.18～0.25	0.65	1.0～2.5	0.03	0.03	15.0～17.0	34.0～37.0	0.75	0.75	—	—
347	0.08	0.65	1.0～2.5	0.03	0.03	19.0～21.5	9.0～11.0	0.75	0.75	10×C～1.0	—
347Si	0.08	0.65～1.00	1.0～2.5	0.03	0.03	19.0～21.5	9.0～11.0	0.75	0.75	10×C～1.0	—
347L	0.03	0.65	1.0～2.5	0.03	0.03	19.0～21.5	9.0～11.0	0.75	0.75	10×C～1.0	—
383②	0.025	0.50	1.0～2.5	0.02	0.03	26.5～28.5	30.0～33.0	3.2～4.2	0.7～1.5	—	—
385②	0.025	0.50	1.0～2.5	0.02	0.03	19.5～21.5	24.0～26.0	4.2～5.2	1.2～2.0	—	—
409	0.08	0.8	0.8	0.03	0.03	10.5～13.5	0.6	0.50	0.75	—	Ti:10×C～1.5
409Nb	0.12	0.5	0.6	0.03	0.03	10.5～13.5	0.6	0.75	0.75	8×C～1.0	—

续表

化学成分分类	化学成分(质量分数)/%									
	C	Si	Mn	P	S	Cr	Ni	Mo	Cu	Nb[①]	其　他
410	0.12	0.5	0.6	0.03	0.03	11.5～13.5	0.6	0.75	0.75	—	—
410NiMo	0.06	0.5	0.6	0.03	0.03	11.0～12.5	4.0～5.0	0.4～0.7	0.75	—	—
420	0.25～0.40	0.5	0.6	0.03	0.03	12.0～14.0	0.75	0.75	0.75	—	—
430	0.10	0.5	0.6	0.03	0.03	15.5～17.0	0.6	0.75	0.75	—	—
430Nb	0.10	0.5	0.6	0.03	0.03	15.5～17.0	0.6	0.75	0.75	8×C～1.2	—
430LNb	0.03	0.5	0.6	0.03	0.03	15.5～17.0	0.6	0.75	0.75	8×C～1.2	—
439	0.04	0.8	0.8	0.03	0.03	17.0～19.0	0.6	0.5	0.75	—	Ti:10×C～1.1
446LMo	0.015	0.4	0.4	0.02	0.02	25.0～27.0	Ni+Cu:0.5	0.75～1.50	Ni+Cu:0.5	—	N:0.015
630	0.05	0.75	0.25～0.75	0.03	0.03	16.00～16.75	4.5～5.0	0.75	3.25～4.00	0.15～0.30	—
16-8-2	0.10	0.65	1.0～2.5	0.03	0.03	14.5～16.5	7.5～9.5	1.0～2.0	0.75	—	—
19-10H	0.04～0.08	0.65	1.0～2.0	0.03	0.03	18.5～20.0	9.0～11.0	0.25	0.75	0.05	Ti:0.05
2209	0.03	0.90	0.5～2.0	0.03	0.03	21.5～23.5	7.5～9.5	2.5～3.5	0.75	—	N:0.08～0.20
2553	0.04	1.0	1.5	0.04	0.03	24.0～27.0	4.5～6.5	2.9～3.9	1.5～2.5	—	N:0.10～0.25
2594	0.03	1.0	2.5	0.03	0.02	24.0～27.0	8.0～10.5	2.5～4.5	1.5	—	N:0.20～0.30 W:1.0
33-31	0.015	0.50	2.00	0.02	0.01	31.0～35.0	30.0～33.0	0.5～2.0	0.3～1.2	—	N:0.35～0.60
3556	0.05～0.15	0.20～0.80	0.50～2.00	0.04	0.015	21.0～23.0	19.0～22.5	2.5～4.0	—	0.30	④
Z[⑤]	其他成分										

① 不超过 Nb 含量总量的 20%，可用 Ta 代替。

② 熔敷金属在多数情况下是纯奥氏体，因此对微裂纹和热裂纹敏感。增加焊缝金属中的 Mn 含量可减少裂纹的发生，因此 Mn 的范围可以扩大到一定等级。

③ 这些分类主要用于低稀释率的堆焊，如电渣焊带。

④ N 为 0.10%～0.30%，Co 为 16.0%～21.0%，W 为 2.0%～3.5%，Ta 为 0.30%～1.25%，Al 为 0.10%～0.50%，Zr 为 0.001%～0.100%，La 为 0.005%～0.100%，B 为 0.02%。

⑤ 表中未列的焊丝可用相类似的符号表示，词头加字母“Z”。化学成分范围不进行规定，两种分类之间不可替换。

注：表中单值均为最大值。

第六节　镍及镍合金气体保护焊焊丝

镍及镍合金气体保护焊焊丝化学成分列于表 8-15 中。

表 8-15　镍及镍合金气体保护焊焊丝化学成分（GB/T 15620—2008 节选）

焊丝分类		化学成分(质量分数)/%													
型号	化学成分代号	C	Mn	Fe	Si	Cu	Ni①	Co①	Al	Ti	Cr	Nb②	Mo	W	其他③
SNi2061	NiTi3	≤0.15	≤1.0	≤1.0	≤0.7	≤0.2	≥92.0	—	≤1.5	2.0～3.5	—	—	—	—	—
SNi 4060	NiCu30Mn3Ti	≤0.15	2.0～4.0	≤2.5	≤1.2	28.0～32.0	≥62.0	—	≤1.2	1.5～3.0	—	—	—	—	—
SNi 5504	NiCu25Al3Ti	≤0.25	≤1.5	≤2.0	≤1.0	≥20.0	63.0～70.0	—	2.0～4.0	0.3～1.0	—	—	—	—	—
SNi 6082	NiCr20Mn3Nb	≤0.10	2.5～3.5	≤3.0	≤0.5	≤0.5	≥67.0	—	—	≤0.7	18.0～22.0	2.0～3.0	—	—	—
SNi 6052	NiCr30Fe9	≤0.04	≤1.0	7.0～11.0	≤0.5	≤0.3	≥54.0	—	≤1.1	1.0	28.0～31.5	0.10	0.5	—	Al+Ti≤1.5
SNi7718	Ni Fe19Cr19Nb5Mo3	≤0.08	≤0.3	≤24.0	≤0.3	≤0.3	50.0～55.0	—	0.2～0.8	0.7～1.1	17.0～21.0	4.8～5.5	2.8～3.3	—	B:0.006 P:0.015
SNi8065	NiFe30Cr21Mo3	≤0.05	1.0	≥22.0	≤0.5	1.5～3.0	38.0～46.0	—	≤0.2	0.6～1.2	19.5～23.5	—	2.5～3.5	—	—
SNi6022	NiCr21Mo13Fe4W3	≤0.01	≤0.5	2.0～6.0	≤0.1	≤0.5	≥49.0	≤2.5	—	—	20.0～22.5	—	12.5～14.5	2.5～3.5	V≤0.3
SNi6059	NiCr23Mo16	≤0.01	≤0.5	≤1.5	≤0.1	—	≥56.0	≤0.3	0.1～0.4	—	22.0～24.0	—	15.0～16.5	—	—
SNi6200	NiCr23Mo16Cu2	≤0.01	≤0.5	≤3.0	≤0.08	1.3～1.9	≥52.0	≤2.0	—	—	22.0～24.0	—	15.0～17.0	—	—
SNi6276	NiCr15Mo16Fe6W4	≤0.02	≤1.0	4.0～7.0	≤0.08	≤0.5	≥50.0	≤2.5	—	—	14.5～16.5	—	15.0～17.0	3.0～4.5	V≤0.3
SNi6625	NiCr22Mo9Nb	≤0.1	≤0.5	≤5.0	≤0.5	≤0.5	≥58.0	—	≤0.4	≤0.4	20.0～23.0	3.0～4.2	8.0～10.0	—	—

① 除非另有规定，Co 含量应低于 Ni 含量的 1%，也可供需双方协商，要求较低的 Co 含量。

② Ta 含量应低于该含量的 20%。

③ 除非具体说明，P 最高含量为 0.020%，S 最高含量为 0.015%。

第九章
药芯焊丝

第一节　非合金钢及细晶粒钢气体保护焊和自保护焊药芯焊丝

在 GB/T 10045—2018 中，药芯焊丝的熔敷金属在焊态或焊后热处理状态下，其最小抗拉强度等级不大于570MPa。熔敷金属化学成分列于表9-1中，力学性能列于表9-2和表9-3中。

表9-1　非合金钢及细晶粒钢药芯焊丝熔敷金属化学成分（GB/T 10045—2018）

化学成分分类	化学成分[1]（质量分数）/%										
	C	Mn	Si	P	S	Ni	Cr	Mo	V	Cu	Al[2]
无标记	0.18[3]	2.00	0.90	0.030	0.030	0.50[4]	0.20[4]	0.30[4]	0.08[4]	—	2.0
K	0.20	1.60	1.00	0.030	0.030	0.50[4]	0.20[4]	0.30[4]	0.08[4]	—	—
2M3	0.12	1.50	0.80	0.030	0.030	—	—	0.40～0.65	—	—	1.8
3M2	0.15	1.25～2.00	0.80	0.030	0.030	—	—	0.25～0.55	—	—	1.8
N1	0.12	1.75	0.80	0.030	0.030	0.30～1.00	—	0.35	—	—	1.8
N2	0.12	1.75	0.80	0.030	0.030	0.80～1.20	—	0.35	—	—	1.8
N3	0.12	1.75	0.80	0.030	0.030	1.00～2.00	—	0.35	—	—	1.8
N5	0.12	1.75	0.80	0.030	0.030	1.75～2.75	—	—	—	—	1.8
N7	0.12	1.75	0.80	0.030	0.030	2.75～3.75	—	—	—	—	1.8
CC	0.12	0.60～1.40	0.20～0.80	0.030	0.030	—	0.30～0.60	—	—	0.20～0.50	1.8
NCC	0.12	0.60～1.40	0.20～0.80	0.030	0.030	0.10～0.45	0.45～0.75	—	—	0.30～0.75	1.8
NCC1	0.12	0.50～1.30	0.20～0.80	0.030	0.030	0.30～0.80	0.45～0.75	—	—	0.30～0.75	1.8

续表

化学成分分类	化学成分①(质量分数)/%									
	C	Mn	Si	P	S	Ni	Cr	Mo	V	Cu	Al②
NCC2	0.12	0.80～1.60	0.20～0.80	0.030	0.030	0.30～0.80	0.10～0.40	—	—	0.20～0.50	1.8
NCC3	0.12	0.80～1.60	0.20～0.80	0.030	0.030	0.30～0.80	0.45～0.75	—	—	0.20～0.50	1.8
N1M2	0.15	2.00	0.80	0.030	0.030	0.40～1.00	0.20	0.20～0.65	0.05	—	1.8
N2M2	0.15	2.00	0.80	0.030	0.030	0.80～1.20	0.20	0.20～0.65	0.05	—	1.8
N3M2	0.15	2.00	0.80	0.030	0.030	1.00～2.00	0.20	0.20～0.65	0.05	—	1.8
G⑤	其他协定成分										

① 如有意添加B元素，应进行分析。

② 只适用于自保护焊丝。

③ 对于自保护焊丝，C≤0.30%。

④ 这些元素如果是有意添加的，应进行分析。

⑤ 表中未列出的分类可用相类似的分类表示，词头加字母“G”。化学成分范围不进行规定，两种分类之间不可替换。

注：表中单值均为最大值。

表 9-2　非合金钢及细晶粒钢药芯焊丝多道焊熔敷金属抗拉强度（GB/T 10045—2018）

抗拉强度代号	抗拉强度 R_m/MPa	屈服强度① R_{eL}/MPa	断后伸长率 A/%
43	430～600	≥330	≥20
49	490～670	≥390	≥18
55	550～740	≥460	≥17
57	570～770	≥490	≥17

① 当屈服发生不明显时，应测定规定塑性延伸强度 $R_{p0.2}$。

表 9-3　非合金钢及细晶粒钢药芯焊丝多道焊熔敷金属冲击性能（GB/T 10045—2018）

冲击试验温度代号	冲击吸收能量(KV_2)不小于27J时的试验温度/℃
Z	不要求
Y	+20
0	0
2	−20
3	−30
4	−40
5	−50
6	−60
7	−70
8	−80
9	−90
10	−100

注：在型号中附加字母“U”时，表示在规定试验温度下最小平均冲击能量不小于47J。

第二节 高强钢气体保护焊和自保护焊药芯焊丝

在GB/T 36233—2018中，药芯焊丝的熔敷金属在焊态或焊后热处理状态下，其最小抗拉强度等级不小于590MPa。熔敷金属化学成分列于表9-4中，熔敷金属拉伸性能见表9-5，熔敷金属冲击性能代号参见表9-3。

表9-4 高强钢药芯焊丝熔敷金属化学成分（GB/T 36233—2018）

化学成分分类	化学成分①,②（质量分数）/%								
	C	Mn	Si	P	S	Ni	Cr	Mo	V
N2	0.15	1.00～2.00	0.40	0.030	0.030	0.50～1.50	0.20	0.20	0.05
N5	0.12	1.75	0.80	0.030	0.030	1.75～2.75	—	—	—
N51	0.15	1.00～1.75	0.80	0.030	0.030	2.00～2.75	—	—	—
N7	0.12	1.75	0.80	0.030	0.030	2.75～3.75	—	—	—
3M2	0.12	1.25～2.00	0.80	0.030	0.030	—	—	0.25～0.55	—
3M3	0.12	1.00～1.75	0.80	0.030	0.030	—	—	0.40～0.65	—
4M2	0.15	1.65～2.25	0.80	0.030	0.030	—	—	0.25～0.55	—
N1M2	0.15	1.00～2.00	0.80	0.030	0.030	0.40～1.00	0.20	0.50	0.05
N2M1	0.15	2.25	0.80	0.030	0.030	0.40～1.50	0.20	0.35	0.05
N2M2	0.15	2.25	0.80	0.030	0.030	0.40～1.50	0.20	0.20～0.65	0.05
N3M1	0.15	0.50～1.75	0.80	0.030	0.030	1.00～2.00	0.15	0.35	0.05
N3M11	0.15	1.00	0.80	0.030	0.030	1.00～2.00	0.15	0.35	0.05
N3M2	0.15	0.75～2.25	0.80	0.030	0.030	1.25～2.60	0.15	0.25～0.65	0.05
N3M21	0.15	1.50～2.75	0.80	0.030	0.030	0.75～2.00	0.20	0.50	0.05
N4M1	0.12	2.25	0.80	0.030	0.030	1.75～2.75	0.20	0.35	0.05
N4M2	0.15	2.25	0.80	0.030	0.030	1.75～2.75	0.20	0.20～0.65	0.05
N4M21	0.12	1.25～2.25	0.80	0.030	0.030	1.75～2.75	0.20	0.50	—
N5M2	0.07	0.50～1.50	0.60	0.015	0.015	1.30～3.75	0.20	0.50	0.05
N3C1M2	0.10～0.25	0.60～1.60	0.80	0.030	0.030	0.75～2.00	0.20～0.70	0.15～0.55	0.05
N4C1M2	0.15	1.20～2.25	0.80	0.030	0.030	1.75～2.60	0.20～0.60	0.20～0.65	0.03
N4C2M2	0.15	2.25	0.80	0.030	0.030	1.75～2.75	0.60～1.00	0.20～0.65	0.05
N6C1M4	0.12	2.25	0.80	0.030	0.030	2.50～3.50	1.00	0.40～1.00	0.05
G④	—	≥1.75③	≥0.80③	0.030	0.030	≥0.50③	≥0.30③	≥0.20③	≥0.10③

① 化学成分应按表中规定的元素进行分析。如在分析过程中发现其他元素，这些元素的总量（除铁外）不应超过0.50%。

② 对于自保护焊丝，Al≤1.8%。

③ 至少有一个元素满足要求，其他化学成分要求应由供需双方协定。

④ 表中未列出的分类可用相类似的分类表示，词头加字母“G”。

注：表中单值均为最大值。

表 9-5　高强钢药芯焊丝熔敷金属拉伸性能（GB/T 36233—2018）

代号	R_{eL}或$R_{p0.2}$(最小值)/MPa	R_m/MPa	A(最小值)/%
59	490	590～790	16
62	530	620～820	15
69	600	690～890	14
76	680	760～960	13
78	680	780～980	13
83	745	830～1030	12

第三节　热强钢气体保护焊药芯焊丝

在 GB/T 17493—2018 中，热强钢药芯焊丝规定的力学性能是焊后热处理状态下的性能。熔敷金属化学成分和力学性能分别列于表 9-6 和表 9-7 中。

表 9-6　热强钢药芯焊丝熔敷金属化学成分（GB/T 17493—2018）

化学成分分类	化学成分[①](质量分数)/%								
	C	Mn	Si	P	S	Ni	Cr	Mo	V
2M3	0.12	1.25	0.80	0.030	0.030	—	—	0.40～0.65	—
CM	0.05～0.12	1.25	0.80	0.030	0.030	—	0.40～0.65	0.40～0.65	—
CML	0.05	1.25	0.80	0.030	0.030	—	0.40～0.65	0.40～0.65	—
1CM	0.05～0.12	1.25	0.80	0.030	0.030	—	1.00～1.50	0.40～0.65	—
1CML	0.05	1.25	0.80	0.030	0.030	—	1.00～1.50	0.40～0.65	—
1CMH	0.10～0.15	1.25	0.80	0.030	0.030	—	1.00～1.50	0.40～0.65	—
2C1M	0.05～0.12	1.25	0.80	0.030	0.030	—	2.00～2.50	0.90～1.20	—
2C1ML	0.05	1.25	0.80	0.030	0.030	—	2.00～2.50	0.90～1.20	—
2C1MH	0.10～0.15	1.25	0.80	0.030	0.030	—	2.00～2.50	0.90～1.20	—
5CM	0.05～0.12	1.25	1.00	0.025	0.030	0.40	4.0～6.0	0.45～0.65	—
5CML	0.05	1.25	1.00	0.025	0.030	0.40	4.0～6.0	0.45～0.65	—
9C1M[②]	0.05～0.12	1.25	1.00	0.040	0.030	0.40	8.0～10.5	0.85～1.20	—
9C1ML[②]	0.05	1.25	1.00	0.040	0.030	0.40	8.0～10.5	0.85～1.20	—
9C1MV[③]	0.08～0.13	1.20	0.50	0.020	0.015	0.80	8.0～10.5	0.85～1.20	0.15～0.30
9C1MV1[④]	0.05～0.12	1.25～2.00	0.50	0.020	0.015	1.00	8.0～10.5	0.85～1.20	0.15～0.30
G[⑤]	其他协定成分								

① 化学成分应按表中规定的元素进行分析。如在分析过程中发现其他元素，这些元素的总量（除铁外）不应超过 0.50%。

② Cu≤0.50%。

③ Nb 为 0.02%～0.10%，N 为 0.02%～0.07%，Cu≤0.25%，Al≤0.04%，Mn+Ni≤1.40%。

④ Nb 为 0.01%～0.08%，N 为 0.02%～0.07%，Cu≤0.25%，Al≤0.04%。

⑤ 表中未列出的分类可用相类似的分类表示，词头加字母“G”。化学成分范围不进行规定，两种分类之间不可替换。

注：表中单值均为最大值。

表 9-7 热强钢药芯焊丝熔敷金属力学性能（GB/T 17493—2018）

焊丝型号	抗拉强度 R_m/MPa	规定塑性延伸强度 $R_{p0.2}$/MPa	断后伸长率 A/%	预热温度和道间温度/℃	焊后热处理	
					热处理温度/℃	保温时间/min
T49TX-XX-2M3	490～660	≥400	≥18	135～165	605～635	60+15
T55TX-XX-2M3	550～690	≥470	≥17	135～165	605～635	60+15
T55TX-XX-CM	550～690	≥470	≥17	160～190	675～705	60+15
T55TX-XX-CML	550～690	≥470	≥17	160～190	675～705	60+15
T55TX-XX-1CM	550～690	≥470	≥17	160～190	675～705	60+15
T49TX-XX-1CML	490～660	≥400	≥18	160～190	675～705	60+15
T55TX-XX-1CML	550～690	≥470	≥17	160～190	675～705	60+15
T55TX-XX-1CMH	550～690	≥470	≥17	160～190	675～705	60+15
T62TX-XX-2C1M	620～760	≥540	≥15	160～190	675～705	60+15
T69TX-XX-2C1M	690～830	≥610	≥14	160～190	675～705	60+15
T55TX-XX-2C1ML	550～690	≥470	≥17	160～190	675～705	60+15
T62TX-XX-2C1ML	620～760	≥540	≥15	160～190	675～705	60+15
T62TX-XX-2C1MH	620～760	≥540	≥15	160～190	675～705	60+15
T55TX-XX-5CM	550～690	≥470	≥17	150～250	730～760	60+15
T55TX-XX-5CML	550～690	≥470	≥17	150～250	730～760	60+15
T55TX-XX-9C1M	550～690	≥470	≥17	150～250	730～760	60+15
T55TX-XX-9C1ML	550～690	≥470	≥17	150～250	730～760	60+15
T69TX-XX-9C1MV	690～830	≥610	≥14	150～250	730～760	60+15
T69TX-XX-9C1MV1	690～830	≥610	≥14	150～250	730～760	60+15
TXXTX-XX-GX	供需双方协定					

第四节 不锈钢气体保护焊和自保护焊药芯焊丝

气体保护焊用非金属粉型药芯焊丝和钨极惰性气体保护焊用药芯填充丝熔敷金属化学成分列于表 9-8 中，熔敷金属力学性能列于表 9-9 中。

表 9-8（A） 气体保护焊用非金属粉型药芯焊丝熔敷金属化学成分（GB/T 17853—2018）

化学成分分类	化学成分(质量分数)/%										
	C	Mn	Si	P	S	Ni	Cr	Mo	Cu	Nb+Ta	N	其他
307	0.13	3.30～4.75	1.0	0.04	0.03	9.0～10.5	18.0～20.5	0.5～1.5	0.75	—	—	—
308	0.08	0.5～2.5	1.0	0.04	0.03	9.0～11.0	18.0～21.0	0.75	0.75	—	—	—
308L	0.04	0.5～2.5	1.0	0.04	0.03	9.0～12.0	18.0～21.0	0.75	0.75	—	—	—

续表

化学成分分类	化学成分(质量分数)/%										
	C	Mn	Si	P	S	Ni	Cr	Mo	Cu	Nb+Ta	N	其他
308H	0.04～0.08	0.5～2.5	1.0	0.04	0.03	9.0～11.0	18.0～21.0	0.75	0.75	—	—	—
308Mo	0.08	0.5～2.5	1.0	0.04	0.03	9.0～11.0	18.0～21.0	2.0～3.0	0.75	—	—	—
308LMo	0.04	0.5～2.5	1.0	0.04	0.03	9.0～12.0	18.0～21.0	2.0～3.0	0.75	—	—	—
309	0.10	0.5～2.5	1.0	0.04	0.03	12.0～14.0	22.0～25.0	0.75	0.75	—	—	—
309L	0.04	0.5～2.5	1.0	0.04	0.03	12.0～14.0	22.0～25.0	0.75	0.75	—	—	—
309H	0.04～0.10	0.5～2.5	1.0	0.04	0.03	12.0～14.0	22.0～25.0	0.75	0.75	—	—	—
309Mo	0.12	0.5～2.5	1.0	0.04	0.03	12.0～16.0	21.0～25.0	2.0～3.0	0.75	—	—	—
309LMo	0.04	0.5～2.5	1.0	0.04	0.03	12.0～16.0	21.0～25.0	2.0～3.0	0.75	—	—	—
309LNb	0.04	0.5～2.5	1.0	0.04	0.03	12.0～14.0	22.0～25.0	0.75	0.75	0.7～1.0	—	—
309LNiMo	0.04	0.5～2.5	1.0	0.04	0.03	15.0～17.0	20.5～23.5	2.5～3.5	0.75	—	—	—
310	0.20	1.0～2.5	1.0	0.03	0.03	20.0～22.5	25.0～28.0	0.75	0.75	—	—	—
312	0.15	0.5～2.5	1.0	0.04	0.03	8.0～10.5	28.0～32.0	0.75	0.75	—	—	—
316	0.08	0.5～2.5	1.0	0.04	0.03	11.0～14.0	17.0～20.0	2.0～3.0	0.75	—	—	—
316L	0.04	0.5～2.5	1.0	0.04	0.03	11.0～14.0	17.0～20.0	2.0～3.0	0.75	—	—	—
316H	0.04～0.08	0.5～2.5	1.0	0.04	0.03	11.0～14.0	17.0～20.0	2.0～3.0	0.75	—	—	—
316LCu	0.04	0.5～2.5	1.0	0.04	0.03	11.0～16.0	17.0～20.0	1.25～2.75	1.0～2.5	—	—	—
317	0.08	0.5～2.5	1.0	0.04	0.03	12.0～14.0	18.0～21.0	3.0～4.0	0.75	—	—	—
317L	0.04	0.5～2.5	1.0	0.04	0.03	12.0～14.0	18.0～21.0	3.0～4.0	0.75	—	—	—
318	0.08	0.5～2.5	1.0	0.04	0.03	11.0～14.0	17.0～20.0	2.0～3.0	0.75	8×C～1.0	—	—
347	0.08	0.5～2.5	1.0	0.04	0.03	9.0～11.0	18.0～21.0	0.75	0.75	8×C～1.0	—	—
347L	0.04	0.5～2.5	1.0	0.04	0.03	9.0～11.0	18.0～21.0	0.75	0.75	8×C～1.0	—	—

续表

化学成分分类	化学成分(质量分数)/%										
	C	Mn	Si	P	S	Ni	Cr	Mo	Cu	Nb+Ta	N	其他
347H	0.04～0.08	0.5～2.5	1.0	0.04	0.03	9.0～11.0	18.0～21.0	0.5	0.75	8×C～1.0	—	—
409	0.10	0.80	1.0	0.04	0.03	0.6	10.5～13.5	0.75	0.75	—	—	Ti:10×C～1.5
409Nb	0.10	1.2	1.0	0.04	0.03	0.6	10.5～13.5	0.75	0.75	8×C～1.5	—	—
410	0.12	1.2	1.0	0.04	0.03	0.6	11.0～13.5	0.75	0.75	—	—	—
410NiMo	0.06	1.0	1.0	0.04	0.03	4.0～5.0	11.0～12.5	0.4～0.7	0.75	—	—	—
410NiTi	0.04	0.70	0.50	0.03	0.03	3.6～4.5	11.0～12.0	0.5	0.50	—	—	Ti:10×C～1.5
430	0.10	1.2	1.0	0.04	0.03	0.6	15.0～18.0	0.75	0.75	—	—	—
430Nb	0.10	1.2	1.0	0.04	0.03	0.6	15.0～18.0	0.75	0.75	0.5～1.5	—	—
16-8-2	0.10	0.5～2.5	0.75	0.04	0.03	7.5～9.5	14.5～17.5	1.0～2.0	0.75	—	—	Cr+Mo:18.5
2209	0.04	0.5～2.0	1.0	0.04	0.03	7.5～10.0	21.0～24.0	2.5～4.0	0.75	—	0.08～0.20	—
2307	0.04	2.0	1.0	0.03	0.02	6.5～10.0	22.5～25.5	0.8	0.50	—	0.10～0.20	—
2553	0.04	0.5～1.5	0.75	0.04	0.03	8.5～10.5	24.0～27.0	2.9～3.9	1.5～2.5	—	0.10～0.25	—
2594	0.04	0.5～2.5	1.0	0.04	0.03	8.0～10.5	24.0～27.0	2.5～4.5	1.5	—	0.20～0.30	W:1.0
G①	其他协定成分											

① 表中未列出的分类可用相类似的分类表示，词头加字母“G”。化学成分范围不进行规定，两种分类之间不可替换。

注：表中单值均为最大值。

表 9-8（B） 钨极惰性气体保护焊用药芯填充丝熔敷金属化学成分（GB/T 17853—2018）

化学成分分类	化学成分(质量分数)/%								
	C	Mn	Si	P	S	Ni	Cr	Mo	Cu	Nb+Ta
308L	0.03	0.5～2.5	1.2	0.04	0.03	9.0～11.0	18.0～21.0	0.5	0.5	—
309L	0.03	0.5～2.5	1.2	0.04	0.03	12.0～14.0	22.0～25.0	0.5	0.5	—
316L	0.03	0.5～2.5	1.2	0.04	0.03	11.0～14.0	17.0～20.0	2.0～3.0	0.5	—
347	0.08	0.5～2.5	1.2	0.04	0.03	9.0～11.0	18.0～21.0	0.5	0.5	8×C～1.0
G①	其他协定成分									

① 表中未列出的分类可用相类似的分类表示，词头加字母“G”。化学成分范围不进行规定，两种分类之间不可替换。

注：表中单值均为最大值。

表 9-9　不锈钢药芯焊丝熔敷金属力学性能（GB/T 17853—2018）

化学成分分类	抗拉强度 R_m/MPa	断后伸长率 A/%	焊后热处理
307	≥590	≥25	—
308	≥550	≥25	
308L	≥520	≥25	
308H	≥550	≥25	
308Mo	≥550	≥25	
308LMo	≥520	≥25	
308HMo	≥550	≥25	
309	≥550	≥25	
309L	≥520	≥25	
309H	≥550	≥25	
309Mo	≥550	≥15	
309LMo	≥520	≥15	
309LNiMo	≥520	≥15	
309LNb	≥520	≥25	
310	≥550	≥25	
312	≥660	≥15	
316	≥520	≥25	
316L	≥485	≥25	
316LK	≥485	≥25	
316H	≥520	≥25	
316LCu	≥485	≥25	
317	≥550	≥20	
317L	≥520	≥20	
318	≥520	≥20	
347	≥520	≥25	
347L	≥520	≥25	
347H	≥550	≥25	
409	≥450	≥15	
409Nb	≥450	≥15	①
410	≥520	≥15	①
410NiMo	≥760	≥10	②
410NiTi	≥760	≥10	②
430	≥450	≥15	③

续表

化学成分分类	抗拉强度 R_m/MPa	断后伸长率 A/%	焊后热处理
430Nb	≥450	≥13	③
430LNb	≥410	≥13	—
16-8-2	≥520	≥25	
2209	≥690	≥15	
2307	≥690	≥15	
2553	≥760	≥13	
2594	≥760	≥13	
GX	供需双方协定		

① 加热到 730～760℃之间，保温 1h，随炉冷至 315℃，然后空冷至室温。

② 加热到 590～620℃之间，保温 1h，空冷至室温。

③ 加热到 760～790℃之间，保温 2h，随炉冷至 600℃，然后空冷至室温。

第十章 埋弧焊焊材

第一节　非合金钢及细晶粒钢埋弧焊实心焊丝、药芯焊丝及配套焊剂

在 GB/T 5293—2018 中，焊丝和焊剂组合的多道埋弧焊熔敷金属，在焊态或焊后热处理状态下，最小抗拉强度等级为 430MPa、490MPa、550MPa 和 570MPa。实心焊丝化学成分列于表 10-1 中，药芯焊丝-焊剂组合的熔敷金属化学成分列于表 10-2 中。

表 10-1　非合金钢及细晶粒钢埋弧焊实心焊丝化学成分（GB/T 5293—2018）

焊丝型号	冶金牌号分类	化学成分[①]（质量分数）/%									
		C	Mn	Si	P	S	Ni	Cr	Mo	Cu[②]	其他
SU08	H08	0.10	0.25～0.60	0.10～0.25	0.030	0.030	—	—	—	0.35	—
SU08A[③]	H08A[③]	0.10	0.40～0.65	0.03	0.030	0.030	0.30	0.20	—	0.35	—
SU08E[③]	H08E[③]	0.10	0.40～0.65	0.03	0.020	0.020	0.30	0.20	—	0.35	—
SU08C[③]	H08C[③]	0.10	0.40～0.65	0.03	0.015	0.015	0.10	0.10	—	0.35	—
SU10	H11Mn2	0.07～0.15	1.30～1.70	0.05～0.25	0.025	0.025	—	—	—	0.35	—
SU11	H11Mn	0.15	0.20～0.90	0.15	0.025	0.025	0.15	0.15	0.15	0.40	—

续表

焊丝型号	冶金牌号分类	化学成分[①](质量分数)/%									
		C	Mn	Si	P	S	Ni	Cr	Mo	Cu[②]	其他
SU111	H11MnSi	0.07～0.15	1.00～1.50	0.65～0.85	0.025	0.030	—	—	—	0.35	—
SU12	H12MnSi	0.15	0.20～0.90	0.10～0.60	0.025	0.025	0.15	0.15	0.15	0.40	—
SU13	H15	0.11～0.18	0.35～0.65	0.03	0.030	0.030	0.30	0.20	—	0.35	—
SU21	H10Mn	0.05～0.15	0.80～1.25	0.10～0.35	0.025	0.025	0.15	0.15	0.15	0.40	—
SU22	H12Mn	0.15	0.80～1.40	0.15	0.025	0.025	0.15	0.15	0.15	0.40	—
SU23	H13MnSi	0.18	0.80～1.40	0.15～0.60	0.025	0.025	0.15	0.15	0.15	0.40	—
SU24	H13MnSiTi	0.06～0.19	0.90～1.40	0.35～0.75	0.025	0.025	0.15	0.15	0.15	0.40	Ti:0.03～0.17
SU25	H14MnSi	0.06～0.16	0.90～1.40	0.35～0.75	0.030	0.030	0.15	0.15	0.15	0.40	—
SU26	H08Mn	0.10	0.80～1.10	0.07	0.030	0.030	0.30	0.20	—	0.35	—
SU27	H15Mn	0.11～0.18	0.80～1.10	0.03	0.030	0.030	0.30	0.20	—	0.35	—
SU28	H10MnSi	0.14	0.80～1.10	0.60～0.90	0.030	0.030	0.30	0.20	—	0.35	—
SU31	H11Mn2Si	0.06～0.15	1.40～1.85	0.80～1.15	0.030	0.030	0.15	0.15	0.15	0.40	—
SU32	H12Mn2Si	0.15	1.30～1.90	0.05～0.60	0.025	0.025	0.15	0.15	0.15	0.40	—
SU33	H12Mn2	0.15	1.30～1.90	0.15	0.025	0.025	0.15	0.15	0.15	0.40	—
SU34	H10Mn2	0.12	1.50～1.90	0.07	0.030	0.030	0.30	0.20	—	0.35	—
SU35	H10Mn2Ni	0.12	1.40～2.00	0.30	0.025	0.025	0.10～0.50	0.20	—	0.35	—
SU41	H15Mn2	0.20	1.60～2.30	0.15	0.025	0.025	0.15	0.15	0.15	0.40	—
SU42	H13Mn2Si	0.15	1.50～2.30	0.15～0.65	0.025	0.025	0.15	0.15	0.15	0.40	—
SU43	H13Mn2	0.17	1.80～2.20	0.05	0.030	0.030	0.30	0.20	—	—	—

续表

焊丝型号	冶金牌号分类	化学成分①(质量分数)/%									
		C	Mn	Si	P	S	Ni	Cr	Mo	Cu②	其他
SU44	H08Mn2Si	0. 11	1. 70～2. 10	0. 65～0. 95	0. 035	0. 035	0. 30	0. 20	—	0. 35	—
SU45	H08Mn2SiA	0. 11	1. 80～2. 10	0. 65～0. 95	0. 030	0. 030	0. 30	0. 20	—	0. 35	—
SU51	H11Mn3	0. 15	2. 20～2. 80	0. 15	0. 025	0. 025	0. 15	0. 15	0. 15	0. 40	—
SUM3④	H08MnMo④	0. 10	1. 20～16. 0	0. 25	0. 030	0. 030	0. 30	0. 20	0. 30～0. 50	0. 35	Ti:0. 05～0. 15
SUM31④	H08Mn2Mo④	0. 06～0. 11	1. 60～1. 90	0. 25	0. 030	0. 030	0. 30	0. 20	0. 50～0. 70	0. 35	Ti:0. 05～0. 15
SU1M3	H09MnMo	0. 15	0. 20～1. 00	0. 25	0. 025	0. 025	0. 15	0. 15	0. 40～0. 65	0. 40	—
SU1M3TiB	H10MnMoTiB	0. 05～0. 15	0. 65～1. 00	0. 20	0. 025	0. 025	0. 15	0. 15	0. 45～0. 65	0. 35	Ti:0. 05～0. 30 B:0. 005～0. 030
SU2M1	H12MnMo	0. 15	0. 80～1. 40	0. 25	0. 025	0. 025	0. 15	0. 15	0. 15～0. 40	0. 40	—
SU3M1	H12Mn2Mo	0. 15	1. 30～1. 90	0. 25	0. 025	0. 025	0. 15	0. 15	0. 15～0. 40	0. 40	—
SU2M3	H11MnMo	0. 17	0. 80～1. 40	0. 25	0. 025	0. 025	0. 15	0. 15	0. 40～0. 65	0. 40	—
SU2M3TiB	H11MnMoTiB	0. 05～0. 17	0. 95～1. 35	0. 20	0. 025	0. 025	0. 15	0. 15	0. 40～0. 65	0. 35	Ti:0. 05～0. 30 B:0. 005～0. 030
SU3M3	H10MnMo	0. 17	1. 20～1. 90	0. 25	0. 025	0. 025	0. 15	0. 15	0. 40～0. 65	0. 40	—
SU4M1	H13Mn2Mo	0. 15	1. 60～2. 30	0. 25	0. 025	0. 025	0. 15	0. 15	0. 15～0. 40	0. 40	—
SU4M3	H14Mn2Mo	0. 17	1. 60～2. 30	0. 25	0. 025	0. 025	0. 15	0. 15	0. 40～0. 65	0. 40	—
SU4M31	H10Mn2SiMo	0. 05～0. 15	1. 60～2. 10	0. 50～0. 80	0. 025	0. 025	0. 15	0. 15	0. 40～0. 60	0. 40	—
SU4M32⑤	H11Mn2Mo⑤	0. 05～0. 17	1. 65～2. 20	0. 20	0. 025	0. 025	—	—	0. 45～0. 65	0. 35	—
SU5M3	H11Mn3Mo	0. 15	2. 20～2. 80	0. 25	0. 025	0. 025	0. 15	0. 15	0. 40～0. 65	0. 40	—
SUN2	H11MnNi	0. 15	0. 75～1. 40	0. 30	0. 020	0. 020	0. 75～1. 25	0. 20	0. 15	0. 40	—

续表

焊丝型号	冶金牌号分类	化学成分①(质量分数)/%									
		C	Mn	Si	P	S	Ni	Cr	Mo	Cu②	其他
SUN21	H08MnSiNi	0.12	0.80～1.40	0.40～0.80	0.020	0.020	0.75～1.25	0.20	0.15	0.40	—
SUN3	H11MnNi2	0.15	0.80～1.40	0.25	0.020	0.020	1.20～1.80	0.20	0.15	0.40	—
SUN31	H11Mn2Ni2	0.15	1.30～1.90	0.25	0.020	0.020	1.20～1.80	0.20	0.15	0.40	—
SUN5	H12MnNi2	0.15	0.75～1.40	0.30	0.020	0.020	1.80～2.90	0.20	0.15	0.40	—
SUN7	H10MnNi3	0.15	0.60～1.40	0.30	0.020	0.020	2.40～3.80	0.20	0.15	0.40	—
SUCC	H11MnCr	0.15	0.80～1.90	0.30	0.030	0.030	0.15	0.30～0.60	0.15	0.20～0.45	—
SUN1C1C④	H08MnCrNiCu④	0.10	1.20～1.60	0.60	0.025	0.020	0.20～0.60	0.30～0.90	—	0.20～0.50	—
SUNCC1④	H10MnCrNiCu④	0.12	0.35～0.65	0.20～0.35	0.025	0.030	0.40～0.80	0.50～0.80	0.15	0.30～0.80	—
SUNCC3	H11MnCrNiCu	0.15	0.80～1.90	0.30	0.030	0.030	0.05～0.80	0.50～0.80	0.15	0.30～0.55	—
SUN1M3④	H13Mn2NiMo④	0.10～0.18	1.70～2.40	0.20	0.025	0.025	0.40～0.80	0.20	0.40～0.65	0.35	—
SUN2M1④	H10MnNiMo④	0.12	1.20～1.60	0.05～0.30	0.020	0.020	0.75～1.25	0.20	0.10～0.30	0.40	—
SUN2M3④	H12MnNiMo④	0.15	0.80～1.40	0.25	0.020	0.020	0.80～1.20	0.20	0.40～0.65	0.40	—
SUN2M31④	H11Mn2NiMo④	0.15	1.30～1.90	0.25	0.020	0.020	0.80～1.20	0.20	0.40～0.65	0.40	—
SUN2M32④	H12Mn2NiMo④	0.15	1.60～2.30	0.25	0.020	0.020	0.80～1.20	0.20	0.40～0.65	0.40	—
SUN3M3④	H11MnNi2Mo④	0.15	0.80～1.40	0.25	0.020	0.020	1.20～1.80	0.20	0.40～0.65	0.40	—
SUN3M31④	H11Mn2Ni2Mo④	0.15	1.30～1.90	0.25	0.020	0.020	1.20～1.80	0.20	0.40～0.65	0.40	—
SUN4M1④	H15MnNi2Mo④	0.12～0.19	0.60～1.00	0.10～0.30	0.015	0.030	1.60～2.10	0.20	0.10～0.30	0.35	—
SUG⑥	HG⑥	其他协定成分									

① 化学成分应按表中规定的元素进行分析。如果在分析过程中发现其他元素，这些元素的总量（除铁外）不应超过0.50%。

② Cu含量包括镀铜层中的含量。

③ 根据供需双方协议，此类焊丝非沸腾钢允许硅含量不大于0.07%。

④ 此类焊丝也列于GB/T 36034《埋弧焊用高强钢实心焊丝、药芯焊丝和焊丝-焊剂组合分类要求》中。

⑤ 此类焊丝也列于GB/T 12470《埋弧焊用热强钢实心焊丝、药芯焊丝和焊丝-焊剂组合分类要求》中。

⑥ 表中未列出的焊丝型号可用相类似的型号表示，词头加字母“SUG”，未列出的焊丝冶金牌号分类可用相类似的冶金牌号分类表示，词头加字母“HG”。化学成分范围不进行规定，两种分类之间不可替换。

注：表中单值均为最大值。

表 10-2　非合金钢及细晶粒钢药芯焊丝-焊剂组合的熔敷金属化学成分（GB/T 5293—2018）

化学成分分类	化学成分①（质量分数）/%								
	C	Mn	Si	P	S	Ni	Cr	Mo	Cu	其他
TU3M	0.15	1.80	0.90	0.035	0.035	—	—	—	0.35	—
TU2M3②	0.12	1.00	0.80	0.030	0.030	—	—	0.40～0.65	0.35	—
TU2M31	0.12	1.40	0.80	0.030	0.030	—	—	0.40～0.65	0.35	—
TU4M3②	0.15	2.10	0.80	0.030	0.030	—	—	0.40～0.65	0.35	—
TU3M3②	0.15	1.60	0.80	0.030	0.030	—	—	0.40～0.65	0.35	—
TUN2	0.12③	1.60③	0.80	0.030	0.025	0.75～1.10	0.15	0.35	0.35	Ti+V+Zr:0.05
TUN5	0.12③	1.60③	0.80	0.030	0.025	2.00～2.90	—	—	0.35	—
TUN7	0.12	1.60	0.80	0.030	0.025	2.80～3.80	0.15	—	0.35	—
TUN4M1	0.14	1.60	0.80	0.030	0.025	1.40～2.10	—	0.10～0.35	0.35	—
TUN2M1	0.12③	1.60③	0.80	0.030	0.025	0.70～1.10	—	0.10～0.35	0.35	—
TUN3M2④	0.12	0.70～1.50	0.80	0.030	0.030	0.90～1.70	0.15	0.55	0.35	—
TUN1M3④	0.17	1.25～2.25	0.80	0.030	0.030	0.40～0.80	—	0.40～0.65	0.35	—
TUN2M3④	0.17	1.25～2.25	0.80	0.030	0.030	0.70～1.10	—	0.40～0.65	0.35	—
TUN1C2④	0.17	1.60	0.80	0.030	0.035	0.40～0.80	0.60	0.25	0.35	Ti+V+Zr:0.03
TUN5C2M3④	0.17	1.20～1.80	0.80	0.020	0.020	2.00～2.80	0.65	0.30～0.80	0.50	—
TUN4C2M3④	0.14	0.80～1.85	0.80	0.030	0.020	1.50～2.25	0.65	0.60	0.40	—
TUN3④	0.10	0.60～1.60	0.80	0.030	0.030	1.25～2.00	0.15	0.35	0.30	Ti+V+Zr:0.03
TUN4M2④	0.10	0.90～1.80	0.80	0.020	0.020	1.40～2.10	0.35	0.25～0.65	0.30	Ti+V+Zr:0.03
TUN4M3④	0.10	0.90～1.80	0.80	0.020	0.020	1.80～2.60	0.65	0.20～0.70	0.30	Ti+V+Zr:0.03
TUN5M3④	0.10	1.30～2.25	0.80	0.020	0.020	2.00～2.80	0.80	0.30～0.80	0.30	Ti+V+Zr:0.03
TUN4M21④	0.12	1.60～2.50	0.50	0.015	0.015	1.40～2.10	0.40	0.20～0.50	0.30	Ti:0.03 V:0.02 Zr:0.02
TUN4M4④	0.12	1.60～2.50	0.50	0.015	0.015	1.40～2.10	0.40	0.70～1.00	0.30	Ti:0.03 V:0.02 Zr:0.02
TUNCC	0.12	0.50～1.60	0.80	0.035	0.030	0.40～0.80	0.45～0.70	—	0.30～0.75	—
TUG⑤	其他协定成分									

① 化学成分应按表中规定的元素进行分析。如果在分析过程中发现其他元素，这些元素的总量（除铁外）不应超过 0.50%。

② 该分类也列于 GB/T 12470《埋弧焊用热强钢实心焊丝、药芯焊丝和焊丝-焊剂组合分类要求》中，熔敷金属化学成分要求一致，但分类名称不同。

③ 该分类中当 C 最大含量限制在 0.10%时，允许 Mn 含量不大于 1.80%。

④ 该分类也列于 GB/T 36034《埋弧焊用高强钢实心焊丝、药芯焊丝和焊丝-焊剂组合分类要求》中。

⑤ 表中未列出的分类可用相类似的分类表示，词头加字母“TUG”。化学成分范围不进行规定，两种分类之间不可替换。

注：表中单值均为最大值。

第二节　高强钢埋弧焊实心焊丝、药芯焊丝及配套焊剂

在 GB/T 36034—2018 中，焊丝和焊剂组合的多道埋弧焊熔敷金属在焊态或焊后热处理状态下，其最小抗拉强度等级为 590MPa、620MPa、690MPa、760MPa、780MPa 和 830MPa，熔敷金属拉伸性能见表 9-5，两者要求的抗拉强度和伸长率一致，仅最小屈服强度的要求值稍有差别，埋弧焊条件下要求值略低，冲击性能代号参见表 9-3。实心焊丝化学成分列于表 10-3 中，药芯焊丝-焊剂组合的熔敷金属化学成分列于表 10-4 中。

表 10-3　高强钢实心焊丝化学成分（GB/T 36034—2018）

焊丝型号	冶金牌号分类	化学成分[①]（质量分数）/%									
		C	Mn	Si	P	S	Ni	Cr	Mo	Cu[②]	其他
SUM3[③]	H08MnMo[③]	0.10	1.20～1.60	0.25	0.030	0.030	0.30	0.20	0.30～0.50	0.35	Ti:0.05～0.15
SUM31[③]	H08Mn2Mo[③]	0.06～0.11	1.60～1.90	0.25	0.030	0.030	0.30	0.20	0.50～0.70	0.35	Ti:0.05～0.15
SUM3V	H08Mn2MoV	0.06～0.11	1.60～1.90	0.25	0.030	0.030	0.30	0.20	0.50～0.70	0.35	V:0.06～0.12 Ti:0.05～0.15
SUM4	H10Mn2Mo	0.08～0.13	1.70～2.00	0.40	0.030	0.030	0.30	0.20	0.60～0.80	0.35	Ti:0.05～0.15
SUM4V	H10Mn2MoV	0.08～0.13	1.70～2.00	0.40	0.030	0.030	0.30	0.20	0.60～0.80	0.35	V:0.06～0.12 Ti:0.05～0.15
SUN1M3[③]	H13Mn2NiMo[③]	0.10～0.18	1.70～2.40	0.20	0.025	0.025	0.40～0.80	0.20	0.40～0.65	0.35	—
SUN2M1[③]	H10MnNiMo[③]	0.12	1.20～1.60	0.05～0.30	0.020	0.020	0.75～1.25	0.20	0.10～0.30	0.40	—
SUN2M2	H11MnNiMo	0.07～0.15	0.90～1.70	0.15～0.35	0.025	0.025	0.95～1.60	—	0.25～0.55	0.35	—
SUN2M3[③]	H12MnNiMo[③]	0.15	0.80～1.40	0.25	0.020	0.020	0.80～1.20	0.20	0.40～0.65	0.40	—
SUN2M31[③]	H11Mn2NiMo[③]	0.15	1.30～1.90	0.25	0.020	0.020	0.80～1.20	0.20	0.40～0.65	0.40	—
SUN2M32[③]	H12Mn2NiMo[③]	0.15	1.60～2.30	0.25	0.020	0.020	0.80～1.20	0.20	0.40～0.65	0.40	—
SUN2M33	H14Mn2NiMo	0.10～0.18	1.70～2.40	0.30	0.025	0.025	0.70～1.10	—	0.40～0.65	0.35	—
SUN3M2	H09Mn2Ni2Mo	0.10	1.25～1.80	0.20～0.60	0.010	0.015	1.40～2.10	0.30	0.25～0.55	0.25	Ti:0.10 Zr:0.10 Al:0.10 V:0.05

续表

焊丝型号	冶金牌号分类	化学成分[①](质量分数)/%									
		C	Mn	Si	P	S	Ni	Cr	Mo	Cu[②]	其他
SUN3M3[③]	H11MnNi2Mo[③]	0.15	0.80~1.40	0.25	0.020	0.020	1.20~1.80	0.20	0.40~0.65	0.40	—
SUN3M31[③]	H11Mn2Ni2Mo[③]	0.15	1.30~1.90	0.25	0.020	0.020	1.20~1.80	0.20	0.40~0.65	0.40	—
SUN4M1[③]	H15MnNi2Mo[③]	0.12~0.19	0.60~1.00	0.10~0.30	0.015	0.030	1.60~2.10	0.20	0.10~0.30	0.35	—
SUN4M3	H12Mn2Ni2Mo	0.15	1.30~1.90	0.25	—	—	1.80~2.40	—	0.40~0.65	0.40	—
SUN4M31	H13Mn2Ni2Mo	0.15	1.60~2.30	0.25	—	—	1.80~2.40	—	0.40~0.65	0.40	—
SUN4M2	H08Mn2Ni2Mo	0.10	1.40~1.80	0.20~0.60	0.010	0.015	1.90~2.60	0.55	0.25~0.65	0.25	Ti:0.10 Zr:0.10 Al:0.10 V:0.04
SUN5M3	H08Mn2Ni3Mo	0.10	1.40~1.80	0.20~0.60	0.010	0.015	2.00~2.80	0.60	0.30~0.65	0.25	Ti:0.10 Zr:0.10 Al:0.10 V:0.03
SUN5M4	H13Mn2Ni3Mo	0.15	1.60~2.30	0.25	—	—	2.20~3.00	0.20	0.40~0.90	—	—
SUN6M1	H11MnNi3Mo	0.15	0.80~1.40	0.25	—	—	2.40~3.70	—	0.15~0.40	—	—
SUN6M11	H11Mn2Ni3Mo	0.15	1.30~1.90	0.25	—	—	2.40~3.70	—	0.15~0.40	—	—
SUN6M3	H12MnNi3Mo	0.15	0.80~1.40	0.25	—	—	2.40~3.70	—	0.40~0.65	—	—
SUN6M31	H12Mn2Ni3Mo	0.15	1.30~1.90	0.25	—	—	2.40~3.70	—	0.40~0.65	—	—
SUN1C1M1	H20MnNiCrMo	0.16~0.23	0.60~0.90	0.15~0.35	0.025	0.030	0.40~0.80	0.40~0.60	0.15~0.30	0.35	—
SUN2C1M3	H12Mn2NiCrMo	0.15	1.30~2.30	0.40	—	—	0.40~1.75	0.05~0.70	0.30~0.80	—	—
SUN2C2M3	H11Mn2NiCrMo	0.15	1.00~2.30	0.40	—	—	0.40~1.75	0.50~1.20	0.30~0.90	—	—
SUN3C2M1	H08CrNi2Mo	0.05~0.10	0.50~0.85	0.10~0.30	0.030	0.025	1.40~1.80	0.70~1.00	0.20~0.40	0.35	—
SUN4C2M3	H12Mn2Ni2CrMo	0.15	1.20~1.90	0.40	—	—	1.50~2.25	0.50~1.20	0.30~0.80	—	—
SUN4C1M3	H13Mn2Ni2CrMo	0.15	1.20~1.90	0.40	0.018	0.018	1.50~2.25	0.20~0.65	0.30~0.80	0.40	—
SUN4C1M31	H15Mn2Ni2CrMo	0.10~0.20	1.40~1.60	0.10~0.30	0.020	0.020	2.00~2.50	0.50~0.80	0.35~0.55	0.35	—

续表

焊丝型号	冶金牌号分类	化学成分[①](质量分数)/%									
		C	Mn	Si	P	S	Ni	Cr	Mo	Cu[②]	其他
SUN5C2M3	H08Mn2Ni3CrMo	0.10	1.30～2.30	0.40	—	—	2.10～3.10	0.60～1.20	0.30～0.70	—	—
SUN5CM3	H13Mn2Ni3CrMo	0.10～0.17	1.70～2.20	0.20	0.010	0.015	2.30～2.80	0.25～0.50	0.45～0.65	0.50	—
SUN7C3M3	H13MnNi4Cr2Mo	0.08～0.18	0.20～1.20	0.40	—	—	3.00～4.00	1.00～2.00	0.30～0.70	0.40	—
SUN10C1M3	H13MnNi6CrMo	0.08～0.18	0.20～1.20	0.40	—	—	4.50～5.50	0.30～0.70	0.30～0.70	0.40	—
SUN2M2C1	H10Mn2NiMoCu	0.12	1.25～1.80	0.20～0.60	0.010	0.010	0.80～1.25	0.30	0.20～0.55	0.35～0.65	Ti:0.10 Zr:0.10 Al:0.10 V:0.05
SUN1C1C[③]	H08MnCrNiCu[③]	0.10	1.20～1.60	0.60	0.025	0.020	0.20～0.60	0.30～0.90	—	0.20～0.50	—
SUNCC1[③]	H10MnCrNiCu[③]	0.12	0.35～0.65	0.20～0.35	0.025	0.030	0.40～0.80	0.50～0.80	0.15	0.30～0.80	—
SUG[④]	HG[④]	其他协定成分									

① 化学成分应按表中规定的元素进行分析。如在分析过程中发现其他元素，这些元素的总量（除铁外）不应超过0.50%。

② Cu含量包括镀铜层中的含量。

③ 此类焊丝也列于GB/T 5293《埋弧焊用非合金钢及细晶粒钢实心焊丝、药芯焊丝和焊丝-焊剂组合分类要求》中。当此类实心焊丝匹配相应焊剂，其熔敷金属抗拉强度能够达到本标准适用范围时，这些焊丝也适用于本标准。

④ 表中未列出的焊丝型号可用相类似的型号表示，词头加字母“SUG”，未列出的焊丝冶金牌号分类可用相类似的冶金牌号分类表示，词头加字母“HG”。化学成分范围不进行规定，两种分类之间不可替换。

注：表中单值均为最大值。

表10-4 高强钢药芯焊丝-焊剂组合的熔敷金属化学成分（GB/T 36034—2018）

化学成分分类[①]	化学成分[②](质量分数)/%								
	C	Mn	Si	P	S	Ni	Cr	Mo	Cu	其他
TUN1M3	0.17	1.25～2.25	0.80	0.030	0.030	0.40～0.80	—	0.40～0.65	0.35	—
TUN2M3	0.17	1.25～2.25	0.80	0.030	0.030	0.70～1.10	—	0.40～0.65	0.35	—
TUN3M2	0.12	0.70～1.50	0.80	0.030	0.030	0.90～1.70	0.15	0.55	0.35	—
TUN3	0.10	0.60～1.60	0.80	0.030	0.030	1.25～2.00	0.15	0.35	0.30	Ti+V+Zr:0.03
TUN4M2	0.10	0.90～1.80	0.80	0.020	0.020	1.40～2.10	0.35	0.25～0.65	0.30	Ti+V+Zr:0.03
TUN4M21	0.12	1.60～2.50	0.50	0.015	0.015	1.40～2.10	0.40	0.20～0.50	0.30	Ti:0.03 V:0.02 Zr:0.02
TUN4M4	0.12	1.60～2.50	0.50	0.015	0.015	1.40～2.10	0.40	0.70～1.00	0.30	Ti:0.03 V:0.02 Zr:0.02
TUN4M3	0.10	0.90～1.80	0.80	0.020	0.020	1.80～2.60	0.65	0.20～0.70	0.30	Ti+V+Zr:0.03
TUN5M3	0.10	1.30～2.25	0.80	0.020	0.020	2.00～2.80	0.80	0.30～0.80	0.30	Ti+V+Zr:0.03

续表

化学成分分类①	化学成分②(质量分数)/%									
	C	Mn	Si	P	S	Ni	Cr	Mo	Cu	其　他
TUN1C2	0.17	1.60	0.80	0.030	0.035	0.40～0.80	0.60	0.25	0.35	Ti+V+Zr:0.03
TUN4C2M3	0.14	0.80～1.85	0.80	0.030	0.020	1.50～2.25	0.65	0.60	0.40	—
TUN5C2M3	0.17	1.20～1.80	0.80	0.020	0.020	2.00～2.80	0.65	0.30～0.80	0.50	—
TUG③	其他协定成分									

① 此化学成分分类也列于 GB/T 5293《埋弧焊用非合金钢及细晶粒钢实心焊丝、药芯焊丝和焊丝-焊剂组合分类要求》中。

② 化学成分应按表中规定的元素进行分析。如果在分析过程中发现其他元素，这些元素的总量（除铁外）不应超过 0.50%。

③ 表中未列出的分类可用相类似的分类表示，词头加字母“TUG”。化学成分范围不进行规定，两种分类之间不可替换。

注：表中单值均为最大值。

第三节　热强钢埋弧焊实心焊丝、药芯焊丝及配套焊剂

热强钢埋弧焊实心焊丝化学成分列于表 10-5 中，实心焊丝和药芯焊丝与焊剂组合的熔敷金属化学成分列于表 10-6 中。

表 10-5　热强钢埋弧焊实心焊丝化学成分（GB/T 12470—2018）

焊丝型号	冶金牌号分类	化学成分①(质量分数)/%									
		C	Mn	Si	P	S	Ni	Cr	Mo	V	Cu②	其他
SU1M31	H13MnMo	0.05～0.15	0.65～1.00	0.25	0.025	0.025	—	—	0.45～0.65	—	0.35	—
SU3M31③	H15MnMo③	0.18	1.10～1.90	0.60	0.025	0.025	—	—	0.30～0.70	—	0.35	—
SU4M32③,④	H11Mn2Mo③,④	0.05～0.17	1.65～2.20	0.20	0.025	0.025	—	—	0.45～0.65	—	0.35	—
SU4M33③	H15Mn2Mo③	0.18	1.70～2.60	0.60	0.025	0.025	—	—	0.30～0.70	—	0.35	—
SUCM	H07CrMo	0.10	0.40～0.80	0.05～0.30	0.025	0.025	—	0.40～0.75	0.45～0.65	—	0.35	—
SUCM1	H12CrMo	0.15	0.30～1.20	0.40	0.025	0.025	—	0.30～0.70	0.30～0.70	—	0.35	—
SUCM2	H10CrMo	0.12	0.40～0.70	0.15～0.35	0.030	0.030	0.30	0.45～0.65	0.40～0.60	—	0.35	—
SUC1MH	H19CrMo	0.15～0.23	0.40～0.70	0.40～0.60	0.025	0.025	—	0.45～0.65	0.90～1.20	—	0.30	—
SU1CM⑤	H11CrMo⑤	0.07～0.15	0.45～1.00	0.05～0.30	0.025	0.025	—	1.00～1.75	0.45～0.65	—	0.35	—
SU1CM1	H14CrMo	0.15	0.30～1.20	0.60	0.025	0.025	—	0.80～1.80	0.40～0.65	—	0.35	—
SU1CM2	H08CrMo	0.10	0.40～0.70	0.15～0.35	0.030	0.030	0.30	0.80～1.10	0.40～0.60	—	0.35	—
SU1CM3	H13CrMo	0.11～0.16	0.40～0.70	0.15～0.35	0.030	0.030	0.30	0.80～1.10	0.40～0.60	—	0.35	—

续表

焊丝型号	冶金牌号分类	化学成分①(质量分数)/%										
		C	Mn	Si	P	S	Ni	Cr	Mo	V	Cu②	其他
SU1CMV	H08CrMoV	0.10	0.40～0.70	0.15～0.35	0.030	0.030	0.30	1.00～1.30	0.50～0.70	0.15～0.35	0.35	—
SU1CMH	H18CrMo	0.15～0.22	0.40～0.70	0.15～0.35	0.025	0.030	0.30	0.80～1.10	0.15～0.25	—	0.35	—
SU1CMVH	H30CrMoV	0.28～0.33	0.45～0.65	0.55～0.75	0.015	0.015	—	1.00～1.50	0.40～0.65	0.20～0.30	0.30	—
SU2C1M⑤	H10Cr3Mo⑤	0.05～0.15	0.40～0.80	0.05～0.30	0.025	0.025	—	2.25～3.00	0.90～1.10	—	0.35	—
SU2C1M1	H12Cr3Mo	0.15	0.30～1.20	0.35	0.025	0.025	—	2.20～2.80	0.90～1.20	—	0.35	—
SU2C1M2	H13Cr3Mo	0.08～0.18	0.30～1.20	0.35	0.025	0.025	—	2.20～2.80	0.90～1.20	—	0.35	—
SU2C1MV	H10Cr3MoV	0.05～0.15	0.50～1.50	0.40	0.025	0.025	—	2.20～2.80	0.90～1.20	0.15～0.45	0.35	Nb:0.01～0.10
SU5CM	H08MnCr6Mo	0.10	0.35～0.70	0.05～0.50	0.025	0.025	—	4.50～6.50	0.45～0.70	—	0.35	—
SU5CM1	H12MnCr5Mo	0.15	0.30～1.20	0.60	0.025	0.025	—	4.50～6.00	0.40～0.65	—	0.35	—
SU5CMH	H33MnCr5Mo	0.25～0.40	0.75～1.00	0.25～0.50	0.025	0.025	—	4.80～6.00	0.45～0.65	—	0.35	—
SU9C1M	H09MnCr9Mo	0.10	0.30～0.65	0.05～0.50	0.025	0.025	—	8.00～10.50	0.80～1.20	—	0.35	—
SU9C1MV⑥	H10MnCr9NiMoV⑥	0.07～0.13	1.25	0.50	0.010	0.010	1.00	8.50～10.50	0.85～1.15	0.15～0.25	0.10	Nb:0.02～0.10 N:0.03～0.07 Al:0.04
SU9C1MV1	H09MnCr9NiMoV	0.12	0.50～1.25	0.50	0.025	0.025	0.10～0.80	8.00～10.50	0.80～1.20	0.10～0.35	0.35	Nb:0.01～0.12 N:0.01～0.05
SU9C1MV2	H09Mn2Cr9NiMoV	0.12	1.20～1.90	0.50	0.025	0.025	0.20～1.00	8.00～10.50	0.80～1.20	0.15～0.50	0.35	Nb:0.01～0.12 N:0.01～0.05
SUG⑦	HG⑦	其他协定成分										

① 化学成分应按表中规定的元素进行分析。如果在分析过程中发现其他元素，这些元素的总量（除铁外）不应超过0.50%。

② Cu含量包括镀铜层中的含量。

③ 该分类中含有约0.5%的Mo，不含Cr，如果焊缝中Mn的含量超过1%过多，可能无法提供最佳的抗蠕变性能。

④ 此类焊丝也列于GB/T 5293《埋弧焊用非合金钢及细晶粒钢实心焊丝、药芯焊丝和焊丝-焊剂组合分类要求》中。

⑤ 若后缀附加可选代号字母“R”，则该分类应满足以下要求：S为0.010%，P为0.010%，Cu为0.15%，As为0.005%，Sn为0.005%，Sb为0.005%。

⑥ Mn+Ni≤1.50%。

⑦ 表中未列出的焊丝型号可用相类似的型号表示，词头加字母“SUG”，未列出的焊丝冶金牌号分类可用相类似的冶金牌号分类表示，词头加字母“HG”。化学成分范围不进行规定，两种分类之间不可替换。

注：表中单值均为最大值。

表 10-6　热强钢埋弧焊实心焊丝和药芯焊丝与焊剂组合的熔敷金属化学成分（GB/T 12470—2018）

化学成分分类①	化学成分②(质量分数)/%										
	C	Mn	Si	P	S	Ni	Cr	Mo	V	Cu	其他
XX1M31③	0.12	1.00	0.80	0.030	0.030	—	—	0.40～0.65	—	0.35	—
XX3M31③	0.15	1.60	0.80	0.030	0.030	—	—	0.40～0.65	—	0.35	—
XX4M32③ XX4M33③	0.15	2.10	0.80	0.030	0.030	—	—	0.40～0.65	—	0.35	—
XXCM XXCM1	0.12	1.60	0.80	0.030	0.030	—	0.40～0.65	0.40～0.65	—	0.35	—
XXC1MH	0.18	1.20	0.80	0.030	0.030	—	0.40～0.65	0.90～1.20	—	0.35	—
XX1CM④ XX1CM1	0.05～0.15	1.20	0.80	0.030	0.030	—	1.00～1.50	0.40～0.65	—	0.35	—
XX1CMVH	0.10～0.25	1.20	0.80	0.020	0.020	—	1.00～1.50	0.40～0.65	0.30	0.35	—
XX2C1M④ XX2C1M1 XX2C1M2	0.05～0.15	1.20	0.80	0.030	0.030	—	2.00～2.50	0.90～1.20	—	0.35	—
XX2C1MV	0.05～0.15	1.30	0.80	0.030	0.030	—	2.00～2.60	0.90～1.20	0.40	0.35	Nb:0.01～0.10
XX5CM XX5CM1	0.12	1.20	0.80	0.030	0.030	—	4.50～6.00	0.40～0.65	—	0.35	—
XX5CMH	0.10～0.25	1.20	0.80	0.030	0.030	—	4.50～6.00	0.40～0.65	—	0.35	—
XX9C1M	0.12	1.20	0.80	0.030	0.030	—	8.00～10.00	0.80～1.20	—	0.35	—
XX9C1MV⑤	0.08～0.13	1.20	0.80	0.010	0.010	0.80	8.00～10.50	0.85～1.20	0.15～0.25	0.10	Nb:0.02～0.10 N:0.02～0.07 Al:0.04
XX9C1MV1⑤	0.12	1.25	0.60	0.030	0.030	1.00	8.00～10.50	0.80～1.20	0.10～0.50	0.35	Nb:0.01～0.12 N:0.01～0.05
XX9C1MV2	0.12	1.25～2.00	0.60	0.030	0.030	1.00	8.00～10.50	0.80～1.20	0.10～0.50	0.35	Nb:0.01～0.12 N:0.01～0.05
XXG⑥	其他协定成分										

① 当采用实心焊丝时，“XX”为“SU”。当采用药芯焊丝时，“XX”为“TU”。

② 化学成分应按表中规定的元素进行分析。如果在分析过程中发现其他元素，这些元素的总量（除铁外）不应超过 0.50%。

③ 当采用药芯焊丝时，该分类也列于 GB/T 5293《埋弧焊用非合金钢及细晶粒钢实心焊丝、药芯焊丝和焊丝-焊剂组合分类要求》中，熔敷金属化学成分要求一致，但分类名称不同。

④ 若后缀附加可选代号字母“R”，则该分类应满足以下要求：S 为 0.010%，P 为 0.010%，Cu 为 0.15%，As 为 0.005%，Sn 为 0.005%，Sb 为 0.005%。

⑤ Mn+Ni≤1.50%。

⑥ 表中未列出的分类可用相类似的分类表示，词头加字母“XXG”。化学成分范围不进行规定，两种分类之间不可替换。

注：表中单值均为最大值。

第四节　不锈钢埋弧焊焊丝及配套焊剂

不锈钢埋弧焊焊丝的技术要求执行 GB/T 29713《不锈钢焊丝和焊带》，参见表 8-14；不锈钢焊丝-焊剂组合的熔敷金属化学成分和力学性能执行 GB/T 17854—2018，熔敷金属化学成分和力学性能分别列于表 10-7 和表 10-8 中。

表 10-7　不锈钢埋弧焊焊丝-焊剂组合熔敷金属化学成分（GB/T 17854—2018）

熔敷金属分类	化学成分(质量分数)/%								
	C	Mn	Si	P	S	Ni	Cr	Mo	其他
F308	0.08	0.5～2.5	1.00	0.040	0.030	9.0～11.0	18.0～21.0	—	—
F308L	0.04	0.5～2.5	1.00	0.040	0.030	9.0～12.0	18.0～21.0	—	—
F309	0.15	0.5～2.5	1.00	0.040	0.030	12.0～14.0	22.0～25.0	—	—
F309L	0.04	0.5～2.5	1.00	0.040	0.030	12.0～14.0	22.0～25.0	—	—
F309LMo	0.04	0.5～2.5	1.00	0.040	0.030	12.0～14.0	22.0～25.0	2.0～3.0	—
F309Mo	0.12	0.5～2.5	1.00	0.040	0.030	12.0～14.0	22.0～25.0	2.0～3.0	—
F310	0.20	0.5～2.5	1.00	0.030	0.030	20.0～22.0	25.0～28.0	—	—
F312	0.15	0.5～2.5	1.00	0.040	0.030	8.0～10.5	28.0～32.0	—	—
F16-8-2	0.10	0.5～2.5	1.00	0.040	0.030	7.5～9.5	14.5～16.5	1.0～2.0	—
F316	0.08	0.5～2.5	1.00	0.040	0.030	11.0～14.0	17.0～20.0	2.0～3.0	—
F316L	0.04	0.5～2.5	1.00	0.040	0.030	11.0～16.0	17.0～20.0	2.0～3.0	—
F316LCu	0.04	0.5～2.5	1.00	0.040	0.030	11.0～16.0	17.0～20.0	1.2～2.75	Cu:1.0～2.5
F317	0.08	0.5～2.5	1.00	0.040	0.030	12.0～14.0	18.0～21.0	3.0～4.0	—
F317L	0.04	0.5～2.5	1.00	0.040	0.030	12.0～16.0	18.0～21.0	3.0～4.0	—
F347	0.08	0.5～2.5	1.00	0.040	0.030	9.0～11.0	18.0～21.0	—	Nb:8×C～1.0
F347L	0.04	0.5～2.5	1.00	0.040	0.030	9.0～11.0	18.0～21.0	—	Nb:8×C～1.0
F385	0.03	1.0～2.5	0.90	0.030	0.020	24.0～26.0	19.5～21.5	4.2～5.2	Cu:1.2～2.0
F410	0.12	1.2	1.00	0.040	0.030	0.60	11.0～13.5	—	—
F430	0.10	1.2	1.00	0.040	0.030	0.60	15.0～18.0	—	—
F2209	0.04	0.5～2.0	1.00	0.040	0.030	7.5～10.5	21.5～23.5	2.5～3.5	N:0.08～0.20
F2594	0.04	0.5～2.0	1.00	0.040	0.030	8.0～10.5	24.0～27.0	3.5～4.5	N:0.20～0.30
FXXX①	供需双方协商确定								

① 允许增加表中未列出的其他熔敷金属分类，其化学成分要求由供需双方协商确定，“XXX” 为焊丝化学成分分类，见 GB/T 29713。

注：表中单值均为最大值。

表 10-8　不锈钢埋弧焊焊丝-焊剂组合熔敷金属力学性能（GB/T 17854—2018）

熔敷金属分类	抗拉强度 R_m/MPa	断后伸长率 A/%
F308	≥520	≥30
F308L	≥480	≥30
F309	≥520	≥25
F309L	≥510	≥25
F309LMo	≥510	≥25
F309Mo	≥550	≥25
F310	≥520	≥25
F312	≥660	≥17
F16-8-2	≥550	≥30
F316	≥520	≥25
F316L	≥480	≥30
F316LCu	≥480	≥30
F317	≥520	≥25
F317L	≥480	≥25
F347	≥520	≥25
F347L	≥510	≥25
F385	≥520	≥28
F410①	≥440	≥15
F430②	≥450	≥15
F2209	≥690	≥15
F2594	≥760	≥13
FXXX③	供需双方协商确定	

① 试件加工前经 730～760℃加热 1h 后，以小于 110℃/h 的冷却速率炉冷至 315℃以下，随后空冷。

② 试件加工前经 760～790℃加热 2h 后，以小于 55℃/h 的冷却速率炉冷至 595℃以下，随后空冷。

③ 允许增加表中未列出的其他熔敷金属分类，其力学性能要求由供需双方协商确定，“XXX”为焊丝化学成分分类，见 GB/T 29713。

第十一章 焊接用盘条

焊接用钢盘条国家标准包括 GB/T 3429—2015《焊接用钢盘条》和 GB/T 4241—2017《焊接用不锈钢盘条》，这是钢盘条、焊接材料的两个基础标准，前者用于焊接碳钢及低合金钢，后者用于焊接各种类型的不锈钢。这些盘条被拉拔加工后，除了用作制造电焊条的焊芯外，还可作为焊丝或填充丝用于气体保护焊、埋弧焊、电渣焊，也可用于气焊或堆焊等。焊接用不锈钢盘条与焊接用不锈钢焊丝标准均采用 ISO 14343：2009，因此，GB/T 4241—2017 中盘条的成分可参见 GB/T 29713—2013，见表 8-14。但是，盘条的牌号采用 H 字母后加数字及元素符号等表示；而焊丝的牌号（相当于化学成分分类号）采用几位数字、或加元素符号、字母、或加短划等标记表示。为方便使用，将 GB/T 4241—2017 的附录 B 中两者的牌号/分类对照列于表 11-1 中，供读者参考。

碳钢和低合金钢焊接用盘条的牌号及其化学成分列于表 11-2 中。

表 11-1　不锈钢盘条（GB/T 4241—2017）与不锈钢焊丝（GB/T 29713—2013）牌号/分类对照

序号	GB/T 4241—2017	GB/T 29713—2013	序号	GB/T 4241—2017	GB/T 29713—2013
1	H04Cr22Ni11Mn6Mo3VN	209	8	H16Cr19Ni9Mn7	307Mn
2	H08Cr17Ni8Mn8Si4N	218	9	H06Cr21Ni10	308
3	H04Cr20Ni6Mn9N	219	10	H06Cr21Ni10Si	308Si
4	H04Cr18Ni5Mn12N	240	11	H07Cr21Ni10	308H
5	H08Cr21Ni10Mn6	—	12	H022Cr21Ni10	308L
6	H09Cr21Ni9Mn4Mo	307	13	H022Cr21Ni10Si	308LSi
7	H09Cr21Ni9Mn7Si	307Si	14	H06Cr20Ni11Mo2	308Mo

续表

序号	GB/T 4241—2017	GB/T 29713—2013	序号	GB/T 4241—2017	GB/T 29713—2013
15	H022Cr20Ni11Mo2	308LMo	42	H019Cr20Ni34Mo2Cu3Nb	320LR
16	H10Cr24Ni13	309	43	H06Cr19Ni10Ti	321
17	H10Cr24Ni13Si	309Si	44	H21Cr16Ni35	330
18	H022Cr24Ni13	309L	45	H06Cr20Ni10Nb	347
19	H022Cr22Ni11	309LD	46	H06Cr20Ni10NbSi	347Si
20	H022Cr24Ni13Si	309LSi	47	H022Cr20Ni10Nb	347L
21	H022Cr24Ni13Nb	309LNb	48	H019Cr27Ni32Mo3Cu	383
22	H022Cr21Ni12Nb	309LNbD	49	H019Cr20Ni25Mo4Cu	385
23	H10Cr24Ni13Mo2	309Mo	50	H08Cr16Ni8Mo2	16-8-2
24	H022Cr24Ni13Mo2	309LMo	51	H06Cr19Ni10	19-10H
25	H022Cr21Ni13Mo3	309LMoD	52	H011Cr33Ni31MoCuN	33-31
26	H11Cr26Ni21	310	53	H10Cr22Ni21Co18Mo3W3TaAlZrLaN	3556
27	H06Cr26Ni21	310S	54	H022Cr22Ni9Mo3N	2209
28	H022Cr26Ni21	310L	55	H03Cr25Ni5Mo3Cu2N	2553
29	H12Cr30Ni9	312	56	H022Cr25Ni9Mo4N	2594
30	H06Cr19Ni12Mo2	316	57	H06Cr12Ti	409
31	H06Cr19Ni12Mo2Si	316Si	58	H10Cr12Nb	409Nb
32	H07Cr19Ni12Mo2	316H	59	H08Cr17	430
33	H022Cr19Ni12Mo2	316L	60	H08Cr17Nb	430Nb
34	H022Cr19Ni12Mo2Si	316LSi	61	H022Cr17Nb	430LNb
35	H022Cr19Ni12Mo2Cu2	316LCu	62	H03Cr18Ti	439
36	H022Cr20Ni16Mn7Mo3N	316LMn	63	H011Cr26Mo	446LMo
37	H06Cr19Ni14Mo3	317	64	H10Cr13	410
38	H022Cr19Ni14Mo3	317L	65	H05Cr12Ni4Mo	410NiMo
39	H06Cr19Ni12Mo2Nb	318	66	022Cr13Ni4Mo	—
40	H022Cr19Ni12Mo2Nb	318L	67	H32Cr13	420
41	H05Cr20Ni34Mo2Cu3Nb	320	68	H04Cr17Ni4Cu4Nb	630

表 11-2 碳钢和低合金钢焊接用盘条的牌号及其化学成分（GB/T 3429—2015）

组号	序号	牌号	化学成分(质量分数)/%										
			C	Si	Mn	Cr	Ni	Mo	Cu	其他元素	P	S	其他残余元素总量[④]
											不大于		
1	1	H04E	≤0.04	≤0.10	0.30～0.60	—	—	—	—	—	0.015	0.010	—
	2	H08A[①]	≤0.10	≤0.03	0.40～0.65	≤0.20	≤0.30	—	≤0.20	—	0.030	0.030	—
	3	H08E[①]							≤0.20	—	0.020	0.020	—
	4	H08C[①]				≤0.10	≤0.10	—	≤0.10	—	0.015	0.015	—
	5	H15	0.11～0.18	≤0.03	0.35～0.65	≤0.20	≤0.30	—	≤0.20	—	0.030	0.030	—
2	6	H08Mn	≤0.10	≤0.07	0.80～1.10	≤0.20	≤0.30	—	≤0.20	—	0.030	0.030	—
	7	H10Mn	0.05～0.15	0.10～0.35	0.80～1.25	≤0.15	≤0.15	≤0.15	≤0.20	—	0.025	0.025	0.50
	8	H10Mn2	≤0.12	≤0.07	1.50～1.90	≤0.20	≤0.30	—	≤0.20	—	0.030	0.030	—
	9	H11Mn	≤0.15	≤0.15	0.20～0.90	≤0.15	≤0.15	≤0.15	≤0.20	—	0.025	0.025	0.50
	10	H12Mn	≤0.15	≤0.15	0.80～1.40	≤0.15	≤0.15	≤0.15	≤0.20	—	0.025	0.025	0.50
	11	H13Mn2	≤0.17	≤0.05	1.80～2.20	≤0.20	≤0.30	—	—	—	0.030	0.030	—
	12	H15Mn	0.11～0.18	≤0.03	0.80～1.10	≤0.20	≤0.30	—	≤0.20	—	0.030	0.030	—
	13	H15Mn2	0.10～0.20	≤0.15	1.60～2.30	≤0.15	≤0.15	≤0.15	≤0.20	—	0.025	0.025	—
3	14	H08MnSi	≤0.11	0.40～0.70	1.20～1.50	≤0.20	≤0.30	—	≤0.20	—	0.030	0.030	—
	15	H08Mn2Si	≤0.11	0.65～0.95	1.80～2.10	≤0.20	≤0.30	—	≤0.20	—	0.030	0.030	—
	16	H09MnSi	0.06～0.15	0.45～0.75	0.90～1.40	≤0.15	≤0.15	≤0.15	≤0.20	V≤0.03	0.025	0.025	—
	17	H09Mn2Si	0.02～0.15	0.50～1.10	1.60～2.40	—	—	—	≤0.20	Ti+Zr:0.02～0.30	0.030	0.030	—
	18	H10MnSi	≤0.14	0.60～0.90	0.80～1.10	≤0.20	≤0.30	—	≤0.20	—	0.030	0.030	—
	19	H11MnSi	0.06～0.15	0.65～0.85	1.00～1.50	≤0.15	≤0.15	≤0.15	≤0.20	V≤0.03	0.025	0.025	—
	20	H11Mn2Si	0.06～0.15	0.80～1.15	1.40～1.85	≤0.15	≤0.15	≤0.15	≤0.20	V≤0.03	0.025	0.025	—

续表

组号	序号	牌号	化学成分(质量分数)/%										
			C	Si	Mn	Cr	Ni	Mo	Cu	其他元素	P	S	其他残余元素总量④
											不大于		
4	21	H10MnNi3	≤0.13	0.05～0.30	0.60～1.20	≤0.15	3.10～3.80	—	≤0.20	—	0.020	0.020	0.50
	22	H10Mn2Ni	≤0.12	≤0.30	1.40～2.00	≤0.20	0.10～0.50	—	≤0.20	—	0.025	0.025	—
	23	H11MnNi	≤0.15	≤0.30	0.75～1.40	≤0.20	0.75～1.25	≤0.15	≤0.20	—	0.020	0.020	0.50
5	24	H08MnMo	≤0.10	≤0.25	1.20～1.60	≤0.20	≤0.30	0.30～0.50	≤0.20	Ti:0.05～0.15	0.030	0.030	—
	25	H08Mn2Mo	0.06～0.11	≤0.25	1.60～1.90	≤0.20	≤0.30	0.50～0.70	≤0.20	Ti:0.05～0.15	0.030	0.030	—
	26	H08Mn2MoV	0.06～0.11	≤0.25	1.60～1.90	≤0.20	≤0.30	0.50～0.70	≤0.20	Vi:0.06～0.12 Ti:0.05～0.15	0.030	0.030	—
	27	H10MnMo	0.05～0.15	≤0.20	1.20～1.70	—	—	0.45～0.65	≤0.20	—	0.025	0.025	0.50
	28	H10Mn2Mo	0.08～0.13	≤0.40	1.70～2.00	≤0.20	≤0.30	0.60～0.80	≤0.20	Ti:0.05～0.15	0.030	0.030	—
	29	H10Mn2MoV	0.08～0.13	≤0.40	1.70～2.00	≤0.20	≤0.30	0.60～0.80	≤0.20	V:0.06～0.12 Ti:0.05～0.15	0.030	0.030	—
	30	H11MnMo	0.05～0.17	≤0.20	0.95～1.35	—	—	0.45～0.65	≤0.20	—	0.025	0.025	0.50
	31	H11Mn2Mo	0.05～0.17	≤0.20	1.65～2.20	—	—	0.45～0.65	≤0.20	—	0.025	0.025	0.50
6	32	H08CrMo	≤0.10	0.15～0.35	0.40～0.70	0.80～1.10	≤0.30	0.40～0.60	≤0.20	—	0.030	0.030	—
	33	H08CrMoV	≤0.10	0.15～0.35	0.40～0.70	1.00～1.30	≤0.30	0.50～0.70	≤0.20	V:0.15～0.35	0.030	0.030	—
	34	H10CrMo	≤0.12	0.15～0.35	0.40～0.70	0.45～0.65	≤0.30	0.40～0.60	≤0.20	—	0.030	0.030	—
	35	H10Cr3Mo	0.05～0.15	0.05～0.30	0.40～0.80	2.25～3.00	—	0.90～1.10	≤0.20	Al≤0.10	0.025	0.025	0.50
	36	H11CrMo	0.07～0.15	0.05～0.30	0.45～1.00	1.00～1.75	—	0.45～0.65	≤0.20	Al≤0.10	0.025	0.025	0.50
	37	H13CrMo	0.11～0.16	0.15～0.35	0.40～0.70	0.80～1.10	≤0.30	0.40～0.60	≤0.20	—	0.030	0.030	—
	38	H18CrMo	0.15～0.22	0.15～0.35	0.40～0.70	0.80～1.10	≤0.30	0.15～0.25	≤0.20	—	0.025	0.030	—

续表

组号	序号	牌号	化学成分(质量分数)/%										
			C	Si	Mn	Cr	Ni	Mo	Cu	其他元素	P	S	其他残余元素总量[4]
											不大于		
7	39	H08MnCr5Mo	≤0.10	≤0.50	0.40～0.70	4.50～6.00	≤0.60	0.45～0.65	≤0.20	—	0.025	0.025	0.050
	40	H08MnCr9Mo	≤0.10	≤0.50	0.40～0.70	8.00～10.50	≤0.50	0.80～1.20	≤0.20	—	0.025	0.025	0.050
	41	H10MnCr9MoV	0.07～0.13	0.15～0.50	≤1.20	8.00～10.50	≤0.80	0.85～1.20	≤0.20	V:0.15～0.30 Al≤0.04	0.010	0.010	0.050
8	42	H05Mn2Ni2Mo	≤0.08	0.20～0.55	1.25～1.80	≤0.30	1.40～2.10	0.25～0.55	≤0.20	V≤0.05 Ti≤0.10 Zr≤0.10 Al≤0.10	0.010	0.010	0.50
	43	H08Mn2Ni2Mo	≤0.09	0.20～0.55	1.40～1.80	≤0.50	1.90～2.60	0.25～0.55	≤0.20	V≤0.04 Ti≤0.10 Zr≤0.10 Al≤0.10	0.010	0.010	0.50
	44	H08Mn2Ni3Mo	≤0.10	0.20～0.60	1.40～1.80	≤0.60	2.00～2.80	0.30～0.65	≤0.20	V≤0.03 Ti≤0.10 Zr≤0.10 Al≤0.10	0.010	0.010	0.50
	45	H10MnNiMo	≤0.12	0.05～0.30	1.20～1.60	—	0.75～1.20	0.10～0.30	≤0.20	—	0.020	0.020	0.50
	46	H11MnNiMo	0.07～0.15	0.15～0.35	0.90～1.70	—	0.95～1.60	0.25～0.55	≤0.20	—	0.025	0.025	0.50
	47	H13Mn2NiMo	0.10～0.18	0.20	1.70～2.40	≤0.20	0.40～0.80	0.40～0.65	≤0.20	—	0.025	0.025	0.50
	48	H14Mn2NiMo	0.10～0.18	0.30	1.50～2.40	—	0.70～1.10	0.40～0.65	≤0.20	—	0.025	0.025	0.50
	49	H15MnNi2Mo	0.12～0.19	0.10～0.30	0.60～1.00	≤0.20	1.60～2.10	0.10～0.30	≤0.20	—	0.020	0.015	0.50
9	50	H10MnSiNi	≤0.12	0.40～0.80	≤1.25	≤0.15	0.80～1.10	≤0.35	≤0.20	V≤0.05	0.025	0.025	0.50
	51	H10MnSiNi2	≤0.12	0.40～0.80	≤1.25	—	2.00～2.75	—	≤0.20	—	0.025	0.025	0.50
	52	H10MnSiNi3	≤0.12	0.40～0.80	≤1.25	—	3.00～3.75	—	≤0.20	—	0.025	0.025	0.50
10	53	H09MnSiMo	≤0.12	0.30～0.70	≤1.30	—	≤0.20	0.40～0.65	≤0.20	—	0.025	0.025	0.50
	54	H10MnSiMo	≤0.14	0.70～1.10	0.90～1.20	≤0.20	≤0.30	0.15～0.25	≤0.20	—	0.030	0.030	—
	55	H10MnSiMoTi	0.08～0.12	0.40～0.70	1.00～1.30	≤0.20	≤0.30	0.20～0.40	≤0.20	Ti:0.05～0.15	0.030	0.025	—

续表

组号	序号	牌号	化学成分(质量分数)/%										
			C	Si	Mn	Cr	Ni	Mo	Cu	其他元素	P	S	其他残余元素总量[4]
											不大于		
10	56	H10Mn2SiMo	0.07～0.12	0.50～0.80	1.60～2.10	—	≤0.15	0.40～0.60	≤0.20	—	0.025	0.025	—
	57	H10Mn2SiMoTi	≤0.12	0.40～0.80	1.20～1.90	—	—	0.20～0.50	≤0.20	Ti:0.05～0.20	0.025	0.025	—
	58	H10Mn2SiNiMoTi	0.05～0.15	0.30～0.90	1.00～1.80	—	0.70～1.20	0.20～0.60	≤0.20	Ti:0.02～0.30	0.025	0.025	0.50
11	59	H08MnSiTi	0.02～0.15	0.55～1.10	1.40～1.90	—	—	≤0.15	—	Ti+Zr:0.02～0.30	0.030	0.030	0.50
	60	H13MnSiTi	0.06～0.19	0.35～0.75	0.90～1.40	≤0.15	≤0.15	≤0.15	≤0.20	Ti:0.03～0.17	0.025	0.025	0.50
12	61	H05SiCrMo	≤0.05	0.40～0.70	0.40～0.70	1.20～1.50	≤0.20	0.40～0.65	≤0.20	—	0.025	0.025	0.50
	62	H05SiCr2Mo	≤0.05	0.40～0.70	0.40～0.70	2.30～2.70	≤0.20	0.90～1.20	≤0.20	—	0.025	0.025	0.50
	63	H10SiCrMo	0.07～0.12	0.40～0.70	0.40～0.70	1.20～1.50	≤0.20	0.40～0.65	≤0.20	—	0.025	0.025	0.50
	64	H10SiCr2Mo	0.07～0.12	0.40～0.70	0.40～0.70	2.30～2.70	≤0.20	0.90～1.20	≤0.20	—	0.025	0.025	0.50
13	65	H08MnSiCrMo	0.06～0.10	0.60～0.90	1.20～1.70	0.90～1.20	≤0.25	0.45～0.65	≤0.20	—	0.030	0.025	0.50
	66	H08MnSiCrMoV	0.06～0.10	0.60～0.90	1.20～1.60	1.00～1.30	≤0.25	0.50～0.70	≤0.20	V:0.20～0.40	0.030	0.025	0.50
	67	H10MnSiCrMo	≤0.12	0.30～0.90	0.80～1.50	1.00～1.60	—	0.40～0.65	≤0.20	—	0.025	0.025	0.50
14	68	H10MnMoTiB[2]	0.05～0.15	≤0.35	0.65～1.00	≤0.15	≤0.15	0.45～0.65	≤0.20	Ti:0.05～0.30	0.025	0.025	0.50
	69	H11MnMoTiB[2]	0.05～0.17	≤0.35	0.95～1.35	≤0.15	≤0.15	0.45～0.65	≤0.20	Ti:0.05～0.30	0.025	0.025	0.50
15	70	H10MnCr9NiMoV[3]	0.07～0.13	≤0.50	≤1.25	8.50～10.50	≤1.00	0.85～1.15	≤0.10	V:0.15～0.25 Al≤0.04	0.010	0.010	—
	71	H13Mn2CrNi3Mo	0.10～0.17	≤0.20	1.70～2.20	0.25～0.50	2.30～2.80	0.45～0.65	≤0.20	—	0.010	0.015	0.50
	72	H15Mn2Ni2CrMo	0.10～0.20	0.10～0.30	1.40～1.60	0.50～0.80	2.00～2.50	0.35～0.55	≤0.30	—	0.020	0.020	—
	73	H20MnCrNiMo	0.16～0.23	0.15～0.35	0.60～0.90	0.40～0.60	0.40～0.80	0.15～0.30	≤0.20	—	0.025	0.030	0.50

续表

组号	序号	牌号	化学成分(质量分数)/%										
			C	Si	Mn	Cr	Ni	Mo	Cu	其他元素	P	S	其他残余元素总量[④]
											不大于		
16	74	H08MnCrNiCu	≤0.10	≤0.60	1.20～1.60	0.30～0.90	0.20～0.60	—	0.20～0.50	—	0.025	0.020	0.50
	75	H10MnCrNiCu	≤0.12	0.20～0.35	0.35～0.65	0.50～0.80	0.40～0.80	≤0.15	0.30～0.80	—	—	—	—
	76	H10Mn2NiMoCu	≤0.12	0.20～0.60	1.25～1.80	≤0.30	0.80～1.25	0.20～0.55	0.35～0.65	V≤0.05 Ti≤0.10 Zr≤0.10 Al≤0.10	0.010	0.010	0.50
17	77	H05MnSiTiZrAl	≤0.07	0.40～0.70	0.90～1.40	≤0.15	≤0.15	≤0.15	≤0.20	V≤0.03 Ti:0.05～0.15 Zr:0.02～0.12 Al:0.05～0.15	0.025	0.025	0.50
	78	H08CrNi2Mo	0.05～0.10	0.10～0.30	0.50～0.85	0.70～1.00	1.40～1.80	0.20～0.40	≤0.20	—	0.030	0.025	—
	79	H30CrMnSi	0.25～0.35	0.90～1.20	0.80～1.10	0.80～1.10	≤0.30	—	≤0.20	—	0.025	0.025	—

① 根据供需双方协议，H08 非沸腾钢允许硅含量（质量分数）不大于 0.07%。

② B 为 0.005%～0.030%。

③ Nb 为 0.02%～0.10%，N 为 0.03%～0.07%。

④ 除表中所列外的其他元素总量（除 Fe 外）不大于 0.50%，如供方能保证可不作分析。

第三篇

钢铁材料的焊接施工

要得到优良的焊接接头性能，选择合理的焊接施工条件是至关重要的。焊接施工条件包括焊接热输入、预热及道间温度、焊材直径、焊接位置和热处理等，它们都是影响焊接接头组织和性能的重要因素。焊接热输入集中反映了焊接电流、电压和焊速等的综合影响，是决定焊接接头冷却速度（常用800～500℃的冷却时间$t_{8/5}$来表示）的主要因素；道间温度是决定焊焊接接头冷却速度的又一因素；焊材直径的大小和焊接位置的变化主要影响到焊接热输入，也影响到焊接接头中各区域的组成比例。焊接施工过程中，经常采用不同的焊接条件。为了选择焊接条件，一般通过工艺评定试验来确定，并借此来调整焊接施工参数。

热处理包括消除应力热处理、正火、回火或正火加回火等热处理，不同的热处理规范会对焊接接头组织和性能带来不同的影响，是获得优良焊缝性能的重要途径和控制手段。

为了使读者有一个完整的概念，下面对焊接施工的基础知识，包括各种钢材的焊接性、焊接材料的选用、冷裂纹与热裂纹的产生及热影响区的脆化或软化等基本内容进行简要说明。

第十二章
碳素结构钢的焊接施工

碳素结构钢又称碳钢，包括低碳钢、中碳钢及高碳钢。一般情况下，低碳钢的碳含量小于或等于0.25%，中碳钢的碳含量为0.25%～0.60%，高碳钢的碳含量大于0.60%。它们的焊接施工分述如下。

第一节　低碳钢的焊接

一、钢的焊接性

低碳钢中C、Mn、Si的含量低，通常情况下不会因为焊接而产生严重的硬化组织或淬火组织。这种钢材的塑性和冲击韧性也很好，焊接时一般不需要预热、控制道间温度和后热，不需要采用热处理来改善组织或性能。可以说，整个焊接过程中不需要特殊的施工措施，总体来说，低碳钢的焊接性良好。

二、焊接材料的选用

选用这类钢的焊材时，首先要满足焊缝金属与母材等强度这一原则，其他力学性能指标（如低温冲击韧性等）也应符合规定的要求。按照等强度要求选择焊材时，必须考虑板厚、接头形式、坡口形状及焊接热输入等因素的影响，因为这些因素对母材稀释率和焊接冷却速度，即对焊缝金属的化学成分和接头的组织都有影响，因此影响到最终的焊缝金属力学性能。焊接低碳钢时采用的焊接材料见表12-1。

三、焊接施工要点

在严寒的冬天或类似的气温条件下焊接低碳钢时，焊接接头的冷却速度较快，从而使裂纹倾向增大，特别是焊接大厚度或大刚度结构时更是如此。其中，多层焊接的第一道焊缝产生裂纹的倾向较其他焊道更大，为了避免裂纹的产生，可以采取以下措施。

① 焊前预热，焊接过程中保持道间温度。

表 12-1　低碳钢用焊接材料

<table>
<tr><th rowspan="2">钢材类别</th><th rowspan="2">钢号</th><th colspan="2">电弧焊焊条</th><th colspan="2">气体保护焊焊材</th><th colspan="2">埋弧焊焊材</th><th colspan="2">电渣焊焊材</th></tr>
<tr><th>型号</th><th>牌号</th><th>保护气体</th><th>焊丝型号
（牌号）</th><th>焊丝</th><th>焊剂</th><th>焊丝</th><th>焊剂</th></tr>
<tr><td rowspan="6">低碳钢</td><td>Q195
Q215
Q235
Q275</td><td rowspan="6">E4319
E4303
E4315
E4316
E4324
E5019
E5003
E5015
E5016
E5018
E5028</td><td rowspan="6">J423
J422
J427
J426
J421Fe
J503
J502
J507
J506
J506Fe
J506Fe16
J507Fe16</td><td rowspan="4">CO_2</td><td rowspan="4">ER49-1、
ER50-1、ER50-4、
ER50-6
T492T1-1C1A
（YJ501、YJ502）
T492T1-0C1A
（YJ500-P）
T492T1-1M21A（YJ501M）
T493T1-1C1A
（YJ501R、
YJ502R）
T493T5-1C1A
（YJ507）
T493T1-0C1A
（YJ507-P）
（GHS-50[①]）
（H08Mn2SiA）</td><td>H08A
H08E</td><td>HJ431
HJ430
SJ401
SJ403</td><td>H08Mn</td><td>HJ260
HJ252
HJ431</td></tr>
<tr><td>15、20</td><td>H08A、
H08Mn</td><td rowspan="5">HJ431
HJ430
HJ330
SJ301
SJ302
SJ501
SJ502</td><td rowspan="5">H08Mn2Si
H10Mn2
H10MnSi</td><td rowspan="5">HJ260
HJ252
HJ431</td></tr>
<tr><td>25、30</td><td>H08Mn、
H10Mn2</td></tr>
<tr><td rowspan="2">20g
22g</td><td rowspan="2">H08Mn
H08MnSi
H10Mn2</td></tr>
<tr><td rowspan="2">自保护</td><td rowspan="2">T493T8-1NA
（YZJ507）
T492T7-0NA
（YZJ507-P7）
T493T8-0NA
（YZJ507-P8）</td></tr>
<tr><td>20R</td><td>H08Mn</td></tr>
</table>

① 钢铁研究院开发的产品。

② 采用低氢或超低氢型焊接材料。

③ 点固焊接时加大电流，减慢焊速，适当增加点固焊缝截面和长度，必要时进行预热。

④ 整条焊缝连续焊完，尽量避免中断。

⑤ 不在坡口以外的母材上引弧，灭弧时要填满弧坑。

⑥ 尽量不在低温下进行弯板、矫正、装配等工序。

以上措施可单独采用或综合采用。预热制度可根据试验结果或生产实践经验具体确定，不同产品的预热制度也不尽相同。表 12-2 给出了低碳钢管道、容器及其他重要结构在低温下焊接时的预热温度，表 12-3 给出了管道安装及检修时的施工温度限制及预热要求，供参考。

表 12-2　在低温下焊接低碳钢管道、容器及其他重要结构时的预热温度

板厚/mm	在各种气温下的预热温度
≤16	不低于－30℃时，不预热；低于－30℃时，预热到 100～150℃
17～30	不低于－20℃时，不预热；低于－20℃时，预热到 100～150℃
31～40	不低于－10℃时，不预热；低于－10℃时，预热到 100～150℃
41～50	不低于 0℃时，不预热；低于 0℃时，预热到 100～150℃

表 12-3 在冬季安装、检修发电厂管道等焊接时的施工温度限制及预热要求

钢的碳含量	管壁厚度/mm	
	≤16	>16
C≤0.20%	一般不预热	不低于-20℃时，不预热；低于-20℃时，预热到 100～200℃
C=0.21%～0.28%	一般不预热	不低于-10℃时，不预热；低于-10℃时，预热到 100～200℃

第二节 中碳钢的焊接

一、钢的焊接性

中碳钢的 C 含量接近 0.25%而且 Mn 含量不高时，焊接性良好。随着 C 含量的增加，焊接性逐渐变差。如果 C 含量为 0.5%左右，按照焊接低碳钢常用的工艺施焊时，则热影响区可能产生硬脆的马氏体组织，容易开裂。当焊接材料和焊接过程控制不好时，甚至焊缝也开裂。焊接时，有相当数量的母材会熔化而进入焊缝，使焊缝中 C 含量增加，特别是在杂质元素 S、P 的含量接近上限指标含量时，容易产生焊缝热裂纹，这种热裂纹在焊接弧坑处尤为敏感。此外，由于 C 含量增加，气孔敏感性也增大。

中碳钢既可用于强度较高的结构件，也可用于机械部件和工具。当用于机械部件时，要求其强韧性相互匹配，也有的利用其耐磨性。无论是提高强度还是耐磨性，应通过热处理来达到所希望的性能。因此，在焊接前，有的中碳钢已经完成了正火或者调质处理（淬火+回火）。例如 45 号中碳钢，除了常用于结构件外，也常用于机械的轴类，当机械轴折断后往往需要进行修复焊接，此时需要修复的工件已经处于调质状态。

如果中碳钢工件焊接后再热处理，且要求热处理后的焊缝与母材性能匹配，则必须注意选择合适的焊接材料。如果对已经热处理的部件进行焊接，则必须采取措施防止裂纹的产生。还需要强调，焊接时的热作用会使热影响区软化，也要注意出现硬化区或脆化现象。要防止出现这些问题，控制热输入是关键因素，需要掌握好尺度，确有必要时可采用整体热处理。

二、焊接材料的选用

焊接中碳钢时应选择低氢型焊接材料，当不要求焊缝与母材等强度时，可选择强度级别稍低的低氢型焊接材料。焊接中碳钢选用的焊接材料见表 12-4。

表 12-4 中碳钢用焊接材料

钢号	电弧焊焊条		气体保护焊焊材	
	型号	牌号	保护气体	焊丝型号(牌号)
35 45	E5019 E5003 E5015 E5016 E5015-G E5018	J503 J502 J507 J506 J507GR、J507RH J506Fe、J507Fe	CO_2 或 Ar+20%CO_2	ER49-1 ER50-2、ER50-3、ER50-6、ER50-7 T492T1-1C1A、 T494T1-1C1A、 T492T1-1M21A (YJ501、YJ501Ni 或 YJ501M)(GHS-60①)

① 钢铁研究院开发的产品。

三、焊接施工要点

大多数情况下，中碳钢焊接需要预热和保持道间温度，以降低焊缝和热影响区的冷却速度，从而防止产生马氏体。预热温度取决于碳当量、母材厚度、结构刚度、焊条类型和工艺方法。通常情况下，35 钢和 45 钢的预热温度为 150～250℃；C 含量更高，或厚度大，或刚度大时，预热温度可提高到 250～400℃。尽量采用低氢型或超低氢型焊条。

焊后最好立即进行消除应力处理，特别是大厚度工件、大刚度结构件及在苛刻的工况条件（例如动载荷或冲击载荷）下工作的工件。消除应力回火温度一般为 600～650℃。如果焊后不可能立即进行消除应力处理，则应先进行消氢处理，消氢处理的温度为 250～300℃。如果消氢处理也无法进行，就应该进行后热处理，促使扩散氢逸出，后热处理还可以降低冷却速度，缓解组织应力等。后热温度不一定与预热温度相同，往往稍高于预热温度，应视具体情况而定。后热处理的保温时间通常按每 10mm 板厚为 1h 左右来控制。

当焊接沸腾钢时，应采用含有足够数量脱氧剂（例如 Al、Mn、Si）的填充金属，以防止产生焊缝气孔。埋弧焊的焊丝和焊剂配合也要适当，保证有足够的脱氧剂，例如 Si 或 Mn，以便防止焊接沸腾钢时出现焊缝气孔。

第三节　高碳钢的焊接

一、钢的焊接性

高碳钢焊接时更容易产生硬脆的高碳马氏体，所以淬硬倾向和裂纹敏感性更大，因而焊接性更差。这类钢是不适于用来制造焊接结构的，可以用于高硬度的耐磨部件、零件和工具，以及某些铸件，它们的焊接大多数为局部修复焊接。为了获得高硬度或耐磨性，高碳钢零部件一般都经过热处理，常为淬火＋回火。基于此，焊接前应经过退火，以减少冷裂纹倾向，焊后再进行相应的热处理，以便达到高硬度或耐磨性的要求。

二、焊接材料的选用

焊接材料的选择，可根据钢的碳含量、工件类型和使用条件等，选择合适的填充金属。首先是尽可能保证在焊缝或热影响区不产生冷裂纹，必须采用低氢型的焊接材料。高碳钢的强度高，要求焊缝与母材强度完全相同比较困难。当要求焊接接头的强度较高时，一般用 E6915-4M2(J707) 或 E5915-3M2(J607)。当对接头强度的要求不太高时，可用 E5016(J506) 或 E5015(J507) 等焊条，或者选用强度等级相近的其他低合金钢焊条或填充金属。必要时也可以采用铬镍奥氏体不锈钢焊条，例如 A102、A107、A302、A307 等。碳含量更高时，可改用 A402、A507。不锈钢焊条可以采用碱性药皮，也可以采用钛钙型药皮，后者的焊接工艺性能好，应用更普遍。当工件刚度大时，可以适当预热，防止热影响区产生冷裂纹。

三、焊接施工要点

高碳钢应在退火后再进行焊接。采用结构钢焊条时，焊前必须预热，一般为 250～350℃以上。焊接过程中还需要保持与预热一样的道间温度。工件焊接完成后立即送入炉中，在 650℃的条件下进行保温，起到消除应力热处理的作用。工件的刚度或厚度较大时，应采取减少焊接内应力的措施，例如合理排列焊道，采用分段倒退法焊接，焊后进行锤击等。

第十三章
低合金及微合金高强度钢的焊接施工

低合金钢是在碳钢的基础上添加一定数量的合金元素而形成的，其合金含量一般为1.5％～5％。低合金钢有多种分类方法，如按合金成分分类、按热处理方法分类、按显微组织类型分类、按用途分类等。从实用角度出发，将其综合划分为低合金高强度钢、低碳低合金调质钢及微合金控轧高强度钢，这样就把各种成分不同的钢，如微合金与低合金钢，还有不同热处理方法、不同轧制方法的钢分成三大类，它们的强度及韧性各有其内在规律，涵盖了船舶、桥梁、压力容器等专业用钢的研究发展动向，各类钢的焊接性及施工要求分述如下。

第一节　低合金高强度钢的焊接

一、 钢的焊接性

这类钢易于产生的焊接问题主要是焊接冷裂纹和热影响区脆化，对于调质处理的高强度钢，还存在一个软化区问题。为防止冷裂纹，可采取相应的预热和后热措施，选用低氢或超低氢型焊接材料。为减少热影响区脆化，主要是限制焊接热输入，多道焊接时尽量降低道间温度；可以根据钢种、板厚和性能要求等，通过工艺评定试验，选定合适的施焊参数。热影响区的软化问题，也能通过限制热输入来减小软化区的宽度和软化程度。

二、 焊接材料的选用

选用焊接材料时，首先要满足焊缝金属与母材等强度，也要考虑其他力学性能指标（如低温冲击韧性等）符合规定的要求。焊缝金属化学成分与母材成分的一致性则放在次要。在母材强度等级较高或焊接某些大厚度、大拘束度的构件时，为防止出现焊接冷裂纹，可采用低强匹配原则，即选用焊缝强度稍低于母材强度的焊材。值得注意的是，当焊缝金属的强度超过母材过多时，可能引起某些不良后果，这一点往往容易被忽略。经验证明，如果焊缝强度超过母材过多，接头冷弯时，塑性变形不均匀，因而造成冷弯角小，甚至出现横向裂纹。因此，焊缝强度等于或稍高于母材即可。不同焊接方法采用的焊接材料列于表13-1～表13-3中。

表13-1　低合金高强度钢电弧焊用焊条

钢材		焊条	
钢级	钢号	型号	牌号
Q355	16Mn 16MnR 16MnCu 14MnNb	E5003,E5019 E5015,E5016 E5015-G E5018 E5028	J502,J503 J507,J506 J507GR,J507RH J506Fe,J507Fe J506Fe16
Q390	15MnV 15MnTi 15MnVCu 15MnVRE 16MnNb	E5003,E5019 E5015,E5016 E5015-G E5515,E5516 E5515-G	J502,J503 J507,J506 J507GR,J507RH J557,J556 J557Mo,J557MoV
Q420	15MnVN 15MnVNCu 14MnVTiRE	E5515,E5516 E5515-G E6016-D1,E6015-D1 E6015-G	J557,J556 J557Mo,J557MoV J606,J607 J607Ni,J607RH
Q460	14MnMoV 14MnMoVCu 18MnMoNb	E6015-G E6016-D1,E6015-D1 E7015-D2 E7015-G	J607Ni,J607RH,J607Mo J606,J607 J707 J707Ni,J707Mo

表13-2　低合金高强度钢气体保护焊用焊丝和自保护药芯焊丝

钢材		焊丝	
钢级	钢号	保护气体	型号(牌号)
Q355	16Mn 16MnR 16MnCu 14MnNb	CO_2	ER49-1,ER50-2,ER50-6,ER50-7 T492T1-0C1A，T492T1-1C1A，T493T1-1C1A，T493T5-1C1A，T493T5-0C1A (YJ500-P,YJ501,YJ502,YJ501R,YJ502R,YJ507,YJ507-P),(GHS-50)
Q390	15MnV 15MnTi 15MnVCu 15MnVRE 16MnNb	CO_2 或 Ar+20%CO_2	ER50-2,ER50-6,ER50-7 T492T1-1C1A，T493T1-1C1A，T494T1-1C1A，T493T5-1C1A，T493T5-0C1A，T494T5-0C1A 或 T492T1-1M21A，T494T1-1M21A，T493T5-1M21A，T493T5-0M21A （YJ501，YJ502，YJ501R，YJ502R，YJ502Ni，YJ507，YJ507-P，YJ507R-P 或 YJ502M，YJ501MNi，YJ502MNi，YJ507M，YJ507M-P），(GHS-50)
		自保护	T493T8-1NA,T492T7-0NA,T493T8-0NA (YZJ507,YZJ507-P7,YZJ507-P8)

续表

钢材		焊丝	
钢级	钢号	保护气体	型号(牌号)
Q420	15MnVN 15MnVNCu 14MnVTiRE	CO_2或 Ar+20%CO_2	ER50-2,ER50-6,ER50-7,ER55-D2 T493T1-1C1A-N2, T553T1-1C1A-N2, T554T1-1C1A-N2, T553T1-1C1A-N3,T553T1-0C1A-N3 或 T553T1-1M21A-N2,T553T1-1M21A-N3 (YJ502Ni1, YJ551Ni1, YJ551Ni1R, YJ552K2, YJ552K2-P 或 YJ551Ni1M, YJ551MK2),(GHS-60N)
		自保护	T493T8-1NA,T493T8-0NA,T553T8-1NA-N5 (YZJ507,YZJ507-P8,YZJ557Ni2)
Q460	14MnMoV 14MnMoVCu 18MnMoNb	CO_2或 Ar+20%CO_2	ER55-D2,(H08Mn2SiMoA) T553T1-1C1A-N2, T553T1-1C1A-N3, T553T1-0C1A-N3, T554T1-1C1A-N2,T554T1-1C1A-N5,T554T5-1C1A-N2M2 或 T553T1-1M21A-N2,T553T1-1M21A-N3,T554T5-0M21A-N2M2 (YJ552Ni1, YJ552Ni1R, YJ551Ni2, YJ552Ni2, YJ552K2, YJ552K2-P, YJ557K1-P 或 YJ551MK2,YJ552Ni1M,YJ557MK1-P),(GHS-60N,GHS-70)
		自保护	T553T8-1NA-N5,T554T8-1NA-N5 (YZJ557Ni2,YZJ557Ni2R)

表 13-3 低合金高强度钢埋弧焊及电渣焊用焊丝和焊剂

钢材		埋弧焊		电渣焊	
钢级	钢号	焊丝牌号/型号	焊剂	焊丝	焊剂
Q355	16Mn 16MnR 16MnCu 14MnNb	不开坡口对接 H08A/SU08A H08E/SU08E 中板开坡口对接 H08Mn/SU26 H10Mn2/SU34 H10MnSi/SU28	HJ430 HJ431 SJ501 SJ502 SJ301	H08MnMoA H10Mn2 H10MnSi	HJ431 HJ360
Q390	15MnV 15MnTi 15MnVCu 15MnVRE 16MnNb	不开坡口对接 H08Mn/SU26 中板开坡口对接 H08Mn2Si/SU44 H10Mn2/SU34 H10MnSi/SU28	HJ430 HJ431 SJ101	H10Mn2MoVA H10Mn2MoA	HJ431 HJ360 HJ170
		深坡口 H08MnMo/SUM3	HJ250 HJ350 SJ101		
Q420	15MnVN 15MnVNCu 14MnVTiRE	H10Mn2/SU34 H08MnMo/SUM3 H08Mn2Mo/SUM31	HJ250 HJ252 HJ350 SJ101	H10Mn2MoVA H10Mn2MoA	HJ431 HJ360
Q460	14MnMoV 14MnMoVCu 18MnMoNb	H08Mn2Mo/SUM31 H08Mn2MoV/SUM3V H05Mn2Ni2MoA	HJ250 HJ252 HJ350 SJ101	H10Mn2MoA H10Mn2MoVA H08Mn2Ni2MoA	HJ431 HJ360

三、 焊接施工要点

1. 焊接热输入的控制

焊接热输入的变化将改变焊接冷却速度，从而影响到焊缝金属及热影响区的组织组成，并最终影响焊接接头的力学性能，也影响到其抗裂性能。屈服强度不超过 500MPa 的低合金高强度钢焊缝金属，如能获得细小均匀的铁素体组织，可具有优良的强韧性。而针状铁素体组织的形成需要控制焊接冷却速度。为了确保焊缝金属的韧性，不宜采用过大的焊接热输入。操作上尽量不采用横向摆动和挑弧焊接，推荐采用多层窄焊道焊接。

热输入对焊接热影响区的抗裂性能及韧性也有显著的影响。低合金高强度钢热影响区组织的脆化或软化都与焊接冷却速度有关。由于低合金高强度钢的强度范围较宽，合金体系及合金含量差别较大，焊接时钢材的状态各不相同，很难对焊接热输入作出统一的规定。所以，应根据钢材的焊接性特点，结合具体的结构及板厚等，选择合适的焊接热输入。

与正火或正火加回火钢以及控轧钢相比，热轧钢可以适应较大的焊接热输入。碳含量较低的热轧钢（如 09Mn2、09MnNb 等）以及碳含量偏下限的 16Mn(Q355）焊接时，焊接热输入没有严格的限制。因为这些钢的焊接热影响区脆化及冷裂倾向较小。但是，当焊接碳含量偏上限的 16Mn(Q355）时，为了降低淬硬倾向，防止冷裂纹的产生，焊接热输入应适当偏大一些。

含 V、Nb、Ti 等微合金元素的钢种，为避免热影响区中粗晶区的脆化，确保焊接热影响区具有优良的低温韧性，应选择较小的焊接热输入。例如，14MnNbq(Q370q）的焊接热输入应控制在 37kJ/cm 以下，15MnVN(Q420q）的焊接热输入宜在 40～45kJ/cm 以下。

碳及合金元素含量较高、屈服强度为 490MPa 级的正火钢，如 18MnMoNb 等，选择热输入时既要考虑钢种的淬硬倾向，同时也要兼顾热影响区中粗晶区的过热倾向。一般为了确保热影响区的韧性，应选择较小的热输入，同时采用适当的预热或焊后消氢处理等手段防止焊接冷裂纹的产生。

控轧钢的碳含量和碳当量均较低，对于氢致裂纹不敏感。为了防止焊接热影响区的软化，提高热影响区的韧性，应采用较小的焊接热输入，使焊接过程中从 800℃降至 500℃的冷却时间 $t_{8/5}$ 控制在 10s 以内为佳。

2. 预热及道间温度

预热可以降低焊接冷却速度，减少或避免热影响区中淬硬马氏体的产生，降低热影响区硬度，同时预热可以降低焊接应力，也有助于氢从焊接接头中逸出。因此，焊接低合金高强度钢时，预热是防止氢致裂纹产生的有效措施。但是，预热往往恶化劳动条件，使生产工艺复杂化，不合理的、过高的预热及道间温度还会损害焊接接头的力学性能。因此，是否采用预热及合理的预热温度等，都需要认真考虑或通过工艺评定试验来确定。

预热温度的确定主要取决于钢材的成分（碳当量）、板厚、焊件结构形状或拘束度、环境温度以及所采用的焊接材料的氢含量等。随着钢材碳当量、板厚、结构拘束度和焊接材料的氢含量的增加，以及环境温度的降低，焊前预热温度要相应提高。表 13-4 推荐了不同强度的低合金高强度钢的焊接预热温度，供参考。对于厚板多层多道焊，为了促进焊接区中扩散氢的逸出，防止焊接过程中氢致裂纹的产生，应控制道间温度不低于预热温度，必要时还要进行焊接施工过程中的消氢处理。

表 13-4 推荐用于热轧和正火状态下低合金高强度钢的预热温度 ℃

钢的厚度/mm	焊条类型	钢的最低屈服强度/MPa				
		310	345	380	410	450
<10	普通	不预热	不预热	不预热	38	66
	低氢	不预热	不预热	不预热	21	21
10～19	普通	不预热	38	66	93	121
	低氢	不预热	不预热	21	21	21
19～38	普通	66	66	93	121	—
	低氢	不预热	不预热	66	66	—
38～51	普通	93	121	149	—	—
	低氢	66	66	107	—	—
51～76	普通	149	149	177	—	—
	低氢	107	107	149	—	—

注：表中的不预热是指环境温度必须高于 10℃；如果低于 10℃，应预热到 21～38℃。

3. 焊接后热及焊后热处理

（1）焊接后热及消氢处理　焊接后热是指焊接结束或焊完一条焊缝后，将焊件或焊接区域立即加热到 150～250℃范围内，并保温一段时间；而消氢处理通常是在 300～400℃的温度范围内保温一段时间。两种处理的目的都是加速焊接接头中氢的扩散逸出，消氢处理的效果比后热效果更好。焊后及时后热或进行消氢处理是防止焊接冷裂纹的有效措施之一，特别是对于那些氢致裂纹敏感性较高的钢材，如 14MnMoV、18MnMoNb 等的厚板焊接接头。采用这一措施不仅可以降低预热温度、减轻焊工劳动强度，而且还可以采用较低的焊接热输入，使焊接接头获得良好的综合力学性能。对于厚度超过 100mm 的厚壁压力容器及其他重要的产品构件，焊接过程中至少进行 2～3 次的中间消氢处理，以防止因厚板多层多道焊接时，由于氢的积聚而导致出现氢致裂纹。

（2）焊后热处理　热轧、控轧及正火钢一般焊后不进行热处理。只有电渣焊的焊缝及热影响区因为晶粒粗大，焊后必须进行正火处理以细化晶粒。某些焊接后的部件（如筒节等）在热校正或热整形以后也需要进行正火处理。正火温度应控制在钢材 A_{c_3} 点以上 30～50℃，过高的正火温度会导致晶粒长大，保温时间按 1～2min/mm 计算。厚壁受压部件经正火处理后，往往产生较高的内应力，正火后应进行回火处理。

（3）消除应力处理　厚壁高压容器、用于抗应力腐蚀的容器以及要求尺寸稳定性的焊接结构，焊后需要进行消除应力处理。此外，对于冷裂倾向大的高强钢，也要求焊后及时地进行消除应力处理。消除应力处理是最常用的松弛焊接残余应力的方法，该方法是将焊件均匀加热到 A_{c1} 点以下某一温度，保温一段时间后，随炉冷却到 300～400℃，最后焊件在炉外空冷。合理的消除应力处理工艺，可以起到消除内应力并改善接头组织与性能的作用。对于某些含 V、Nb 的低合金钢热影响区和焊缝金属，如果消除应力处理时加热温度和保温时间选择不当，会因碳、氮化合物的析出而产生消除应力脆化，降低接头的韧性。因此，应选择合理的加热制度和加热温度，避免焊件在敏感的温度区长时间加热。另外，消除应力处理的加热温度不应超过母材原来的回火温度，以免损伤母材性能。

不同强度等级的低合金高强度钢焊后热处理温度汇总于表 13-5 中。对于那些受几何形状和尺寸限制不易装入炉内的大型结构件，以及有再热裂纹倾向的低合金高强度钢结构，为了节省能源、降低制造成本，可以采用振动法或爆炸法等来降低焊接结构的残余应力。

表 13-5　不同强度等级的低合金高强度钢焊后热处理温度

强度等级/MPa	钢　号	回　火	正　火	消除应力处理
355	14MnNb 16Mn	580～620℃	900～940℃	550～600℃
390	15MnV 15MnTi 16MnNb	620～640℃	910～950℃	600～650℃
420	15MnVN 14MnVTiRE	620～640℃	910～950℃	600～660℃
460	14MnMoV 18MnMoNb	640～660℃ 620～640℃	920～950℃	600～660℃

第二节　低碳低合金调质钢的焊接

一、扩散氢的源头控制

由于低碳低合金调质钢产生冷裂纹的倾向较大，因此，严格控制焊接材料的氢是十分重要的。用于低碳低合金调质钢的焊条应采用低氢型或超低氢型焊条，焊前必须按照生产厂制定的或工艺规程中规定的烘干条件进行再烘干。烘干后的焊条应存放在焊条保温筒内，且不超过 4h。再烘干的焊条在大气中允许存放的最长时间，或按照生产厂的规定或按照表 13-6 中的规定执行。气体保护焊或埋弧焊焊丝表面的污物应予认真清除，保护气体或焊剂中的水分及焊接区域表面的水分都应严加控制。

表 13-6　低氢型焊条允许在大气中放置的最长时间

焊条级别	E50××	E55××	E60××	E70××或高于 E70××
最长放置时间/h	4	2	1	0.5

二、焊接热输入

焊接热输入影响到焊接冷却速度，每一种低碳低合金调质钢都有一个最佳的 $t_{8/5}$ 或 $t_{8/3}$。如能结合焊接结构接头形式、板厚和为防止产生冷裂纹必须采用的预热温度来选择适当的热输入，可使焊接接头的冷却速度达到最佳范围。如果各种条件限制不能保证焊接接头的冷却速度达到最佳值，也一定要尽量避免采用大的热输入，以免过度损伤焊接热影响区的韧性。表 13-7 给出了国外的 A514 及 A517 两种钢焊接时的最大焊接热输入，供参考。

表 13-7　A514 及 A517 两种钢的最大焊接热输入①　　kJ/mm

预热及道间温度/℃	板厚/mm				
	6	19	25	32	51
20	1.42	4.76	不限制②	不限制	不限制
95	1.14	3.9	6.8	不限制	不限制
150	0.95	3.23	4.96	6	不限制
200	0.75	2.56	3.66	5	不限制

① 角焊缝可提高 25%。

② 对焊条电弧焊不限制，但不适于高热输入的焊接方法。

焊接热输入不仅影响焊接热影响区的性能，也影响焊缝金属的性能。对许多焊缝金属来说，为获得良好的强韧性，需要获得针状铁素体的组织。这种组织必须在较快的冷却条件下才能获得。尽量避免采用过大的热输入，不推荐采用大直径的焊条或焊丝。只要有可能，应采用多层多道焊接，最好采用窄焊道，而不采用横向摆动的运条技术。这样不仅可以使焊接热影响区和焊缝金属有较好的强韧性，而且还可以减少焊接变形。立焊时，不可避免地要进行局部摆动和向上挑动，也应控制在最低程度。可采用碳弧气刨清理焊根，但必须严格控制热输入。在碳弧气刨后，应打磨清理气刨表面后再施焊。

三、 预热温度及道间温度

1. 通用低碳低合金调质钢的预热温度和道间温度

为了防止冷裂纹的产生，焊接低碳低合金调质钢时，常常采用预热，但必须注意防止由于预热而使焊接热影响区的冷却速度过于缓慢。因为在过于缓慢的冷却速度下，焊接热影响区内产生 M-A 组元和粗大贝氏体。这些组织使焊接热影响区的强度下降、韧性变坏。图 13-1 所示为预热温度对板厚 13mm 的 ASTMA514 或 A517 热影响区韧性的影响。可以看出，与低的预热温度相比，预热温度高时，热影响区的韧性下降得更明显。过于缓慢的冷却速度，也可能使热影响区某些区域发生软化，导致接头强度下降。

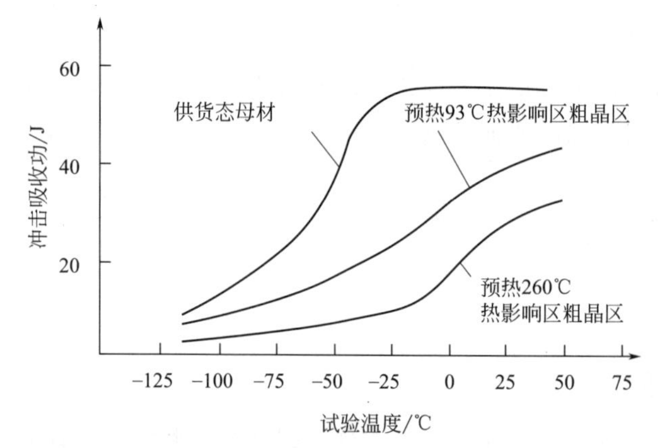

图 13-1 预热温度对板厚 13mm 的 ASTM A514 或 A517 热影响区韧性的影响

为避免预热对接头造成有害的影响，必须严格地选用预热温度。表 13-8 列出了 Welten80C 推荐的最低预热温度及允许的最高道间温度。表 13-9 列出了几种低碳低合金调质钢的最低预热温度和道间温度，且允许最高预热温度与表中最低值相差不得大于 65℃。表 13-10 列出了 HY-130 的最高预热温度推荐值。如有可能，采用最低温度预热加后热，或不预热只采用后热的方法防止低碳低合金调质钢产生裂纹，这样可以减轻或消除过高的预热温度对其热影响区韧性的损害。

表 13-8 焊接 Welten80C 预热温度及道间温度推荐值 ℃

板厚 h/mm		$h<13$	$13\leqslant h<19$	$19\leqslant h<26$	$26\leqslant h\leqslant 50$	$h>50$
最低预热温度	焊条电弧焊或埋弧焊	50 (10)	75 (10)	100 (25)	125 (50)	150 (75)
	熔化极气体保护焊	50 (10)	50 (10)	75 (25)	100 (50)	125 (75)

续表

板厚 h/mm	h＜13	13≤h＜19	19≤h＜26	26≤h≤50	h＞50
最高的道间温度	150 (150)	180 (180)	200 (200)	220 (200)	220 (200)

注：1. 预热面积应包括焊缝两侧100mm，定位焊和清根时也应采用正常焊接的预热温度预热。若采用气焊枪预热，火焰芯应距工件表面50mm，当工件拘束度很低时，可采用括号内的预热温度。

2. 如果预热温度高、工件小，应按括号内的温度控制道间温度。

表 13-9 几种低碳低合金调质钢的最低预热和道间温度 ℃

板厚/mm	＜13	13～16	16～19	19～22	22～25	25～35	35～38	38～51	＞51
14MnMoNbB	—	100～150	150～200	150～200	200～250	200～250	—	—	—
15MnMoVN	—	50～100	100～150	100～150	150～200	150～200	—	—	—
A514、A517	10	10	10	10	10	66	66	66	93
HY-80	24	52	52	52	52	93	93	93	93
HY-130	24	24	52	52	52	93	93	93	93

表 13-10 HY-130 的最高预热温度推荐值

板厚/mm	16	16～22	22～35	＞35
最高预热温度/℃	65	93	135	149

2. 工程机械用低碳低合金调质钢的预热温度、道间温度及焊接热输入

工程机械用低碳低合金调质钢的预热温度、道间温度及焊接热输入列于表 13-11。

表 13-11 工程机械用低碳低合金调质钢的预热温度、道间温度及焊接热输入

钢号	板厚/mm	预热温度/℃			道间温度/℃	热输入/(kJ/cm)
		焊条电弧焊	气体保护焊	埋弧焊		
HQ60	6～12 13～25 26～50	不预热 40～75 75～125	不预热 ≥25 ≥25	不预热 ≥25 ≥25	≤150 ≤200 ≤200	≤30 ≤45 ≤55
HQ70	6～12 13～18 19～25 26～50	≥50 ≥75 ≥100 ≥125	≥25 ≥50 ≥50 ≥75	≥50 ≥50 ≥75 ≥100	≤150 ≤180 ≤200 ≤220	≤25 ≤35 ≤45 ≤48
HQ80	6～12 13～18 19～25 26～50	≥50 ≥75 ≥100 ≥125	≥50 ≥50 ≥75 ≥100	≥50 ≥75 ≥100 ≥125	≤150 ≤180 ≤200 ≤220	≤25 ≤35 ≤45 ≤48
HQ100	25	≥150	≥150	—	≤150	≤35

3. 日本潜艇壳体用低碳低合金调质钢的预热和道间温度

(1) NS63 焊接时的预热温度及道间温度 见表 13-12。

表 13-12 NS63 的预热温度及道间温度

接头特征	焊条烘干制度	焊剂烘干制度	焊条电弧焊	气体保护焊	埋弧焊
强拘束对接	400℃×1h	300℃×1h	≥150℃	≥75℃	≥150℃
通常的对接			≥100℃	≥50℃	≥125℃
简单的角接			≥75℃	—	—

（2）NS80焊接时的预热温度及道间温度　见表13-13。

表13-13　NS80的预热温度及道间温度

焊接方法	屈服强度级别	拘束程度	拘束应力/MPa	板厚/mm		
				≥20	≥40	≥60
焊条电弧焊	≥790MPa	强拘束	785	≥75℃	≥100℃	≥125℃
		弱拘束	625	≥50℃	≥75℃	≥100℃

四、焊后热处理

大多数低碳低合金调质钢的焊接构件在焊态下使用，只有在下述条件下才进行焊后热处理：焊后或冷加工后钢的韧性过低；焊后需进行高精度加工，要求保证结构尺寸的稳定性；焊接结构承受应力腐蚀。

某些对钢和焊缝金属强韧化有益的元素，在焊后消除应力处理时会产生有害作用。许多析出硬化型低碳低合金调质钢在焊后热处理时，焊接热影响区会出现再热裂纹。为了使焊后热处理不致使焊接接头受到严重损害，应仔细地研究焊后热处理的温度、时间和冷却速度对接头性能的影响，以及产生再热裂纹的倾向和避免的条件，并认真地制定焊后热处理规范。焊后热处理的温度必须低于母材调质处理时的回火温度，以防母材的性能受到损害。

第三节　微合金控轧高强度钢的焊接

这类钢的碳含量及碳当量都较低，S、P和其他杂质含量也很低，所以焊接性和一般热轧结构钢相比，有很大的改善。因此，对预热和后热的要求较低，冷裂纹、热裂纹和层状撕裂等焊接裂纹发生的可能性也较少，可使用的焊接热输入范围宽，并且可以进行单层大热输入焊接等。通常，这类钢用在要求比较高的焊接结构中，如车辆、桥梁、船舶、采油平台、锅炉与压力容器、油气管线、建筑结构等。由于这类钢在成分和轧制工艺上的特点，根据国外在焊接方面的经验，仍有以下潜在的焊接性问题需要注意。

一、钢的焊接性

1. 冷裂纹的危险性

由于这类钢的成分比较纯净，C含量和S、P等杂质含量比较低，因此，缺少可能形成氢陷阱的杂质，使焊接时可以容纳氢的体积减小；由于可以形成晶核的杂质减少，使奥氏体不易发生转变，即增加了淬硬倾向，增加了冷裂纹的危险性。

2. 局部脆化区对韧性的影响

借助于成分和轧制工艺上的优势，这类钢的韧性得到了很大的改善。但是在焊接条件下，有可能在热影响区中形成局部脆化区，使该区的韧性会有一定程度的降低。作为多层焊接接头的局部脆化区有三个关键部位，即粗晶热影响区，临界温度区间的粗晶热影响区，亚临界温度区间的粗晶热影响区。

3. 软化

这类钢的部分高强度是在热轧工艺中采用加速冷却，将能量储存在位错组织中而获得的，这一能量在高温下可以释放。这样就会导致焊接条件下产生的在临界温度区间和亚临界温度区间的加热区，甚至在缓慢冷却的粗晶区的加热区，形成硬度比母材金属低的区域，即软化区。软化使接头的强度降低，例如，在埋弧焊的条件下，板厚为40mm的焊接接头中会发现有强度下降25%的软化区。

二、 焊接材料的选用

1. 电弧焊用焊条

大量的输油输气管道都采用微合金控轧控冷钢，而这些管道的焊接往往采用焊条电弧焊。焊条电弧焊因为设备简单、移动方便、操作灵活，是野外管道焊接最常用的方法之一。下向焊与上向焊比，具有焊接速度快、焊层薄的特点，焊接质量明显优于上向焊，占据了输油输气管道焊接的主导地位。焊条电弧焊主要有以下几种方式：纤维素焊条下向焊、低氢焊条下向焊、低氢焊条上向焊或组合焊接。

组合焊接是用多种焊接方法共同完成一道环焊缝的焊接，以达到最佳的焊接效果。主要有以下几种组合：根焊和热焊用纤维素焊条下向焊，填充和盖面采用上向焊；根焊采用上向焊，填充和盖面采用下向焊；纤维素焊条下向根焊、热焊，其余焊道采用低氢下向焊。这是国内近十年来管道建设中最为常用的一些焊接方法。纤维素焊条下向根焊的焊接速度快，对管口组对质量要求不高，适宜于机械化流水线焊接作业；填充、盖面用低氢焊条下向焊，不但焊接速度快、层间清渣容易、盖面成形美观，而且焊缝具有优良的低温韧性和抗裂性能。这种方法一般用于X56钢级以上的管道焊接，特别是输气管道中。

管道建设中采用焊条电弧焊时，焊条的选用列于表13-14中。

表13-14　采用焊条电弧焊时焊条的选用

钢级 API 5L	焊道	上向焊	下向焊		
		低氢焊条 （AWS）	高纤维素焊条 （AWS）	低氢焊条	低氢焊条＋ 纤维素焊条
X42 X46 X52	根焊	E7016	E6010		
	热焊	E7016			
	填充、盖面	E7018			
X56	根焊	E7016	E6010		
	热焊	E7016	E7010-P1		
	填充、盖面	E7018	E7010-P1		
X60	根焊	E7016	E6010	E8018-G	E6010
	热焊	E7016	E7010-P1		E7010-P1
	填充、盖面	E7018	E7010-P1		E8018-G
X65	根焊	E7016	E6010	E8018-G	E7010-P1
	热焊	E7016	E7010-P1		E8010-P1
	填充、盖面	E8016、E8018-G	E7010-P1		E8018-G
X70	根焊	E7016-G	E7010-P1	E8018-G	E7010-P1
	热焊	E9018-G	E8010-P1		E8010-P1
	填充、盖面		E8010-P1		E8018-G
X80	根焊	E7016-G	E7010-P1	E9018-G	E7010-P1
	热焊	E9018-G	E8010-P1		E8010-P1
	填充、盖面		E9010-G		E9018-G

注：本表下向焊栏中E8018-G/E9018-G指适用于管道焊接的低氢型下向焊条。

2. 半自动焊用焊材

随着国内长距离、大口径、高压力的管道日益增多，现场管道焊接工作量和劳动强度也大幅度增加，焊条电弧焊难以适应管道建设发展的要求，而选用自保护药芯焊丝的半自动焊则能满足这种要求。由于自保护药芯焊丝半自动焊技术在长输管道野外施工中显现出的独特优势，目前这种焊接方法已普遍应用于国内外的管道建设中。由于根焊的自保护药芯焊丝应用还不成熟，国内在实际的焊接中，基本上是采用 AWS E6010 焊条手工下向焊或用 STT 电源气体保护焊进行打底，自保护药芯焊丝半自动焊进行填充、盖面。近几年，自保护药芯焊丝半自动焊被广泛应用于管线建设中。例如西气东输工程，主要采用的是奥地利伯乐公司生产的 FOX CEL（AWS E6010）纤维素焊条进行根焊、热焊（下向焊），采用美国合伯特公司生产的 Fabshield 81N1（AWS E71T8-Ni1）自保护药芯焊丝进行填充、盖面。

管道建设中采用半自动焊时，焊材的选用情况见表 13-15。

表 13-15　半自动焊用焊材的选用

钢级(API)	根焊用焊条	填充/盖面用药芯焊丝	根焊用气体保护焊焊丝
X42、X46、X52	E6010	E61T8-K6	ER70S-4
X56、X60	E6010	E71T8-K6、E71T8-Ni1	ER70S-6、ER70S-G
X65、X70	E6010	E71T8-Ni1	ER70S-6、ER70S-G

3. 自动焊用焊材

自动焊需要专用的内焊机进行根焊，外焊机填充、盖面，设备较复杂，但焊接效率较高，焊接质量好，一般用于大口径、大壁厚管线在平原、微丘地形较好的地段的情况。自动焊时采用 CO_2 气体保护焊实心焊丝或金属粉芯焊丝。自动焊用焊材的选用见表 13-16。

表 13-16　自动焊用焊材的选用

强度级别(API)	根焊用焊丝	气体保护焊用焊丝
X42、X46、X52	ER70S-4	ER70S-4
X56、X60	ER70S-6、ER70S-G	ER70S-6、ER70S-G
X65、X70	ER70S-6、ER80S-G E80C-Ni1(金属粉型)	ER70S-6、ER80S-G E80C-Ni1(金属粉型)

三、焊接施工要点

① 对于根焊，必须根据管道直径及壁厚选择焊条直径、焊接速度和焊接电流。管径小于 250mm、壁厚在 8mm 以下的管道，可采用 $\phi3.2$mm 焊条。对于管径较大、壁厚较厚的管道可采用 $\phi4$mm 焊条进行根焊。根焊时采用直拉式运条，不摆动。只有当间隙过大或熔孔过长时，才可进行往返运条，以防止热输入过大而烧穿。操作时焊条与管子接近垂直位置。

② 热焊的目的在于加强根焊，并通过输入热量使焊道保持较高温度而防止根焊焊道产生冷裂纹等缺陷，一般均要求两道焊接的间隔时间不能超过 10min。这一点对高强度的管道钢尤其重要。热焊时采用直线运条，焊接速度要快，并保证坡口边缘熔合良好，热焊前必须进行彻底清根。

③ 预热有利于去除母材表面水分，也有利于加速扩散氢逸出，从而降低焊道产生裂纹的敏感性，此外，还能减少热影响区的硬化。预热温度取决于钢材的化学成分、壁厚及环境

温度。当壁厚超过 20mm 时，任何情况下都必须进行预热。

实践表明，预热 100～150℃可以达到良好的效果，对于碳含量较高或强度级别较高的钢种，预热温度应提高到 200℃左右。管端加热宽度为 3 倍的管壁厚度，但不小于 100mm。而对于薄壁管，管端加热到 50～100℃即可。在整个圆周上预热温度力求均匀，最大温差不应超过预热温度的 15%。与火焰炬或电阻带加热器相比，采用感应加热器进行预热，具有加热速度快、均匀、温度控制准确等特点。

④ 道间温度影响到熔敷金属的冷却速度，因此，在一定程度上也影响到焊接接头的力学性能和扩散氢的逸出速度，通常推荐道间温度保持在 100℃±30℃。当采用熔敷金属抗拉强度大于 620MPa 的纤维素焊条（如 E9010-G）时，道间温度应保持在 150℃±20℃。

⑤ 根部焊道不能凸起，以免后续焊接时，在两侧引起夹渣，可采用砂轮机将焊道磨成微凹状，焊道收弧处要磨成坡状。当采用低氢型下向焊焊条进行根焊时，应尽量保持短弧，最好保持焊条与坡口表面直接接触，并避免形成“熔孔”，以防止产生密集气孔，焊接电流过大时往往产生这种问题。

第十四章 船舶及承压设备用钢的焊接施工

第一节 中国船级社对焊接材料的要求

除了国家标准外，某些行业组织还可根据其产品结构的特殊要求，制定相应的标准或规范。如船舶检验机构、压力容器协会及机车工程协会等都制定了相应的规范。下面介绍中国船级社在2018年制定的规范中与焊接材料有关的技术规定，供读者参考。表14-1列出了中国船级社对认可试验用钢级别的要求；表14-2列出了中国船级社对结构钢用焊接材料熔敷金属力学性能要求；表14-3、表14-4列出了中国船级社对结构钢焊接接头冲击试验温度及冲击试验冲击功的要求；表14-5列出了中国船级社对结构钢用焊接材料扩散氢含量的要求。

表14-1 中国船级社对认可试验用钢级别的要求

焊接材料等级	试验用钢级别	焊接材料等级	试验用钢级别	焊接材料等级	试验用钢级别
1	A	3Y42	D420	5Y55	F550
2	B、D	4Y42	E420	3Y62	D620
3	E	5Y42	F420	4Y62	E620
1Y	AH32、AH36	3Y46	D460	5Y62	F620
2Y	DH32、DH36	4Y46	E460	3Y69	D690
3Y	EH32、EH36	5Y46	F460	4Y69	E690
4Y	FH32、FH36	3Y50	D500	5Y69	F690
2Y40	DH40	4Y50	E500	1.5Ni	1.5Ni
3Y40	EH40	5Y50	F500	3.5Ni	3.5Ni
4Y40	FH40	3Y55	D550	5Ni	5Ni
5Y40	FH40	4Y55	E550	9Ni	9Ni

表 14-2　中国船级社对结构钢用焊接材料熔敷金属力学的性能要求

焊接材料等级			1、2、3	1Y、2Y 3Y、4Y①	2Y40 3Y40 4Y40 5Y40	3Y42 4Y42 5Y42	3Y46 4Y46 5Y46	3Y50 4Y50 5Y50	3Y55 4Y55 5Y55	3Y62 4Y62 5Y62	3Y69 4Y69 5Y69	1.5Ni	3.5Ni	5Ni	9Ni
熔敷金属试验	屈服强度⑦ R_{eH}/(N/mm²)		≥305	≥375	≥400	≥420	≥460	≥500	≥550	≥620	≥690	≥375			
	抗拉强度⑧ R_m/(N/mm²)		400～560	490～660	510～690	530～680	570～720	610～770	670～830	720～890	770～940	≥460	≥420	≥500	≥600
	伸长率 A/%		≥22			≥20		≥18			≥17	≥22	≥25		
	夏比V形缺口冲击试验	试验温度/℃	②									−80	−100	−120	−196
		平均冲击功③、⑥/J	≥47③			≥47		≥50	≥55	≥62	≥69	≥34			
对接焊试验	接头抗拉强度/(N/mm²)		≥400	≥490	≥510	≥530	≥570	≥610	≥670	≥720	≥770	≥490	≥450	≥540	≥640
	夏比V形缺口冲击试验	试验温度/℃	②									−80	−100	−120	−196
		平均冲击功④、⑥/J	≥47④			≥47		≥50	≥55	≥62	≥69	≥34			
	弯曲试验		试验后，试样表面上任何方向应不出现长度超过3mm的开口缺陷⑤												

① 手工焊条应符合2Y级及以上要求。

② 1Y级焊接材料的冲击试验温度为20℃；2Y、2Y40级焊接材料的冲击试验温度为0℃；3Y、3Y40、3Y42、3Y46、3Y50、3Y55、3Y62、3Y69级焊接材料的冲击试验温度为−20℃；4Y、4Y40、4Y42、4Y46、4Y50、4Y55、4Y62、4Y69级焊接材料的冲击试验温度为−40℃；5Y40、5Y42、5Y46、5Y50、5Y55、5Y62、5Y69级焊接材料的冲击试验温度为−60℃。

③ 自动焊熔敷金属冲击试验的平均冲击功，对 R_{eH}<400N/mm² 的焊接材料应不低于34J；对 R_{eH}≥400N/mm² 的焊接材料应不低于39J。

④ 立焊及自动焊对接接头冲击试验的平均冲击功，对 R_{eH}<400N/mm² 的焊接材料应不低于34J；对 R_{eH}≥400N/mm² 的焊接材料应不低于39J。

⑤ 除5Ni和9Ni钢试件用直径为4倍板厚的压头对试样进行弯曲试验外，压头直径应符合相关规定。

⑥ 冲击试验的单个值应不低于规定值的70%。

⑦ 当材料无明显屈服点时，则应为规定非比例伸长应力 $R_{p0.2}$。

⑧ 当抗拉强度超过上限时，由CCS另行考虑。

表 14-3　中国船级社对结构钢焊接接头的冲击试验温度要求

试验材料级别	A、AH32、AH36、AH40	B、D、DH32、DH36、DH40、AH420、AH460、AH500、AH550、AH620、AH690、AH890、AH960	E、EH32、EH36、EH40、DH420、DH460、DH500、DH550、DH620、DH690、DH890、DH960	FH32、FH36、FH40、EH420、EH460、EH500、EH550、EH620、EH690、EH890、EH960	FH420、FH460、FH500、FH550、FH620、FH690
冲击试验温度/℃	20	0	−20	−40	−60

表 14-4　中国船级社对结构钢焊接接头的冲击功要求①、⑤

试验材料级别	A、B② D、E	AH32、DH32、EH32、FH32	AH36、DH36、EH36、FH36	AH40、DH40、EH40、FH40	AH420、DH420、EH420、FH420	AH460、DH460、EH460、FH460	AH500、DH500、EH500、FH500	AH550、DH550、EH550、FH550	AH620、DH620、EH620、FH620	AH690、DH690、EH690、FH690	AH890、DH890、EH890	AH960、DH960、EH960
平均冲击功/J 不小于	47③			47④	28	31	33	37	41	46		

① 板厚大于50mm的试验要求应由CCS同意。② A级和B级钢在熔合线和热影响区的平均吸收功最小值为27J。③ 手工或半自动焊焊接接头立焊和自动焊时平均冲击功可为34J；手工或半自动焊焊接接头平焊、横焊和仰焊时平均冲击功为47J。④ 手工或半自动焊焊接接头立焊和自动焊时平均冲击功可为39J；手工或半自动焊焊接接头平焊、横焊和仰焊时平均冲击功为47J。⑤ 除表列船体结构用钢外，常用钢材焊接接头的冲击试验温度和冲击功均应符合母材规定。

表 14-5 中国船级社对结构钢用焊接材料扩散氢含量的要求

焊接材料等级	扩散氢含量
1、2、3、1Y、2Y、3Y	不作强制要求
4Y、2Y40、3Y40、4Y40	H15
3Y42、4Y42、5Y42、3Y46、4Y46、5Y46、3Y50、4Y50、5Y50	H10
3Y55、4Y55、5Y55、3Y62、4Y62、5Y62、3Y69、4Y69、5Y69	H5

第二节 国家能源局对承压设备用焊接材料的质量控制

国家能源局于 2017 年颁布了《承压设备用焊接材料订货技术条件》，对承压设备用非合金钢及细晶粒钢、高强钢、热强钢的焊接材料化学成分与力学性能分别作出了严格规定，在化学成分方面对熔敷金属的硫、磷含量限制更严格了，在力学性能方面对熔敷金属的低温冲击性能要求更高了，分别在表 14-6～表 14-15 中列出了这些方面的具体要求，作为工程施工规范来考虑，供参考。

表 14-6 承压设备用非合金钢及细晶粒钢焊条的熔敷金属硫、磷含量规定

焊条类别	焊条型号	S(质量分数)/%	P(质量分类)/%
非合金钢及细晶粒钢焊条(GB/T 5117)	E4303	≤0.020	≤0.030
	E4315	≤0.015	≤0.025
	E4316		
	E4318		
	E5015		
	E5016		
	E5018		
	E5515-G		
	E5516-G		
	E5518-G		
	E5015-N1		
	E5016-N1		
	E5018-G		
	E5515-N1		
	E5516-N1		
	E5015-N2		
	E5515-N2		
	E5518-G		
	E5018-1		

续表

焊条类别	焊条型号	S(质量分数)/%	P(质量分类)/%
非合金钢及细晶粒钢焊条(GB/T 5117)	E5015-G	≤0.015	≤0.025
	E5016-G		
	E5018-N2		
	E5515-N3		
	E5516-N3		
	E5518-N3		
	E5515-N5		
	E5516-N5		
	E5518-N5		
	E5015-G		
	E5015-N5		
	E5016-N5		
	E5018-N5		
	E5015-N7		
	E5016-N7		
	E5018-N7		

表 14-7　承压设备用高强钢焊条的熔敷金属硫、磷含量规定

焊条类别	焊条型号	S(质量分数)/%	P(质量分类)/%
高强钢焊条(GB/T 32533)	E5915-G	≤0.015	≤0.025
	E5916-G		
	E5918-G		
	E6215-G		
	E6216-G		
	E6218-G		
	E6215-3M2		
	E6218-3M2		
	E6218-3M3		
	E6215-N2M1		
	E6216-N2M1		
	E6216-N4M1		
	E6215-N5M1		
	E6216-N5M1		

表 14-8　承压设备用热强钢焊条的熔敷金属硫、磷含量规定

焊条类别	焊条型号	S(质量分数)/%	P(质量分数)/%
热强钢焊条(GB/T 5118)	E50××-1M3	≤0.015	≤0.025
	E55××-CM		

续表

焊条类别	焊条型号	S(质量分数)/%	P(质量分数)/%
热强钢焊条 (GB/T 5118)	E55××-1CM	≤0.015	≤0.025
	E52××-1CML		
	E55××-1CMV		
	E62××-2C1M		
	E55××-2C1ML		
	E55××-2CMWVB		
	E55××-2CMVNb		
	E62××-2C1MV		
	E62××-3C1MV		
	E55××-5CMV		
	E55××-G		

表 14-9 承压设备用非合金钢及细晶粒钢焊条的熔敷金属冲击性能规定

焊条类别	焊条型号	冲击试验	
		试验温度/℃	冲击吸收功 KV_2/J
非合金钢及细晶粒钢焊条 (GB/T 5117)	E4303	0	≥54
	E4315	−30	
	E4316		
	E4318		
	E5015		
	E5016		
	E5018		
	E5515-G		
	E5516-G		
	E5518-G		
	E5015-N1	−40	
	E5016-N1		
	E5018-G		
	E5515-N1		
	E5516-N1		
	E5015-N2		
	E5515-N2		
	E5518-G		
	E5018-1	−45	
	E5015-G	−50	
	E5016-G		
	E5018-N2		
	E5515-N3		

续表

焊条类别	焊条型号	冲击试验	
		试验温度/℃	冲击吸收功 KV_2/J
非合金钢及细晶粒钢焊条(GB/T 5117)	E5516-N3	−50	≥54
	E5518-N3		
	E5515-N5	−60	
	E5516-N5		
	E5518-N5		
	E5015-G	−70	
	E5015-N5	−75	
	E5016-N5		
	E5018-N5		
	E5015-N7	−100	
	E5016-N7		
	E5018-N7		

表 14-10　承压设备用高强钢焊条的熔敷金属冲击性能规定

焊条类别	焊条型号	冲击试验	
		试验温度/℃	冲击吸收功 KV_2/J
高强钢焊条(GB/T 32533)	E62××-N2M1	−20	
	E59××-G	−30	≥54
	E59××-G	−40	
	E6216-N4M1		
	E62××-G		
	E6215-3M2	−50	
	E6218-3M2		
	E6218-3M3		
	E62××-G		
	E6215-N5M1	−60	
	E6216-N5M1		
	E62××-G		

注：焊条型号中的“××”代表药皮类型 15、16 或 18。

表 14-11　承压设备用热强钢焊条的熔敷金属冲击性能规定

焊条类别	焊条型号	冲击试验	
		试验温度/℃	冲击吸收功 KV_2/J
热强钢焊条(GB/T 5118)	E50××-1M3	0	≥54
	E55××-CM		
	E52××-1CML		
	E55××-1CM		
	E5515-1CMV		

续表

焊条类别	焊条型号	冲击试验	
		试验温度/℃	冲击吸收功 KV_2/J
热强钢焊条(GB/T 5118)	E55××-2C1ML	0	≥54
	E62××-2C1M		
	E5515-2CMWVB		
	E5515-2CMVNb		
	E62××-2C1MV	−20	≥68
	E62××-3C1MV		
	E55××-5CMV	室温	≥54
	E55××-G		

注：焊条型号中的“××”代表药皮类型 15、16 或 18。

表 14-12　承压设备用气体保护焊焊丝和填充丝的硫、磷含量规定

焊丝代号(型号、牌号)	S(质量分数)/%	P(质量分数)/%
ER49-1	≤0.015	≤0.025
ER50-3		
ER50-6		
ER50-G		
ER60-G	≤0.010	≤0.020
ER49-A1		
ER55-B2		
ER55-B2-Mn		
ER55-B2-MnV		
ER62-B3		
ER55-B6		
ER55-D2-Ti		
ER55-D2		
ER55-G		
ER62-D2		
ER55-Ni1		
ER55-Ni2		
ER55-Ni3		
ER60-G		
ER62-G		

表 14-13　承压设备用气体保护焊焊丝和填充丝的熔敷金属冲击试验规定

焊丝类别	焊丝型号	试验温度/℃	冲击吸收功 KV_2/J
碳钢、低合金钢焊丝(GB/T 8110)	ER49-1	0	≥54
	ER50-3	−30	
	ER50-6		

续表

焊丝类别	焊丝型号	试验温度/℃	冲击吸收功 KV_2/J
碳钢、低合金钢焊丝（GB/T 8110）	ER50-G	−30	≥54
	ER60-G		
	ER49-A1	0	
	ER55-B2		
	ER55-B2-MnV		
	ER55-B2-Mn		
	ER62-B3		
	ER55-B6		
	ER55-D2-Ti	−30	
	ER55-D2		
	ER55-G		
	ER55-Ni1	−45	
	ER55-Ni2	−60	
	ER55-Ni3	−75	
	ER60-G	−30	
	ER62-G	−40	

表 14-14　承压设备用埋弧焊焊材熔敷金属的硫、磷含量规定

标　准	焊材型号	S(质量分数)/%	P(质量分数)/%
GB/T 5293—1999	F4××-H×××	≤0.015	≤0.025
	F5××-H×××		
GB/T 12470—2003	F48××-H×××		
	F55××-H×××		
	F62××-H×××		

表 14-15　承压设备用埋弧焊焊材熔敷金属的力学性能规定

标　准	焊材型号	拉伸试验	冲击试验	
		抗拉强度 R_m/MPa	试验温度/℃	冲击吸收功 KV_2/J
GB/T 5293—1999	F4××-H×××	415～535	0,−20,−30,−40,−50,−60	≥30
	F5××-H×××	480～600		≥36
GB/T 12470—2003	F48××-H×××	480～600	0,−20,−30,−40,−50,−60,−70,−100	
	F55××-H×××	550～670		≥46
	F62××-H×××	620～740		≥51

第十五章 低温钢及超低温钢的焊接施工

第一节 低温钢的焊接

一、钢的焊接性

低温钢的碳含量较低，淬硬性和冷裂倾向小，焊接性良好。在常温下焊接可以不预热。当焊件较厚（一般厚度大于25mm）或拘束度较大时，可适当预热。为防止焊缝和热影响区晶粒粗大，韧性恶化，应控制焊接热输入，可采用窄焊道的多层、多道焊接技术，并严格控制道间温度。含镍的低合金低温钢，由于添加了镍，增大了热裂倾向，应严格控制焊缝金属中碳、硫及磷的含量，同时采用合理的焊接工艺，以便避免热裂纹的产生。

二、焊接材料的选择

手工电弧焊焊接低温钢用的焊条列于表15-1中，通常情况下，焊缝的Ni含量应与母材相当或稍高。气体保护焊焊接低温钢用的焊丝列于表15-2中，采用富Ar保护气体，如Ar+(1%～5%)O_2。埋弧焊时，可采用碱性熔炼焊剂配合含Ni焊丝，也可采用Ni系焊丝配合碱性非熔炼焊剂，再由焊剂向焊缝渗入微量Ti、B合金元素，以保证焊缝金属获得良好的低温韧性。

应当注意到，焊态下的焊缝，当其Ni含量大于2.5%时，焊缝组织中可能出现粗大的板条贝氏体或马氏体，使韧性降低。焊后需要经过适当的热处理，才能使焊缝的韧性得到恢复。添加少量的Ti可以细化2.5Ni钢焊缝金属的组织，提高其韧性，添加少量的Mo有助于克服其回火脆性。

表 15-1　手工电弧焊焊接低温钢用焊条

焊条牌号	焊条型号	焊缝合金系统	主　要　用　途
W607	E5515-N5	Mn-Ni2.5	用于焊接－60℃下工作的低温钢结构
W706Fe	E5018-N5	Mn-Ni2.5	用于焊接－70℃下工作的低温钢结构
W707	E5015-N5	Mn-Ni2.5	用于焊接－70℃下工作的低温钢结构
W707Ni	E5015-N5	Mn-Ni2.5	用于焊接－70℃下工作的低温钢结构
W907	E5515-N7	Mn-Ni3.5	用于焊接－90℃下工作的低温钢结构
W906Fe	E5518-N7	Mn-Ni3.5	用于焊接－90℃下工作的低温钢结构
W107	E5015-N7	Mn-Ni3.5	用于焊接－100℃下工作的低温钢结构
W107Ni	E5515-G	Mn-Ni4.5	用于焊接－100℃下工作的低温钢结构

表 15-2　气体保护焊焊接低温钢用焊丝

焊丝牌号	焊丝型号	焊缝合金系统	主　要　用　途
MG55-Ni1	ER55-Ni1	Mn-Ni	用于焊接－45℃下工作的低温钢结构
MG55-Ni2	ER55-Ni2	Mn-Ni2.5	用于焊接－60℃下工作的低温钢结构
MG55-Ni3	ER55-Ni3	Mn-Ni3.5	用于焊接－75℃及－100℃下工作的低温钢结构

三、 焊接施工要点

常用的焊接方法有焊条电弧焊、埋弧焊、钨极氩弧焊及熔化极气体保护焊等。为避免焊缝金属及近缝区形成粗大组织而使焊缝及热影响区的韧性恶化，焊接时，焊条尽量不摆动，采用窄焊道、多道多层焊，焊接电流不宜过大。采用快速多道焊可以减小焊道过热，并通过多层焊的重复热作用细化晶粒。多道焊时，要控制道间温度，采用小的焊接热输入。焊条电弧焊的热输入应控制在 20kJ/cm 以下，熔化极气体保护焊的焊接热输入应控制在 25kJ/cm 左右。埋弧焊时，焊接热输入可控制在 28～45kJ/cm。焊接低温钢时，一般不需要预热，如果需要预热，应严格控制预热温度。

要注意避免弧坑裂纹、未熔透及焊缝成形不良等缺陷。焊后应认真检查内在及表面存在的缺陷，并及时修复，因为低温下由缺陷引起的应力集中将增大结构低温脆性破坏倾向。为了消除应力，提高接头的抗脆性断裂能力，低温钢焊接接头应进行消除应力处理。对于 16MnDR、09Mn2VDR、15MnNiDR 和 09MnNiDR，焊后热处理的加热温度为 580～620℃，2.5Ni 钢和 3.5Ni 钢焊后热处理的加热温度为 595～635℃。

两种不同的低温钢焊接时，应选择与低温韧性较高的钢材相匹配的焊材。确有必要时，可选用适应性较强、塑性和韧性优良的焊接材料，如不锈钢焊材或镍基合金焊材等。

第二节　9%Ni 钢的焊接

一、 钢的焊接性

9%Ni 钢以其优良的低温韧性和焊接性被认为是制造低温压力容器的优良材料。焊接 9%Ni 钢时遇到的问题主要有焊接接头的低温韧性恶化及热裂纹与冷裂纹的产生等。这些问题与焊接方法、焊接材料和焊接工艺有很大关系。

1. **焊接接头的低温韧性**

焊接接头的低温韧性恶化对9%Ni钢来说是个非常重要的问题，焊缝金属、熔合区及热影响区都有可能产生韧性恶化。

（1）焊缝金属　其低温韧性与焊接材料有关。采用与母材成分相同的焊接材料时，焊缝金属的韧性是很低的，主要是因为焊缝金属的氧含量高；如果Si含量也较高，则其韧性更低。所以，只有采用TIG焊接时才可以采用同质焊接材料。9%Ni钢的焊接材料主要采用Ni基、Fe-Ni基和Ni13-Cr16型的奥氏体不锈钢三种类型的焊接材料。Ni基和Fe-Ni基焊接材料的强度较低，低温韧性良好，线胀系数与母材相近；Ni13-Cr16型的奥氏体不锈钢焊接材料强度较高，低温韧性较差，线胀系数与母材相差较大，且易于在熔合区出现脆性组织。

（2）熔合区　其低温韧性主要与出现脆性组织有关。当采用Ni13-Cr16型奥氏体不锈钢焊接材料焊接9%Ni钢时，熔合区既非奥氏体不锈钢，也非9%Ni系统的化学成分。9%Ni钢和奥氏体不锈钢都具有良好的韧性；而焊接后熔合区中Cr、Mn等的含量都比9%Ni钢高，碳也在熔合区偏聚，使其硬度为363～380HV，明显地高于焊缝金属（207HV）和热影响区（308～332HV）。熔合区硬度偏高的位置是在焊缝边界上的不完全混合区，该区的硬脆性主要是因为形成了由板条马氏体和孪晶马氏体组成的混合马氏体组织所致。

（3）热影响区　9%Ni钢焊接后的连续冷却转变曲线如图15-1所示，一次热循环后的冲击吸收功示于图15-2中。在加热到700～900℃的区间以及1250℃以上的区域，其韧性明显恶化。而加热到1050～1250℃时韧性有所回升。在700～900℃区间加热时，由于处在铁素体-奥氏体两相区，加热时生成部分高碳奥氏体，冷却后转变为岛状马氏体，因此很脆。在1050～1250℃区间加热时，由于奥氏体转变已经完成，可得到匀质的奥氏体，冷却后转变为低碳马氏体，韧性较高。当加热到1350℃时，晶粒明显粗大，且可能出现上贝氏体，韧性很差。在550～600℃区间加热时，能得到较多的逆转奥氏体，韧性较高。此外，冷却速度对低温韧性也有影响，冷却速度越快，韧性越好，比较图15-2中$t_{8/5}$为9.5s与20s的冲击功即可明白。

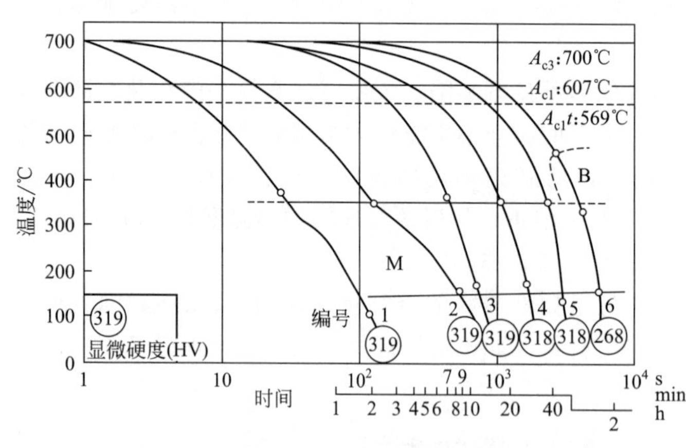

图15-1　9%Ni钢焊接时的连续冷却转变曲线

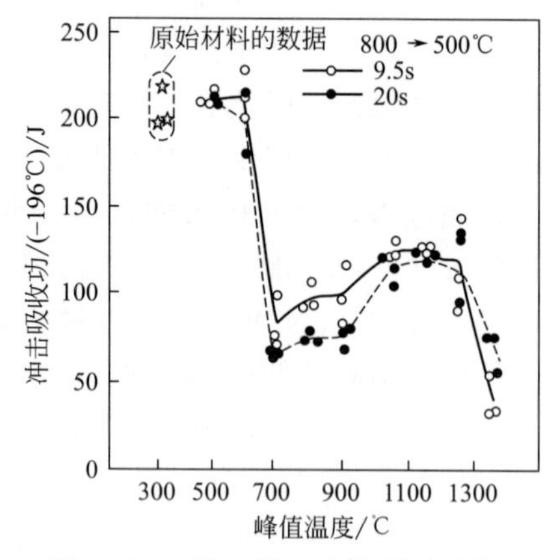

图15-2　9%Ni钢一次热循环后的冲击吸收功

2. **焊接热裂纹敏感性**

采用Ni基、Fe-Ni基及Ni13-Cr16型奥氏体不锈钢三种焊接材料时，都可能产生热裂纹，最经常观察到的是弧坑裂纹，还有液化裂纹，采用Ni13-Cr16型焊接材料时更容易产生。

（1）弧坑裂纹　采用 Ni13-Cr16 型奥氏体不锈钢焊条焊接 9%Ni 钢时，有明显的热裂纹倾向，特别是打底焊和定位焊。若有夹杂存在，夹杂处也能产生热裂纹。例如，某乙烯球罐采用日本产调质处理的 9%Ni 钢，使用德国蒂森（Thyseen）公司生产的 TH17/15TTW 型焊条，焊缝存在较大的弧坑裂纹倾向。特别是打底焊和最初的几条焊道中，弧坑裂纹的发生率特别高。尤其是背面清根不合理，出现过深过窄的坡口时，裂纹率几乎可达 100%。但随着焊道的增加，坡口将增宽，收缩应力减小，裂纹率也下降。裂纹倾向还与焊接位置有关，横焊和平焊时裂纹倾向较小，而立焊和仰焊时裂纹倾向较大。

（2）液化裂纹　其产生是由于在 9%Ni 钢焊缝的晶界上有 S、P 等杂质元素的偏析，在后续焊道的作用下，晶界上的低熔点物质液化而形成的。

要消除这些热裂纹，根本的办法是减少金属中的有害杂质 S、P 等。采用正确的收弧技术和运条方式，也可以避免在弧坑处产生热裂纹。

3. **焊接冷裂纹敏感性**

9%Ni 钢与同等强度水平的其他低合金钢相比，有较高的抗冷裂纹的能力，在低氢条件下一般不会产生冷裂纹。但是在氢含量较高或者焊接参数选择不当时也会产生冷裂纹。通常，无论是 9%Ni 钢，还是所采用的焊接材料都有良好的抗冷裂纹的能力。而且 9%Ni 钢的焊接冷裂纹不是在过热的粗晶区，而是产生在熔合区，这是与其他低合金钢的冷裂纹不同之处。分析表明，在熔合区的不完全混合区，其化学成分不同于母材，也不同于焊缝，而是它们的混合。例如 6.1Cr-3.4Mn-10.1Ni，由于 C 的偏聚，使其马氏体相变点 M_s、M_f 降低。9%Ni 钢的 M_s 和 M_f 分别为 400℃及 300℃，熔合区则分别为 290℃及室温以下。这就造成在冷却过程中热影响区先于熔合区发生马氏体相变，导致氢向熔合区扩散集聚。且热影响区为位错型板条马氏体，而熔合区为板条马氏体和孪晶马氏体混合组织。

二、焊接材料的选用

焊接 9%Ni 钢时，常用的焊接材料有如下四种类型：Ni 含量大于 60%的 Inconel 型焊材；Ni 含量为 40%的 Fe-Ni 型焊材；Ni13-Cr16 型不锈钢焊材及 Ni 含量为 11%的铁素体型焊材。铁素体型焊材是与母材同质的焊接材料，主要用于氩弧焊。在其他三种焊接材料中，Ni 基和 Fe-Ni 基焊材的低温韧性好，线胀系数与 9%Ni 钢相近，但成本高，强度特别是屈服强度偏低。Ni13-Cr16 型不锈钢焊材成本低，屈服强度高，但低温韧性较低，线胀系数与 Ni9 钢有较大差异。

各种焊接方法采用的焊接材料熔敷金属或焊丝的化学成分见表 15-3，熔敷金属的力学性能见表 15-4。

表 15-3　各种焊接方法采用的焊接材料熔敷金属或焊丝的化学成分①

焊接方法	焊接材料 AWS (GB)	熔敷金属化学成分(质量分数)/%											
		C	Si	Mn	S	P	Ni	Cr	Mo	Nb+Ta	W	Fe	其他
焊条电弧焊	ENiCrFe-2 (ENi6133)	0.10	0.75	1.0～3.5	0.02	0.03	≥62.0	13.0～17.0	0.5～2.5	0.5～3.0	—	12.0	—
	ENiCrFe-4 (ENi6093)	0.20	1.0	1.0～3.5	0.02	0.03	≥60.0	13.0～17.0	1.0～3.5	1.0～3.5	—	12.0	—

续表

焊接方法	焊接材料 AWS (GB)	熔敷金属化学成分(质量分数)/%											
		C	Si	Mn	S	P	Ni	Cr	Mo	Nb+Ta	W	Fe	其他
焊条电弧焊	ENiCrFe-9 (ENi6094)	0.15	0.75	1.0～4.5	0.015	0.020	≥55	12.0～17.0	2.5～5.5	0.5～3.5	1.5	12.0	—
	ENiCrFe-10 (ENi6095)	0.20	0.75	1.0～3.5	0.015	0.020	≥55	13.0～17.0	1.0～3.5	1.0～3.5	1.5～3.5	12.0	—
	ENiMo-8 (ENi1008)	0.10	0.75	1.5	0.015	0.020	≥60	0.5～3.5	17.0～20.0	—	2.0～4.0	10.0	—
	ENiMo-9 (ENi1009)	0.10	0.75	1.5	0.015	0.020	≥62	—	18.0～22.0	—	2.0～4.0	7.0	Cu 0.3～1.3
	ENiCrMo-3 (ENi6625)	0.10	0.75	1.0	0.02	0.03	≥55	20.0～23.0	5.0～9.0	0.5～2.0	—	7.0	—
	ENiCrMo-6 (ENi6620)	0.10	0.75	2.0～4.0	0.02	0.03	≥55	12.0～17.0	5.0～9.0	0.5～2.0	1.0～2.0	10.0	—
埋弧焊(例值)	ERNiMo-8	0.03	0.74	0.58	0.002	0.003	64.0	1.7	17.2	2.7	—	14.9	—
	ERNiCrMo-3	0.012	0.16	0.2	—	—	余	21.8	9	3.2	—	1.5	—
	ERNiCrMo-4	0.013	0.25	0.3	—	—	余	14.5	16	—	3.6	7	—
焊接方法	焊接材料 AWS (GB)	焊丝化学成分(质量分数)/%											
惰性气体保护焊	ERNiMo-8 (SNi1008)	0.10	0.50	1.0	0.015	0.015	≥60	0.5～3.5	18.0～21.0	—	2.0～4.0	10.0	—
	ERNiCrMo-3 (SNi6625)	0.10	0.50	0.50	0.015	0.020	≥58	20.0～23.0	8.0～10.0	3.15～4.15	—	5.0	—
	ERNiCrMo-4 (SNi6276)	0.02	0.08	1.0	0.03	0.04	余	14.5～16.5	15.0～17.0	0.5～2.0	3.0～4.5	4.0～7.0	Co:2.5

① 如无特殊规定，表中单值为最大值。

表 15-4 熔敷金属的力学性能

焊接方法	焊接材料 AWS (GB)	R_{eL}/MPa	R_m/MPa	A/%	KV_2(−196℃)/J (例值)
焊条电弧焊	ENiCrFe-2(ENi6133)	≥360	≥550	≥30	110
	ENiCrFe-4(ENi6093)	≥360	≥650	≥20	90
	ENiCrFe-9(ENi6094)	≥360	≥650	≥25	67
	ENiCrFe-10(ENi6095)	≥360	≥650	≥25	70
	ENiMo-8(ENi1008)	≥360	≥650	≥25	83
	ENiMo-9(ENi1009)	≥360	≥650	≥25	90
	ENiCrMo-3(ENi6625)	≥420	≥760	≥27	75
	ENiCrMo-6(ENi6620)	≥350	≥620	≥20	103

续表

焊接方法	焊接材料 AWS (GB)	R_{eL}/MPa	R_m/MPa	A/%	KV_2(−196℃)/J (例值)
埋弧焊(例值)	ERNiMo-8	410	680	41	70
	ERNiCrMo-3	510	780	40	100
	ERNiCrMo-4	420	710	40	70
惰性气体保护焊(例值)	ERNiMo-8(SNi1008)	460	730	45	160
	ERNiCrMo-3(SNi6625)	540	800	38	130
	ERNiCrMo-4(SNi6276)	490	780	40	140

三、焊接施工要点

9%Ni 钢焊接一般不需要预热，板厚超过 50 mm 时可预热至 50℃。多层焊时，层间温度要低，一般为 50℃。否则，冷却速度太慢，会降低低温韧性。焊后可进行回火处理，这样还能进一步提高韧性。回火温度为 550～580℃。

焊条电弧焊时，若热输入大于 40kJ/cm，低温韧性降低。因此建议：采用焊条的直径不大于 3.2mm；多层焊时，第一焊道，即打底焊的热输入选在 12～24kJ/cm 范围内；其余焊道（包括盖面焊道），板厚在 12mm 以下时其热输入不大于 15kJ/cm，板厚为 12～16mm 时其热输入不大于 20kJ/cm，板厚为 17～20mm 时其热输入不大于 25kJ/cm。一般来说，焊接热输入应选在 7～35kJ/cm 之间。采用 Ni 基焊接材料时，焊缝金属的熔点比母材低 100～150℃，易造成未熔合及弧坑裂纹等缺陷。这时应采用合适的运条方式，以消除这些缺陷。在打底焊时，用穿透法焊接，尽可能把弧坑留在背面，以便清根时把这些缺陷清除掉。清根时，要保证合理的坡口形状，避免出现深而窄的坡口。收弧时尽量减小熔池尺寸，把弧坑引向坡口边缘或焊道外缘，并进行适当打磨。

埋弧焊时，焊丝直径应在 3.2mm 以下。埋弧焊的焊接热输入和熔合比对焊接质量有很大影响。焊接热输入通常在 21～39.5kJ/cm 之间，以便得到良好的焊接接头综合性能。熔合比在 20%以内时，焊缝强度及韧性均与母材基本一致；当熔合比大于 20%时，焊缝强度降低，但韧性变化不大。当熔合比大于 32%之后，尽管韧性提高，但焊缝强度明显降低。为保证合理的熔合比，坡口角度大时（如 55°），可用稍大的热输入；坡口角度小时（如 30°），要用较小的焊接热输入。这是采用 Cr19Ni15Mn6Mo2 焊丝及 AHK-60 焊剂进行埋弧焊时得到的数据。

钨极氩弧焊时，可以减小坡口角度，以提高焊接效率，还能减少焊接材料的消耗量，降低成本。可以采用气体火焰或等离子弧切割下料或制备坡口，但是，坡口边缘一定要彻底打磨干净，且表面要平直。表 15-5 为钨极自动氩弧焊的冷丝焊接参数，供参考。

表 15-5　钨极自动氩弧焊的冷丝焊接参数

板厚/mm	6		12		22	
焊接位置	立焊	横焊	立焊	横焊	立焊	横焊
焊接电流/A	120～140	180～260	200～260	300～350	200～260	300～450
电弧电压/V	10	10～11	10～12	11～14	10～12	11～14
焊接速度/(mm/min)	50	150～210	60	150～200	60	150～200
焊接热输入/(kJ/cm)	15.6	9.1	25.3	14.5	25.3	14.5
保护气体流量/(L/min)	40(Ar 双面保护)					

第十六章 耐候钢及耐海水腐蚀钢、铬钼耐热钢、合金结构钢的焊接施工

第一节 耐候钢及耐海水腐蚀钢的焊接施工

一、钢的焊接性

在耐候钢中加入了Cu、P、Cr、Si、Ni等合金元素，以改善表层结构，提高致密度，增强与大气的隔离作用。在上述元素中铜的作用最大，磷也起重要作用，磷在促使钢铁表面锈层具有非晶态性质方面具备独特的效应。铜与磷复合，则效果更明显。磷的加入量为0.07%～0.15%时称为高耐候性钢。但是，磷降低钢的韧性，恶化焊接性能，只有要求高耐候性时才采用含磷钢种。一般焊接结构用耐候钢中含P≤0.035%，这类钢以Cu-Cr系和Cu-Cr-Ni系为主，具有优良的焊接性能和低温韧性。焊接含磷的钢种时，可以采用含磷的焊接材料，也可以采用不含磷的焊接材料，而用适量的铬、镍元素来替代。

二、铁道车辆用耐大气腐蚀钢对焊接材料的要求

铁道行业对于机车车辆用耐大气腐蚀钢的焊接材料成分、力学性能等提出了专门要求，以满足其使用性能。在部颁标准《铁道车辆用耐大气腐蚀钢及不锈钢焊接材料》（TB/T 2374—2008）中规定了耐大气腐蚀钢焊条的熔敷金属化学成分、耐大气腐蚀钢气体保护焊和埋弧焊焊丝的化学成分，分别列于表16-1和表16-2中。耐大气腐蚀钢焊条、气体保护焊和埋弧焊焊丝的熔敷金属力学性能列于表16-3中，耐大气腐蚀钢牌号与对应的焊接材料牌号应符合表16-4的规定。

表 16-1 耐大气腐蚀钢焊条的熔敷金属化学成分（TB/T 2374—2008）

<table>
<tr><th rowspan="2">焊材类型</th><th rowspan="2">型号</th><th rowspan="2">牌号</th><th colspan="9">化学成分/%</th></tr>
<tr><th>C</th><th>Mn</th><th>Si</th><th>P</th><th>S</th><th>Cu</th><th>Cr</th><th>Ni</th><th>W</th></tr>
<tr><td rowspan="11">焊条</td><td rowspan="3">E5003-G</td><td>J502WCu</td><td rowspan="8">≤0.12</td><td rowspan="8">0.30～0.90</td><td rowspan="4">≤0.40</td><td rowspan="8">≤0.035</td><td rowspan="8">≤0.030</td><td rowspan="8">0.20～0.50</td><td>—</td><td>—</td><td>0.20～0.50</td></tr>
<tr><td>J502NiCrCu</td><td>0.20～0.40</td><td rowspan="5">0.20～0.50</td><td rowspan="5">—</td></tr>
<tr><td>J502NiCu</td><td>—</td></tr>
<tr><td>E5011-G</td><td>J505NiCrCu</td><td>0.20～0.40</td></tr>
<tr><td rowspan="2">E5015-G</td><td>J507NiCu</td><td rowspan="4">≤0.70</td><td>—</td></tr>
<tr><td>J507NiCrCu</td><td>0.20～0.40</td></tr>
<tr><td rowspan="3">E5016-G</td><td>J506WCu</td><td rowspan="2">—</td><td>—</td><td>0.20～0.50</td></tr>
<tr><td>J506NiCu</td><td>0.20～0.50</td><td rowspan="4">—</td></tr>
<tr><td>J506NiCrCu</td><td rowspan="3">≤0.10</td><td>≤1.25</td><td rowspan="3">≤0.60</td><td rowspan="3">≤0.025</td><td rowspan="3">≤0.020</td><td rowspan="3">0.20～0.40</td><td>0.30～0.80</td><td>0.20～0.50</td></tr>
<tr><td>E5516-G</td><td>J556NiCrCu</td><td>≤1.60</td><td rowspan="2">0.30～0.90</td><td>0.20～0.60</td></tr>
<tr><td>E6016-G</td><td>J606NiCrCu</td><td>≤2.00</td><td>0.20～0.90</td></tr>
</table>

表 16-2 耐大气腐蚀钢气体保护焊和埋弧焊焊丝的化学成分（TB/T 2374—2008）

<table>
<tr><th rowspan="2">焊材类型</th><th rowspan="2">型号</th><th rowspan="2">牌号</th><th colspan="9">化学成分/%</th></tr>
<tr><th>C</th><th>Mn</th><th>Si</th><th>P</th><th>S</th><th>Cu</th><th>Cr</th><th>Ni</th><th>RE</th></tr>
<tr><td rowspan="6">气体保护焊焊丝</td><td rowspan="2">RE44-G</td><td>H08MnSiCuCrNiⅡ</td><td rowspan="7">≤0.10</td><td rowspan="3">0.90～1.30</td><td rowspan="3">0.35～0.65</td><td rowspan="6">≤0.025</td><td rowspan="3">≤0.025</td><td rowspan="6">0.20～0.50</td><td rowspan="2">0.20～0.50</td><td>0.20～0.50</td><td>—</td></tr>
<tr><td>H08MnSiCuCrⅡ</td><td>—</td><td>≥0.15</td></tr>
<tr><td rowspan="2">ER50-G</td><td>H08NiCuMnSiⅡ</td><td>≤0.10</td><td>0.40～0.60</td><td>—</td></tr>
<tr><td>TH500-NQ-Ⅱ</td><td>0.60～1.20</td><td rowspan="3">≤0.60</td><td rowspan="3">≤0.020</td><td rowspan="3">0.30～0.90</td><td rowspan="2">0.20～0.60</td><td rowspan="3">—</td></tr>
<tr><td>ER55-G</td><td>TH550-NQ-Ⅱ</td><td>1.20～1.60</td></tr>
<tr><td>ER60-G</td><td>TH600-NQ-Ⅱ</td><td>1.40～1.80</td><td>0.20～0.80</td></tr>
<tr><td rowspan="4">埋弧焊焊丝</td><td rowspan="4">EW</td><td>H08MnCuCrNiⅢ</td><td>0.70～1.00</td><td>0.15～0.30</td><td>≤0.030</td><td>≤0.030</td><td>0.25～0.45</td><td>0.20～0.50</td><td>0.30～0.60</td><td rowspan="4">—</td></tr>
<tr><td>TH500-NQ-Ⅲ</td><td rowspan="3">≤0.12</td><td>1.00～1.60</td><td rowspan="3">≤0.35</td><td rowspan="3">≤0.025</td><td rowspan="3">≤0.020</td><td rowspan="3">0.20～0.50</td><td rowspan="3">0.30～0.90</td><td rowspan="2">0.20～0.80</td></tr>
<tr><td>TH550-NQ-Ⅲ</td><td rowspan="2">1.00～2.00</td></tr>
<tr><td>TH600-NQ-Ⅲ</td><td>0.30～1.0</td></tr>
</table>

注 1. 为保证性能，必要时可添加 Nb、V、Ti 等合金元素，但合金元素的总量应小于或等于 0.22%。

2. 焊丝中 RE 仅为钢厂冶炼时的加入量，用户不作分析。

3. 焊丝牌号中 T 表示铁道；H 表示焊丝；500(550，600) 表示焊丝熔敷金属的最小抗拉强度（MPa）；NQ 表示耐大气腐蚀；Ⅱ表示富氩气体保护焊；Ⅲ表示埋弧焊。

表 16-3 耐大气腐蚀钢焊条、气体保护焊和埋弧焊焊丝的熔敷金属力学性能（TB/T 2374—2008）

<table>
<tr><th>牌 号</th><th>抗拉强度
R_m/MPa</th><th>下屈服强度
R_{eL}/MPa</th><th>断后伸长率
A/%</th><th>−40℃冲击功
A_{kV}/J</th></tr>
<tr><td>J502WCu、J502NiCrCu、J502NiCu、J505NiCrCu、J507NiCu、J507NiCrCu、J506WCu、J506NiCu</td><td>≥490</td><td>≥390</td><td rowspan="6">≥22</td><td rowspan="3">≥27</td></tr>
<tr><td>H08MnCuCrNiⅢ</td><td>≥490</td><td>≥380</td></tr>
<tr><td>H08NiCuMnSiⅡ</td><td>≥500</td><td>≥380</td></tr>
<tr><td>H08MnSiCuCrNiⅡ、H08MnSiCuCrⅡ</td><td>≥440</td><td>≥340</td><td rowspan="4">≥60</td></tr>
<tr><td>J506NiCrCu、TH500-NQ-Ⅱ、TH500-HQ-Ⅲ</td><td>≥500</td><td>≥400</td></tr>
<tr><td>J556NiCrCu、TH550-NQ-Ⅱ、TH550-NQ-Ⅲ</td><td>≥550</td><td>≥450</td></tr>
<tr><td>J606NiCrCu、TH600-NQ-Ⅱ、TH600-NQ-Ⅲ</td><td>≥600</td><td>≥500</td><td>≥20</td></tr>
</table>

注：拉伸试验时，若屈服现象不明显，可采用非比例延伸强度 $R_{p0.2}$。

表 16-4 耐大气腐蚀钢牌号与对应的焊接材料牌号（TB/T 2374—2008）

钢材牌号	焊材牌号			
	焊条	气体保护焊焊丝	埋弧焊焊丝	埋弧焊焊剂
09CuPCrNi-B、09CuPTiRE-A、05CuPCrNi	J502WCu、J502NiCrCu、J502NiCu、J505NiCrCu、J507NiCu、J507NiCrCu、J506WCu、J506NiCu	H08MnSiCuCrNiⅡ、H08MnSiCuCrⅡ、H08NiCuMnSiⅡ、TH500-NQ-Ⅱ	H08MnCuCrNiⅢ	SJ301
08CuPVRE、09CuPCrNi-A、09CuPTiRE-B	J502WCu、J502NiCrCu、J502NiCu、J505NiCrCu、J507NiCu、J507NiCrCu、J506WCu、J506NiCu	H08NiCuMnSiⅡ、TH500-NQ-Ⅱ	H08MnCuCrNiⅢ	SJ301
Q400NQR1	J506NiCrCu	TH500-NQ-Ⅱ	TH500-NQ-Ⅲ	SJ101
Q450NQR1	J556NiCrCu	TH550-NQ-Ⅱ	TH550-NQ-Ⅲ	SJ101
Q500NQR1	J606NiCrCu	TH600-NQ-Ⅱ	TH600-NQ-Ⅲ	SJ101

三、 其他用途的耐候钢及耐海水腐蚀钢用焊接材料

除了上面介绍的用于铁道车辆的耐大气腐蚀焊接材料外，其他耐候钢及耐海水腐蚀钢的焊接材料也广为应用，也要求具有与母材相近的耐腐蚀性。表 16-5 列出了耐候钢及耐海水腐蚀钢用焊条、CO_2 气体保护焊焊丝及埋弧焊焊丝的牌号；埋弧焊时采用相配套的 HJ431 熔炼焊剂或 SJ101 烧结焊剂。表 16-5 中列出的焊材牌号有些也适用于铁道车辆，属于通用产品。

表 16-5 焊接耐候钢及耐海水腐蚀钢用焊条、气体保护焊焊丝及埋弧焊焊材

屈服强度/MPa	钢种	焊条	CO_2 气体保护焊焊丝	埋弧焊焊材
≥235	Q235NH Q295NH Q295GNH Q295GNHL	J422CrCu J422CuCrNi J423CuP	H10MnSiCuCrNiⅡ GFA-50W① GFM-50W① AT-YJ502D②	H08A+HJ431 H08MnA+HJ431
≥355	Q355NH Q345GNH Q345GNHL Q390GNH	J502CuP，J502NiCu J502WCu，J502CuCrNi J506NiCu，J506WCu J507NiCu，J507CuP J507NiCuP，J507CrNi J507WCu	H10MnSiCuCrNiⅡ GFA-50W① GFM-50W① AT-YJ502D②	H08MnA+HJ431 H08Mn2+HJ431 H10MnSiCuCrNiⅢ +SJ101
≥450	Q460NH	J506NiCu，J507NiCu J507CuP，J507NiCuP J507CrNi	GFA-55W① GFM-55W① AT-YJ602D②	H10MnSiCuCrNiⅢ +SJ101

① 哈尔滨焊接研究所开发的药芯焊丝。
② 钢铁研究院开发的药芯焊丝。

四、焊接施工要点

大部分耐候钢及耐海水腐蚀钢的焊接性与屈服强度为 235～345MPa 级的热轧钢或正火钢相当，所以其焊接施工可参考相同强度级别热轧钢或正火钢的焊接施工条件，但对于调质状态交货的 Q460NH 钢，建议参考低合金低碳调质钢的焊接施工条件。对于磷含量较高的耐候钢，需采用母材稀释率较小的焊接方法，以便防止焊接裂纹的产生。薄板焊接时应注意控制焊接热输入及道间温度，确保焊缝金属的抗拉强度及焊接接头的冲击韧性。

第二节　铬钼耐热钢的焊接施工

一、铬钼耐热钢的回火脆性

铬钼钢是高温高压下工作的锅炉、压力容器等使用的钢种，石油精炼的脱硫反应塔、热交换器等压力容器均使用铬钼耐热钢。这种钢在高温下长期工作时，会出现回火脆化及韧性降低的问题，这种现象是长期在 375～575℃ 温度范围内工作出现的。而石油精炼时，反应塔的操作温度通常在 400～800℃，正处于这个脆化温度区。因此，对耐热钢及其配套焊接材料的抗回火脆化性能及低温韧性也提出了相应的要求。

当铬钼耐热钢用于制造石油化工及煤化工等临氢设备时，对于所采用的钢材有更严格的要求，在临氢设备用钢的标准《临氢设备用铬钼合金钢钢板》（GB/T 35012—2018）中，明确限定了 P、Sn、Sb、As 等有害杂质的含量。同时，在抗回火脆性试验方面提出了新的测定方法，以便进行定量评定。在实验室里，通过进行脆化促进热处理试验，即步冷试验（Step Cooing Test），又称阶梯冷却试验（图 16-1），再现实际操作时的回火脆化过程。

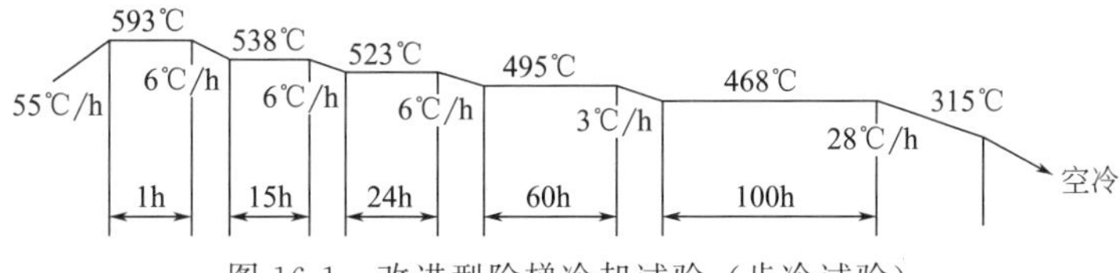

图 16-1　改进型阶梯冷却试验（步冷试验）

借助于比较步冷试验前后铬钼钢的 V 形缺口冲击试验结果，来确定钢材对回火脆化的适用性。回火脆化敏感性采用图 16-2 所示的 ΔvTr40 来表示，ΔvTr40 为 vTr40 与 vTr′40 的差值，即冲击功达 40ft·1bf(54J) 时对应的温度偏移量；vTr40 为消除应力处理后 40ft·1bf 时的转变温度；vTr′40 为消除应力处理加脆化促进热处理后 40ft·1bf 的转变温度。按照 GB/T 35012—2018 的规定，对 12Cr2Mo1VR(H) 的要求是 vTr40＋3ΔvTr40⩽0℃。而对焊缝的要求，由原来的 vTr40＋1.5ΔvTr40⩽38℃，提高到现在的 vTr40＋2.5ΔvTr40⩽10℃。

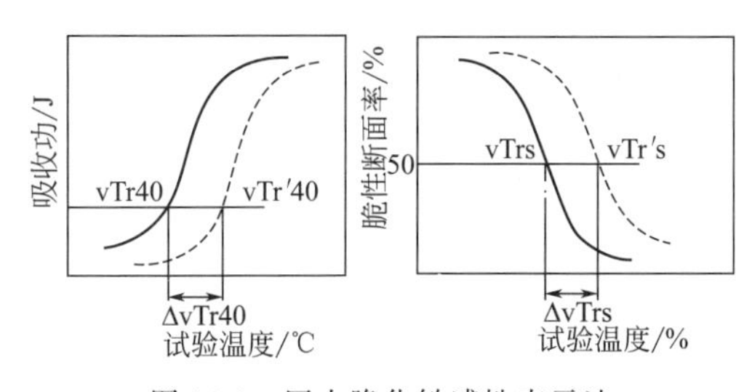

图 16-2　回火脆化敏感性表示法

下面给出了制造石油化工及煤化工临氢设备用四个牌号钢的化学成分，它规定了 P、Sn、Sb、As 的上限含量，且随着 Cr、Mo 含量的提高，相应地降低 Mn、Si 的含量（表 16-6）；也给出了抗回火脆化系数 *J*、*X* 的要求（表 16-7）；性能检验时采用的试样模拟焊后热处理制度列于表 16-8中试样在模拟焊后热处理状态下的拉伸性能和冲击性能分别列于表 16-9 和表 16-10。

表 16-6　临氢设备用钢的牌号和化学成分（成品分析）

牌号	化学成分(质量分数)/%																			
	C	Si	Mn	Cr	Ni	Cu	Mo	P	S	B	Ca	Nb	V	Ti	As	Sn	Sb	H	O	N
15CrMoR(H)	0.08～0.20	0.13～0.40	0.37～0.73	0.80～1.25	≤0.23	≤0.20	0.45～0.62	≤0.010	≤0.007	—	—	—	—	—	≤0.010	≤0.010	≤0.003	≤0.0002	≤0.0025	≤0.0080
14Cr1MoR(H)	0.05～0.17	0.46～0.84	0.37～0.68	1.15～1.55	≤0.23	≤0.20	0.45～0.67	≤0.010	≤0.007	—	—	—	—	—	≤0.010	≤0.010	≤0.003			
12Cr2Mo1R(H)	0.08～0.17	≤0.16	0.27～0.63	2.00～2.60	≤0.23	≤0.20	0.90～1.13	≤0.010	≤0.007	—	—	—	—	—	≤0.010	≤0.010	≤0.003			
12Cr2Mo1VR(H)	0.10～0.16	≤0.10	0.27～0.63	2.00～2.60	≤0.25	≤0.20	0.90～1.13	≤0.010	≤0.005	≤0.0020	≤0.020	≤0.08	0.23～0.37	≤0.030	≤0.010	≤0.010	≤0.003			

表 16-7　临氢设备用钢的抗回火脆化系数 J 和 X

回火脆化系数[①] （熔炼分析和成品分析）	牌　号		
	14Cr1MoR(H)[②]	12Cr2Mo1R(H)	12Cr2Mo1VR(H)
J[①]	≤150	≤100	≤100
X[①]	≤15	≤15	≤12

① 回火脆化系数计算公式：$J=(Si+Mn)(P+Sn)\times10^4$（Si、Mn、P、Sn 以%表示）；$X=(10P+5Sb+4Sn+As)/100$（P、Sb、Sn、As 以 10^{-6} 表示）。

② 根据需方的设计要求并在合同中注明，14Cr1MoR(H) 的 J 系数可不规定，此时提供实测值。

表 16-8　试样模拟焊后热处理制度

模拟焊后热处理制度	牌　号		
	15CrMoR(H)、14Cr1MoR(H)[①]	12Cr2Mo1R(H)	12Cr2Mo1VR(H)
装炉温度/℃	≤400		
升温速度范围[②]/(℃/h)	55～120		
保温温度/℃	(670～690)±10	690±10	705±10
最大/最小模拟焊后热处理保温时间/h	供需双方协商		
降温速度范围[②]/(℃/h)	55～120		
出炉温度/℃	≤400(出炉后空冷)		

① 15CrMoR(H)、14Cr1MoR(H) 的具体保温温度需在合同中注明。

② 升温速度、降温速度需经供需双方协商后在合同中注明，商定值推荐在本表范围内。

表 16-9　试样模拟焊后热处理状态下的拉伸性能

牌号	钢板厚度/mm	室温拉伸试验				布氏硬度/HBW 不大于
		下屈服强度[①] R_{eL}/MPa	抗拉强度 R_m/MPa	断后伸长率 A/%	断面收缩率 Z/%	
				不小于		
15CrMoR(H)	6～60	≥295	450～590	20	45	225
	>60～100	≥275				
	>100～200	≥255	440～580			
14Cr1MoR(H)	6～100	≥310	520～680	20	45	225
	>100～200	≥300	510～670			
12Cr2Mo1R(H)	6～200	310～620	520～680	19	45	225
12Cr2Mo1VR(H)	6～200	415～620	590～760	18	45	235

① 屈服现象不明显，可测量规定塑性延伸强度 $R_{p0.2}$ 代替 R_{eL}。

表 16-10　试样模拟焊后热处理状态下的冲击性能

牌号	夏比(V 形缺口)冲击试验[①,②]		
	试验温度/℃	冲击吸收能量 KV_2/J，不小于	
		平均值	单个值
15CrMoR(H)	−10	55	48
14Cr1MoR(H)[③]	−10	55	48
	−20		

续表

牌号	夏比(V形缺口)冲击试验①,②		
	试验温度/℃	冲击吸收能量 KV_2/J,不小于	
		平均值	单个值
12Cr2Mo1R(H)	−30	55	48
12Cr2Mo1VR(H)	−30	55	48

① 冲击试验应记录侧向膨胀值实测值。
② 冲击试验温度需在合同中注明，且冲击试验剪切断面率最小为25%。
③ 除14Cr1MoR(H)外，其他牌号应提供冲击试验剪切断面率实测值。

另有资料介绍，对于铬钼钢焊缝金属也提出了低温韧性及抗回火脆性要求，见表16-11。

表16-11　铬钼钢焊缝金属低温韧性及抗回火脆性要求

吸收功	抗回火脆性
A_{kV}(−29℃)最小值≥35ft·1bf(47J) A_{kV}(−29℃)平均值≥40ft·1bf(54J)	vTr40≤−40℃ vTr′40≤−29℃

已经进行的研究结果表明，焊缝金属中的杂质（P、Sn、Sb、As等）对回火脆性有很大影响，通过试验归纳出了脆化系数X、J及回火脆性成分参数P_E计算公式。

BrusCato脆化系数$X=(10P+5Sb+4Sn+As)/100$(P、Sb、Sn、As以10^{-6}表示)（要求$X\leqslant15$）

Watanabe脆化系数$J=(Mn+Si)(P+Sn)\times10^4$(Mn、Si、P、Sn以%表示)（要求$J\leqslant180$）

回火脆性成分参数$P_E=C+Mn+Mo+Cr/3+Si/4+3.5(10P+5Sb+4Sn+As)$(%)

微观观察发现，这些杂质在脆化温度下偏析于晶界，减弱了晶界强度，而在冲击试验时表现为韧性降低，成为回火脆化的主要原因。因此，应严格限制P、Sn、Sb、As等有害杂质的来源，尽量减少Mn、Si的含量，以确保焊缝金属获得良好的抗回火脆性能力。

二、铬钼耐热钢的焊接裂纹

铬钼耐热钢在焊接施工上最应关注的问题是防止出现焊接冷裂纹。由于碳和合金元素的共同作用，容易形成淬硬组织，抗裂性变差，容易出现冷裂纹。因此，无论从提高焊接接头的抗裂纹能力，还是从满足力学性能考虑，都要求采用低氢型焊条。只有在一些小直径薄壁管及一些管道经氩弧焊打底后进行盖面焊时，才可选用其他药皮类型的焊条（如R302、R310等）。另外，对焊接材料的管理要给以充分重视，受潮的焊条要进行再烘干；对焊条的存放及保管也要有严格限制，以便降低焊缝中的扩散氢来源，这是防止冷裂纹的一个重要环节。考虑母材成分的影响，合金成分含量越高，或碳当量越大，所要求的预热及道间温度也应越高。考虑工件厚度的影响，即结构刚度的影响，钢板的厚度越大，拘束度越大，产生冷裂纹的可能性也越大，所要求的预热及道间温度也应越高。

铬钼耐热钢焊接过程中也会产生再热裂纹，再热裂纹通常出现在熔合线附近的粗晶区，焊接板材越厚，拘束度越大，焊接残余应力越高，裂纹的倾向越大。防止裂纹产生的措施是选择强度较低的焊接材料，提高预热温度和焊接热输入，可在一定程度上缓解裂纹倾向。

三、焊接材料的选用

铬钼耐热钢焊条的选择，首先要保证焊缝的化学成分和力学性能与母材尽量一致，使焊缝金属在工作温度下具有良好的抗氧化、抗气体介质腐蚀能力和一定的高温强度。如果焊缝金属与母材化学成分相差太大，高温下长期使用后，接头中某些元素会产生扩散现象（如碳在熔合线附近的扩散），使接头高温性能下降。其次，应考虑材料的焊接性，避免选用杂质含量较高或强度较高的焊接材料。铬钼耐热钢焊缝的碳含量一般控制在0.07%～0.12%之间，碳含量过低会降低焊缝的高温强度，碳含量过高又易出现焊缝结晶裂纹。近年来开发了超低碳（C≤0.05%）的铬钼耐热钢焊接材料，如E5215-1CML、E5515-2C1ML焊条，ER49-B2L、ER55-B3L实心焊丝，T55T5-0M21-1CML、T62T1-0M21-2C1ML药芯焊丝等，这主要是为了改善焊缝金属的抗裂性能，以便降低焊接预热温度，甚至不预热。

埋弧焊接时，为保证焊缝成分与母材相接近，铬钼耐热钢都采用Cr-Mo系的实心焊丝，如焊接1Cr-0.5Mo、2.25Cr-1Mo及5Cr-0.5Mo钢时，可分别采用H08CrMoA、H08Cr2Mo和HCr5MoA焊丝，采用的焊剂通常为熔炼型焊剂。最新研究表明，对1.25Cr-0.5Mo和2.25Cr-1Mo钢而言，焊缝金属最佳的C含量应控制在0.08%～0.12%，此时，焊缝金属具有较高的冲击韧性和与母材相当的蠕变强度。为了降低焊缝金属的回火脆性，研制出了降低焊缝硫、磷含量的烧结型焊剂，同时应严格限制焊丝中P、S、Sn、Sb及As等有害杂质的含量，以满足厚壁容器对抗回火脆性的严格要求。

铬钼耐热钢的焊接方法，目前多采用焊条电弧焊和埋弧焊，随着技术的进步，CO_2或Ar+CO_2熔化极气体保护焊方法的应用正逐渐扩大。一些重要的高温、高压耐热钢管道，普遍采用TIG焊方法进行封底焊接。管子的全位置焊接，特别是大直径管道的安装焊接，都采用实心焊丝的熔化极气体保护焊，所用的保护气体是Ar+20%CO_2。在保护气体的选用上，主要是考虑熔滴的过渡形式和电弧的稳定燃烧，以及保证熔透和良好的焊道成形。平焊时，主要采用喷射过渡；全位置焊接时，则采用短路过渡或脉冲喷射过渡。若采用CO_2气体保护焊，则飞溅较大，焊缝金属的氧含量增高，冲击韧性降低。

近年来，耐热钢用药芯焊丝气体保护焊在国外得到应用，其中钛型铬钼耐热钢药芯焊丝T50T1-1CM、T62T1-2CM等应用最多，它具有飞溅小、脱渣容易、电弧燃烧稳定及熔滴喷射过渡等优点，氧含量及扩散氢含量均不高，我国的一些锅炉厂也正在逐渐推广应用。

在焊接大刚度构件、焊补焊接缺陷、焊后不能热处理或焊接12Cr5Mo等焊接性较差的耐热钢时，可采用强度低、塑性好的Cr-Ni奥氏体型焊材，它不需要预热，并能释放焊接应力，提高接头韧性，防止焊接裂纹。但对于在循环加热和冷却工作条件下的结构，不宜采用Cr-Ni奥氏体型焊材，以免由于两种材质线胀系数相差太大，在使用过程中产生热应力而引起开裂。这时建议采用镍基合金焊材，如ERNiCr-3焊丝、ENiCrFe-2焊条等。

1. 铬钼耐热钢用焊条

铬钼耐热钢用焊条大部分都采用高纯度的低碳钢焊芯，通过药皮过渡合金元素，药皮渣系都采用碱性，降低焊缝中扩散氢的含量，并获得高的焊缝韧性。有的焊条在药皮中再加入适量铁粉，使其熔敷效率达到105%～130%。也有少量焊条采用合金焊芯，即通过焊芯来过渡合金元素，这样可进一步提高焊缝金属的纯净度，以便获得更高的焊缝韧性及抗回火脆性等。焊接各种铬钼耐热钢时常用的焊条列于表16-12中。

表 16-12　铬钼耐热钢焊条的选用

钢种	钢号		焊条型号	焊条牌号
	中国	相当 ASTM		
0.5Mo	15Mo	A204 Gr. A A204 Gr. B A204 Gr. C A354 Gr. P1 A336 C1. F1	E5003-1M3 E5015-1M3 E5018-1M3	R102 R107 R106Fe
0.5Cr-0.5Mo	12CrMo	A387 Gr. 2 A335 Gr. P2	E5503-CM E5540-CM E5515-CM	R202 R200 R207
1Cr-0.5Mo	15CrMo	A387.12 A387 Gr. 11 A335 Gr. P11 A213 Gr. T11 A336 C1. F11 A182 Gr. F11	E5516-1CM E5518-1CM	R306 R306Fe
1Cr-Mo	20CrMo		E5515-CM E5515-1CM	R207 R307
1Cr-0.5Mo-V	12Cr1MoV		E5540-1CMV E5515-1CMV	R310 R317
	15Cr1MoV		E5515-1CMWV E5515-1CMVNb E5515-1CMV	R327 R337 R317
	20Cr1MoV			
2.25Cr-1Mo	Cr2.5Mo	A387 Cr. 22 A335 Gr. P22 A213 Gr. T22 A336 C1. F22 A182 Gr. F22	E6240-2C1M E6218-2C1M E6215-2C1M	R400 R406Fe R407
3Cr-1MoVSiTiB	12Cr3MoVTiB	A542 Type C. C1. 40	E5515-2CMVNb	R417Fe，R427
0.5MoVWSiBRE	12MoWSiBRE		E5515-1CMV E5515-1CMWV	R317 R327
2Cr-MoWVTiRE	12Cr2MoWVTiB		E5540-2CMWVB E5515-2CMWVB	R340 R347
1Cr-Mo-V	15Cr1MoV	A289 Gr. C24	E5515-1CMWV	R327
	20CrMoV		E5515-1CMVNb	R337
5Cr-0.5Mo	Cr5Mo	A387 Gr. 5 A335 Gr. P5 A335 Gr. C5	E5515-5CM （E8015-B6）	R507
5Cr-MoWVTiB	Cr5MoWVTiB		—	G106①
7Cr-1Mo	Cr7Mo		E6215-9C1M （E9015-B8）	R707
9Cr-1Mo	Cr9Mo	A387 Gr. 9		
9Cr-1Mo-Nb-V	Cr9MoNiV	A213 Gr. T91 A387 Gr. 91 A335 Gr. P91	E6215-9C1MV （E9015-B9）	R717
11Cr-MoV	1Cr11MoV		E11MoVNi-16 E11MoVNi-15 E11MoVNiW-15	R802 R807 R817
	1Cr11MoNiVW	A351		

续表

钢种	钢号		焊条型号	焊条牌号
	中国	相当 ASTM		
12Cr-1MoV	1Cr12MoWV	（AISI Type 422）	E11MoVNiW-15 E11MoVNi-15	R817 R827
	2Cr12MoV		E11MoVNi-15	R827

① G106 为非标准焊条，其化学成分 C≤0.12%，Mn 为 0.5%～0.8%，Si≤0.7%，Cr 为 5.0%～6.5%，Mo 为 0.6%～0.8%，V 为 0.25%～0.40%，W 为 0.25%～0.45%，B<0.005%，S、P≤0.03%。

2. 铬钼耐热钢用实心焊丝

铬钼耐热钢用实心焊丝包括 TIG 焊丝、MIG 焊丝和埋弧焊焊丝，目前使用的焊丝大部分是镀铜焊丝。TIG 焊接时采用纯 Ar 作为保护气体，电源是直流正极性。MIG 焊接时采用 Ar+(2%～20%)CO_2 或 Ar+(1%～3%)O_2 保护气体，电源为直流反极性。保护气体的组成既影响到焊接工艺性能，也对焊缝韧性带来重大影响。当 CO_2 含量增加时，电弧特性变好，有利于改善焊接工艺性能，但也会引起焊缝韧性下降，故建议在满足韧性要求的前提下，适当提高 CO_2 的比例。另外，随着 CO_2 含量的增加，焊缝金属的强度也会下降。

同一种耐热钢所要求的焊缝成分应该是相同的，且与母材成分相接近。但是从焊丝成分上考虑，MIG 焊接时焊丝中的 Si 含量要高一些，以保证充分脱氧，也有利于改善焊接工艺性能。埋弧焊时，焊丝中的 Si 含量要低一些，这样才能使焊缝中 Si 的含量适中，不至于损害焊缝韧性。另外，MIG 焊接时如果保护气体的氧化性小，对焊缝的成分和性能不会造成影响；但是，随着保护气体氧化性的增强，Si、Mn 等元素烧损量增大，影响到焊缝金属的强度和韧性。焊接铬钼耐热钢时常用的 MIG 实心焊丝成分汇总于表 16-13；国际标准（ISO 21952-B：2012）中规定的 MIG 焊接用铬钼耐热钢实心焊丝的化学成分可参见表 8-12；国家标准（GB/T 12470—2018）中规定的铬钼耐热钢埋弧焊实心焊丝的化学成分可参见表 10-5。

表 16-13　焊接铬钼耐热钢常用的 MIG 实心焊丝化学成分　　%

铬钼钢类型 （焊丝型号） ISO-A/ISO-B	C	Mn	Si	Cr	Mo	V	W	Ni	Nb	其他
0.5Mo MoSi/1M3	0.08 ～0.12	0.90 ～1.3	0.5 ～0.7	—	0.45 ～0.60	—	—	—	—	—
1.25Cr-0.5Mo CrMo1Si/1CM3	0.08 ～0.14	0.8 ～1.2	0.5 ～0.8	0.9 ～1.3	0.45 ～0.65	—	—	—	—	—
2.25Cr-1Mo CrMo2Si/2C1M3	0.07 ～0.12	0.8 ～1.2	0.4 ～0.8	2.3 ～2.7	0.90 ～1.20	—	—	—	—	—
2.25Cr-1Mo （ER90S-B3）/2C1M	0.07 ～0.12	0.4 ～0.7	0.4 ～0.7	2.30 ～2.70	0.90 ～1.10	—	—	—	—	—
T23/P23 —/2CMWV-Ni	0.04 ～0.10	≤1.0	≤ 0.5	1.9～2.6	0.05 ～0.30	0.20 ～0.30	1.45 ～1.75	≤ 0.80	0.02 ～0.08	B≈ 0.003
5Cr-0.5Mo CrMo5Si/5CM	0.03 ～0.10	0.4 ～0.7	0.30 ～0.50	5.50 ～6.00	0.50 ～0.65	≤ 0.03	—	≤ 0.30	—	—

续表

铬钼钢类型 (焊丝型号) ISO-A/ISO-B	C	Mn	Si	Cr	Mo	V	W	Ni	Nb	其他
9Cr-1Mo CrMo9/—	0.06 ~0.10	0.4 ~0.6	0.3 ~0.5	8.50 ~10.0	0.80 ~1.20	—	—	≤ 0.50	—	—
T91/P91 —/(9C1MV)	0.08 ~0.13	0.4 ~0.8	0.15 ~0.50	8.5 ~9.5	0.85 ~1.10	0.15 ~0.25	—	0.10 ~0.40	0.03 ~0.08	N≈ 0.05
T92/P92 —/—	0.08 ~0.13	0.4 ~1.0	≤ 0.40	8.0 ~9.5	0.30 ~0.60	0.15 ~0.25	1.5 ~2.0	≤ 0.80	0.04 ~0.07	N≈ 0.05
12CrMoV CrMoWV12Si/—	0.17 ~0.24	0.4 ~1.0	0.20 ~0.60	10.5 ~12.0	0.80 ~1.20	0.20 ~0.40	0.35 ~0.80	≤ 0.80	—	—

四、 焊接施工要点

预热及保持相应的道间温度，是防止出现焊接冷裂纹的主要措施。另外，焊后脱氢处理，也是防止冷裂纹的措施之一。各种铬钼耐热钢的成分有很大不同，它们所需要的预热及道间温度也应各不相同。通常要求预热温度应高于规定的下限温度，道间温度则应低于规定的上限温度；有时也专门规定出最高的道间温度，以免明显地影响到焊缝的冷却速度，特别是 800～500℃之间的冷却速度 $t_{8/5}$；进而影响到接头的力学性能，通常 $t_{8/5}$ 越大，冷却速度越小，因而焊缝的强度越低。

焊后热处理也是施工过程中要特别重视的事项，对于铬钼耐热钢而言，除了某些特殊应用之外，焊后热处理是必须采取的。这里指的热处理主要是回火处理，它是把工件加热到 A_{c1} 以下某个温度，经过适当保温，然后冷却到室温。回火处理的目的在于减少内应力，稳定组织，获得所需的力学性能及其他性能。因为回火后的组织决定了焊接接头的性能和寿命，所以获得理想的回火组织是焊后热处理的主要目的。对于珠光体耐热钢来说，焊后回火温度不应超过钢板出厂时的回火温度，否则会引起板材的强度下降。而对于马氏体耐热钢来说，如 P91 钢，回火温度应不超过钢材的 A_{c1} 温度，否则会导致接头区的局部产生二次相变并引起硬化。为此，有的限定焊缝金属中的 Ni+Mn≤1.5%（或 1.0%），以确保其焊缝的 A_{c1} 温度足以高于焊后热处理的温度。对于有些马氏体耐热钢而言，其热处理要在焊后工件冷却到 150℃以下才能进行，以使马氏体相变全部完成。另外，如果焊后热处理要在工件冷却到室温并进行无损检验之后进行，那么，在工件冷却过程中，应按照预热温度维持一段时间（时间长短应依工件厚度而定），以起到脱氢处理作用，防止产生冷裂纹。

国内研发的铬钼耐热钢的预热、道间温度及焊后热处理规范汇总于表 16-14 中；英国曼彻特公司提供的铬钼耐热钢焊接施工参数列于表 16-15 中。

表 16-14　国内研发的铬钼耐热钢的焊接施工参数

钢号	预热和道间温度/℃	焊后热处理规范	
		回火温度/℃	保温时间/h
12CrMo	200～250	650～700	2
15CrMo	200～250	670～700	2
20CrMo	250～300	650～700	2
12CrMoV	250～350	710～750	2
12Cr1MoV	250～350	700～740	2
15CrMoV	300～350	710～730	2
15Cr1MoV	300～350	710～730	2

续表

钢号	预热和道间温度/℃	焊后热处理规范	
		回火温度/℃	保温时间/h
20CrMoV	300～350	680～720	2
12MoVWBSiRE	200～300	750～770	2
12Cr2MoWVB	250～300	760～780	2
12Cr3MoVSiTiB	300～350	740～760	2
12Cr3MoWV	400～450	650～670	2
12Cr5Mo	300～400	740～760	2
12Cr9Mo1	300～400	730～750	2

表 16-15　英国曼彻特公司提供的铬钼耐热钢焊接施工参数

钢的成分类型	焊缝显微组织	焊接施工参数
0.5Mo	经焊后热处理，焊缝为针状铁素体加少量回火贝氏体组织	预热及道间温度为 100～250℃ 焊后热处理温度为 630～670℃，壁厚小于 20mm 的结构，可不进行焊后热处理
WB36 (15NiCuMoNb5)	经焊后热处理，焊缝为回火铁素体组织	预热温度为 100～150℃，道间温度为 150～250℃ 焊后热处理温度为 600～650℃，保温 1～6h
1.25Cr-0.5Mo	经焊后热处理，焊缝金属为回火索氏体组织	最低预热温度和道间温度为 200℃，厚截面时可到 300℃。焊后热处理温度为 690℃，保温时间取决于截面厚度
2.25Cr-1Mo	经焊后热处理，焊缝金属为回火贝氏体组织	最低预热温度和道间温度为 250℃，厚截面时可到 300℃。焊后热处理温度为 690℃
1.25Cr-1Mo-0.25V	经焊后热处理，焊缝金属为回火贝氏体组织	最低预热温度和道间温度为 250℃，焊后热处理温度为 690～700℃
P23/T23	焊后状态下，焊缝组织为贝氏体组织，热处理后为回火贝氏体组织	一般薄壁管可不预热，厚壁结构接头预热温度为 150～200℃，道间温度应小于 350℃ 焊后热处理温度为 760℃
5Cr-0.5Mo	经焊后热处理，焊缝金属为回火贝氏体组织	预热温度和道间温度为 200℃。焊后热处理温度为 705～760℃，最短保温时间不少于 2h
9Cr-1Mo	经焊后热处理，焊缝金属为回火贝氏体组织	预热温度和道间温度为 200℃。焊后的工件 150℃以下才能进行焊后热处理。如焊后不能及时进行热处理，则需按预热温度进行消氢处理。焊后热处理温度为 705～780℃
P91/T91	经焊后热处理，焊缝金属为回火马氏体组织	预热温度和道间温度为 200～300℃。为了确保马氏体转变的充分进行，在进行焊后热处理之前焊缝需冷却至 100℃以下。焊后热处理温度为 730～760℃
P92/T92	经焊后热处理，焊缝金属为回火马氏体组织	预热和道间温度为 200～300℃。为了确保马氏体转变的充分进行，在进行焊后热处理时焊缝需冷却至 100℃以下。焊后热处理温度为 750～770℃
E911	经焊后热处理，焊缝金属为回火马氏体组织	预热温度及道间温度为 200～300℃，为了确保马氏体的完全转变，在进行焊后热处理之前，焊缝需冷却至 100℃以下。焊后热处理温度为 730～780℃
12CrMoV	经焊后热处理，焊缝金属为回火马氏体组织	预热温度及道间温度为 200～350℃。焊后必须缓冷至 120℃并保温 1～2h，以确保马氏体转变完成。如焊后不能立刻进行热处理，则应在相变完成后冷却至 60℃之前进行 350℃消氢处理，时间为 1～4h。焊后热处理温度为 730～770℃，保温时间最少为 3h

第三节　合金结构钢的焊接施工

合金结构钢的碳含量较高，一般为0.25%～0.5%，并含有较多的合金元素，以保证钢的淬透性和防止回火脆性。这类钢在调质状态下具有良好的综合性能，也称为中碳调质钢。

一、　钢的焊接性

1. 焊接热影响区的脆化和软化

由于合金结构钢碳含量高、合金元素含量多，在快速冷却时，从奥氏体转变为马氏体的起始温度 M_s 较低，焊后热影响区生成硬度很高的马氏体，造成脆化。图 16-3(a) 所示为

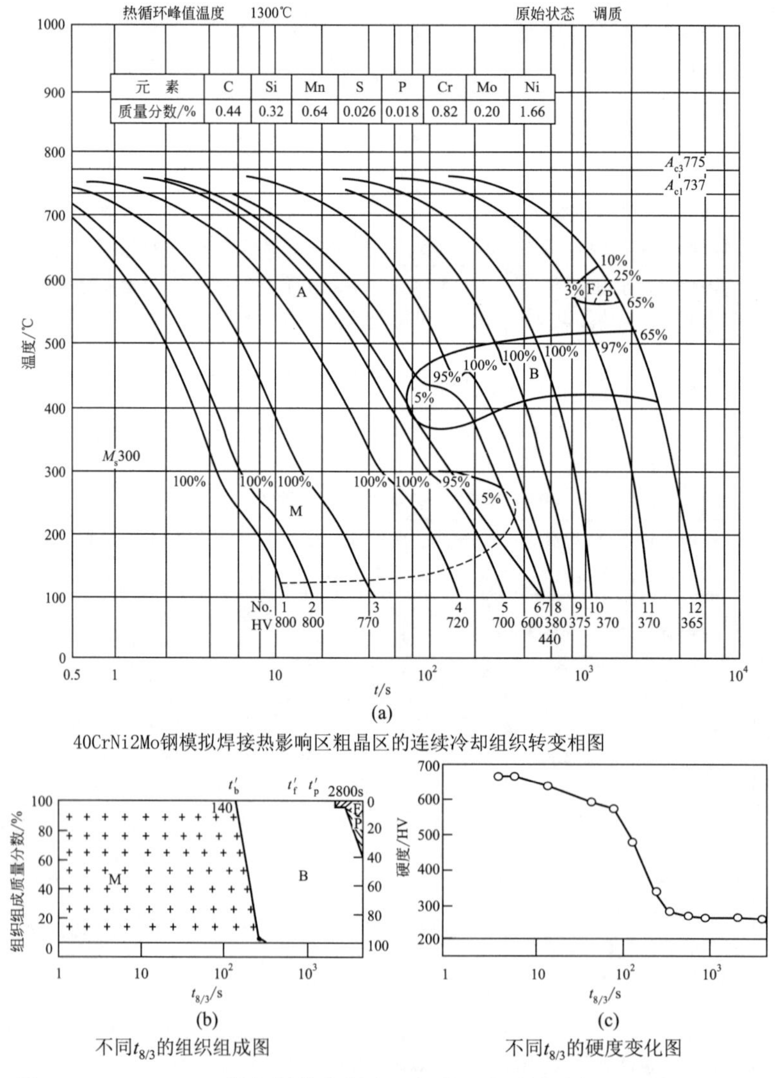

元　素	C	Si	Mn	S	P	Cr	Mo	Ni
质量分数/%	0.44	0.32	0.64	0.026	0.018	0.82	0.20	1.66

(a)

40CrNi2Mo钢模拟焊接热影响区粗晶区的连续冷却组织转变相图

(b)

不同$t_{8/3}$的组织组成图

(c)

不同$t_{8/3}$的硬度变化图

图 16-3　40CrNi2Mo 模拟焊接热影响区粗晶区的连续冷却组织转变相图及不同 $t_{8/3}$ 的组织组成图及硬度变化图

40CrNi2Mo模拟焊接热影响区粗晶区的连续冷却组织转变相图，图16-3(b)和图16-3(c)所示分别为不同$t_{8/3}$的组织组成图及硬度变化图。表16-16是几种常用合金结构钢模拟焊接热影响区粗晶区的连续冷却组织转变的特征参数。可以看出，马氏体的起始转变温度M_s一般低于400℃，马氏体的硬度不低于500HV，40CrNi2Mo热影响区粗晶区马氏体的硬度高达800HV，如此高硬度的马氏体，其韧性必然是很差的。如果钢材在调质状态下施焊，而且焊接以后不再进行调质处理，其热影响区被加热到超过调质处理回火温度的区域，将出现强度、硬度低于母材的软化区。该软化区可能成为降低接头强度的薄弱区域。

表16-16 几种常用合金结构钢模拟焊接热影响区粗晶区的连续冷却组织转变的特征参数

钢号	M_s/℃	M_f/℃	$t_{b'}$/s	$t_{M'}$/s	t_f/s	$t_{p'}$/s	HV_{max}
27SiMn	380	≈200	11.5	45	20	32	550
30CrMo	370	≈220	8	45	240	460	600
40CrMnMo	320	≈140	95	300	1800	2300	675
40CrNi2Mo	300	≈120	140	320	2000	2800	800

2. 焊接裂纹

合金结构钢焊接热影响区极易产生硬脆的马氏体，对氢致冷裂纹很敏感，即具有很大的冷裂纹敏感性。从40CrNi2Mo模拟焊接热影响区粗晶区的连续冷却组织转变相图可以看出，当$t_{8/3}$小于140s时，40CrNi2Mo焊接热影响区粗晶区是100%的马氏体，而且马氏体的硬度高达800HV。这意味着即使采用高热输入埋弧焊，其焊接热影响区粗晶区的组织也是100%的高硬度马氏体。因此，焊接合金结构钢时，氢致冷裂纹是极易产生的。

此外，由于合金结构钢的碳及合金元素含量高，焊接熔池凝固时，固液相温度区间大，结晶偏析倾向大，焊接时也具有较大的热裂纹倾向。为了防止产生热裂纹，要采用低碳与低硫、磷的焊接材料。重要产品用的钢材及焊材，应采用真空冶炼及电渣重熔精炼。

二、焊接材料的选择

为提高抗裂性，焊条电弧焊时应选用低氢或超低氢焊条；埋弧焊时，选用中性或中等碱度焊剂，以保证焊缝具有足够的韧性和优良的抗裂性。焊条、焊剂使用前应严格烘干，使用过程中，应采取措施防止焊接材料再吸潮。为保证焊缝金属有足够的强度、良好的塑韧性及抗裂性，应选用低碳和含适量合金的焊条、焊丝，应尽量降低焊接材料中S、P等杂质的含量。对于焊后进行调质处理的构件，应选用合金成分与母材相近的焊接材料。对于焊后只进行消除应力处理的构件，应考虑焊缝金属消除应力处理后的强韧性与母材相匹配。对于焊后不进行热处理，并要求在动载及冲击载荷下具有良好性能，而不要求焊缝金属与母材等强度的构件，可选用镍基合金或镍铬奥氏体钢焊接材料。合金结构钢用的焊接材料尚未标准化，表16-17～表16-19分别列出了几种合金结构钢可选用的焊条及气体保护焊焊丝的熔敷金属化学成分及力学性能。

表16-17 合金结构钢用焊条及气体保护焊焊丝的熔敷金属化学成分（质量分数） %

焊材牌号	C	Si	Mn	Cr	Mo	Ni	V	S	P
J857Cr	≤0.15	≤0.6	≥1.0	0.7～1.1	0.5～1.0	—	0.05～0.15	≤0.035	≤0.035
J857CrNi	≤0.10	≤0.6	1.3～2.25	0.3～1.5	0.3～0.5	1.75～2.5	≤0.05	≤0.035	≤0.035
J907Cr	≤0.15	≤0.8	≥1.0	0.7～1.1	0.5～1.0	—	0.05～0.15	≤0.035	≤0.035

续表

焊材牌号	C	Si	Mn	Cr	Mo	Ni	V	S	P
J107Cr	≤0.15	0.3～0.7	≥1.0	1.5～2.2	0.4～0.8	—	0.08～0.16	≤0.035	≤0.035
HS-70①	≤0.12	≤0.6	≥1.0	—	0.25～0.55	≥0.5	—	≤0.02	≤0.02
HS-80②	≤0.12	≤0.6	≥1.0	—	0.25～0.55	2～2.8	—	≤0.02	≤0.02

① CO_2 气体保护焊。

② Ar-CO_2 或 Ar-O_2 气体保护焊。

表 16-18　合金结构钢气体保护焊用实心焊丝的化学成分

焊丝牌号	焊丝化学成分(质量分数)/%							
	C	Si	Mn	Cr	Mo	Ni	S	P
H10SiCr2Mo	0.08～0.14	0.3～0.55	0.4～0.7	2.25～2.75	0.85～1.1	≤0.3	≤0.008	≤0.008
H18CrMo	0.15～0.22	0.15～0.35	0.4～0.7	0.8～1.1	0.15～0.25	≤0.3	≤0.025	≤0.03
H08Mn2Si	≤0.11	0.65～0.95	1.8～2.1	≤0.2	—	≤0.3	≤0.03	≤0.03

表 16-19　合金结构钢用焊条、气体保护焊焊丝的熔敷金属力学性能及适用钢种

焊材牌号	热处理状态	σ_b/MPa	σ_s/MPa	δ_5/%	A_{kV}/J	适用钢种
J857Cr	600～650℃回火	≥830	≥740	≥12	≥27(常温)	35CrMo 30CrMo
J857CrNi	焊态	≥830	≥740	≥12	≥27(−50℃)	30CrNiMo 34CrNi3Mo
J907Cr	600～650℃回火	≥880	≥780	≥12	—	35CrMo(A) 40Cr 40CrMnMo 40CrNiMo
J107Cr	880℃油淬、520℃回火空冷	≥980	≥880	≥12	≥27(常温)	35CrMo(A) 30CrMnSi(A) 40CrMnMo 40CrNiMo
HS-70①	焊态	749	664	20.8	65(−40℃)	35CrMo(A) 30CrMo(A) 40Cr
HS-80②	焊态	798	764	21.2	113(−40℃)	35CrMo(A) 30CrMo(A) 40Cr
HS-80②	580℃消除应力处理	850	794	18	102(−40℃)	35CrMo(A) 30CrMo(A) 40Cr
H08Mn2Si	焊态	500	420	22	≥47(常温)	35CrMo(A) 30CrMo(A) 40Cr

①CO_2 气体保护焊。

②Ar-CO_2 或 Ar-O_2 气体保护焊。

三、 焊接施工要点

1. 焊接热输入的选择

合金结构钢宜采用较低的热输入焊接。高的热输入将产生宽而组织粗大的热影响区，增大脆化的倾向；高的热输入也增大焊缝及热影响区产生热裂纹的可能性；对于在调质状态下焊接，且焊后不再进行调质处理的构件，高热输入焊接增加了热影响区的软化程度。应尽可能采用机械化、自动化焊接，从而减少起弧及停弧次数，减少焊接缺陷和改善焊缝成形。合金结构钢的焊接坡口应采用机械方法加工，以保证装配精度，并避免由热切割引起坡口处产生淬火组织。焊前应仔细清理坡口处的油污及锈迹等。

2. 预热及道间温度

为防止氢致裂纹的产生，除了拘束度小、结构简单的薄壁壳体等焊件不用预热外，合金结构钢焊接时一般均需预热。焊接时，采用的最低预热及道间温度取决于被焊钢材的碳及合金含量、焊后热处理条件、构件截面厚度及拘束度，还要考虑焊接时潜在的氢含量。钨极氩弧焊或熔化极气体保护焊时，可采用比焊条电弧焊低的预热及道间温度。理想的预热及道间温度应比冷却时马氏体开始转变的温度（M_s）高 20℃；焊后在此温度下保持一段时间，以保证焊缝及热影响区的组织转变结束，也使接头中的氢能较充分地扩散逸出，有效地防止氢致冷裂纹。合金结构钢冷却时马氏体开始转变的温度（M_s）一般在 300℃以上。如果预热及道间温度低于马氏体开始转变的温度（M_s），焊缝及热影响区部分奥氏体将转变为硬脆的马氏体，也有部分奥氏体没有完成转变。若焊接后工件立即冷却至室温，尚未转变的奥氏体将转变为硬脆的马氏体，这种情况下极易产生冷裂纹。因此，预热及道间温度低于马氏体开始转变的温度（M_s），焊接结束至工件冷却到室温前，必须采用适当的、及时的后热处理措施。即将工件立即加热至高于 M_s 温度 10～40℃，并在此温度下保温约 1h，使尚未转变的那部分奥氏体转变为韧性较好的贝氏体，然后再冷却到室温。

3. 焊后热处理

焊接结束后工件可以立即进行消除应力处理，也可以使工件冷却至马氏体转变终了的温度（M_f）以下，并停留一段时间，使尚未转变的那部分奥氏体也完成马氏体转变，然后将工件立即进行消除应力处理，这样焊件在随后的消除应力处理过程中，已经转变了的马氏体被回火和软化。经过消除应力处理的工件，再冷却至室温时不会有产生氢致冷裂纹的危险。

对于焊接以后进行调质处理的工件，进行调质处理前应仔细检查接头是否存在缺陷，如果需要补焊，则补焊工艺的要求与焊接工艺一样。采用淬火处理时应保证接头各部分都能得到马氏体，然后进行回火处理。

中碳调质钢焊接后，一般要进行调质处理。为此，在选择焊材时，力求保证焊缝金属主要合金成分与母材成分相近，以保证经过调质处理后，焊缝性能与母材一致。同时应严格控制焊缝金属中 S、P 等杂质含量，以防止结晶裂纹和脆化。

值得指出的是，对同一钢种的焊接，当其板厚和坡口形式不同时，为了保证焊缝力学性能要求，选用的配套焊材也不完全相同。对于焊后进行正火或消除应力处理的构件，必须选择含有较多合金元素的焊材，以便补偿焊后热处理带来的强度损失。

4. 预防氢致裂纹的措施

由于合金结构钢焊接热影响区高碳马氏体的氢脆敏感性大，少量的氢也足以导致焊接接头产生氢致冷裂纹。为了降低焊接接头中的氢含量，除了预热及焊后及时热处理外，采用低氢或超低氢焊接材料也是一个基本要求，还需注意焊前应仔细清理焊件坡口周围及焊丝表面的油锈等，严格执行焊条、焊剂的烘干及保存制度，避免在穿堂风、低温及高湿度环境下施焊，否则应采取挡风和进一步提高预热温度等措施。不允许焊接接头中有未焊透、咬边等缺陷，这些缺陷都可能成为裂纹源。为了改善焊缝成形，尽量采用机械化、自动化焊接方法；有时采用钨极氩弧焊对焊趾处进行重熔处理，使焊缝与母材的过渡区域平滑或圆滑。

第十七章
各类不锈钢的焊接施工

不锈钢的分类方法有多种，按照组织类型分类，有马氏体不锈钢、铁素体不锈钢、奥氏体不锈钢、双相不锈钢及析出硬化不锈钢，它们的焊接施工要求各不相同，分别说明如下。

第一节　马氏体不锈钢的焊接

马氏体不锈钢的焊接熔池在结晶成δ铁素体时，由于碳和其他合金元素在凝固过程中的偏析，在某些情况下，结晶终了时会形成奥氏体或奥氏体和铁素体的混合物。焊缝金属继续冷却时，铁素体转变成奥氏体，在低于1100℃时形成纯奥氏体组织，进一步冷却后奥氏体转变成马氏体，形成马氏体不锈钢焊缝。这类不锈钢焊缝可分为Cr13型马氏体、低碳马氏体和超级马氏体不锈钢焊缝。

Cr13型马氏体焊缝经过调质处理，金相组织为马氏体，随着回火温度的不同，马氏体的强度、硬度及塑韧性可在较大范围内调整，以满足不同性能的要求。而低碳（超低碳）马氏体以及超级马氏体焊缝，经淬火和一次回火或二次回火处理，其金相组织为低碳马氏体+逆变奥氏体复合相组织，这种组织富碳、富镍，具有良好的组织稳定性，通常弥散分布于低碳马氏体基体上，具有明显的强韧化作用。

一、钢的焊接性

马氏体不锈钢焊接时，容易出现下列问题。

① 过热区硬化和冷裂纹。马氏体不锈钢的淬硬倾向特别大，高温加热后在空冷条件下便可得到硬脆的马氏体。在焊接拘束应力和扩散氢的作用下，很容易出现焊接冷裂纹。氢致裂纹（HIC）与合金成分、微观组织、氢含量和拘束度有关。采用低氢的焊接工艺，选择合适的预热温

度并控制道间温度，有助于降低氢含量，减少氢致裂纹。在某些情况下，可采用奥氏体填充材料来焊接马氏体不锈钢，这时会生成奥氏体+铁素体双相组织的焊缝金属，这种焊缝金属具有高的氢溶解度，因此可以消除氢致裂纹。然而其强度可能低于母材，所以在设计时要予以考虑。

② 过热区脆化。马氏体不锈钢的过热区被加热到很高的温度，晶粒长大非常严重，这明显地降低了接头的塑韧性，出现过热区脆化现象。

③ 热影响区软化。软化区出现在距离熔合线较远的位置，它的加热温度为800～950℃，由于碳化物变粗，因而形成了比母材软的区域。在高温长期加热时，易在热影响区的软化区出现显微裂纹，降低接头的使用可靠性。

二、 焊接材料的选用

对于Cr13型马氏体不锈钢，其焊接性较差，因此，除采用与母材化学成分、力学性能相当的同种材质焊接材料外，还经常采用奥氏体型的焊接材料。对于碳含量较高的马氏体钢或在焊前预热、焊后热处理难以实施以及接头拘束度较大的情况下，通常采用奥氏体型焊接材料，以提高焊接接头的塑韧性，防止焊接裂纹的发生。当焊缝金属为奥氏体组织或以奥氏体为主的组织时，焊接接头在强度方面通常为低强匹配，而且由于焊缝金属在化学成分、金相组织、热物理性能及其他力学性能方面与母材有很大的差异，焊接残余应力不可避免地会对焊接接头的使用性能产生不利影响，例如，焊接残余应力可能引起应力腐蚀破坏或高温蠕变破坏。因此，在采用奥氏体型焊接材料时，应根据对焊接接头性能的要求，严格选择焊接材料与评定焊接接头性能。有时还采用镍基焊接材料，使焊缝金属的线胀系数与母材相接近，尽量降低焊接残余应力及在高温状态使用时的热应力。

对于低碳以及超级马氏体不锈钢，由于其良好的焊接性，一般采用同材质焊接材料，通常不需要预热或仅需要低温预热，但必须进行焊后热处理，以保证焊接接头的塑韧性。在接头拘束度较大，焊前预热和后热难以实施的情况下，也采用其他类型的焊接材料，如奥氏体型00Cr23Ni12、00Cr18Ni12Mo焊接材料。国内研制的0Cr17Ni6MnMo焊接材料常用于大厚度0Cr13Ni5Mo马氏体不锈钢的焊接，其优点是焊接预热温度低，焊缝金属的韧性高、抗裂纹性能好。表17-1中列出了采用各种方法焊接马氏体不锈钢时选用的焊接材料。

表17-1 焊接马氏体不锈钢时焊接材料的选用

<table>
<tr><th rowspan="2">类别</th><th rowspan="2">钢号</th><th colspan="2">手工电弧焊用(焊条)</th><th colspan="2">气体保护焊用</th><th colspan="2">埋弧焊用</th></tr>
<tr><th>型号</th><th>牌号</th><th>实心焊丝</th><th>药芯焊丝</th><th>焊丝</th><th>焊剂</th></tr>
<tr><td rowspan="4">马氏体不锈钢</td><td>12Cr13
20Cr13</td><td>E410-16
E410-15
E308-16
E309-16</td><td>G202
G207
A102
A302</td><td>S410
S308
S309
S310</td><td>TS410-XXX
—
TS308-XXX
TS309-XXX</td><td>S410
S308
S309
S310</td><td rowspan="2">SJ601
HJ151
HJ260</td></tr>
<tr><td>14Cr17Ni2</td><td>E430-16
E430-15
E309-16</td><td>G302
G307
A302</td><td>—
S430
S309</td><td>TS430-XXX
TS309-XXX</td><td>S309
S430
S310</td></tr>
<tr><td>0Cr13Ni5Mo</td><td>E410NiMo-16</td><td>G202NiMo</td><td>S410NiMo</td><td>TS410NiMo-XXX</td><td rowspan="2">—</td><td rowspan="2">—</td></tr>
<tr><td>Cr11MoNiVW</td><td>E11MoVNiW-15</td><td>R817</td><td>—</td><td>—</td></tr>
</table>

三、 焊接施工要点

1. 预热和道间温度

预热温度一般为100～350℃，预热温度通常随碳含量的增加而提高。当碳含量低于

0.05%时，预热温度为100～150℃；当碳含量为0.05%～0.15%时，预热温度为200～250℃；当碳含量高于0.15%时，预热温度为300～350℃。

为了更好地防止氢致裂纹，对于碳含量较高或拘束度大的焊接接头，在焊后热处理前，还应采取必要的后热措施，以防止氢致裂纹的产生。道间温度一般设定在M_s温度以上。

2. 焊后热处理

焊后热处理可以显著降低焊缝与热影响区的硬度，改善其塑韧性，同时可消除或降低焊接残余应力。根据不同的需要，焊后热处理有回火和完全退火两种方式。为了得到最低的硬度，如焊后需要机械加工，应采用完全退火，退火温度一般为830～880℃，保温2h，随炉冷却至595℃，然后空冷。回火温度的选择主要根据对接头力学性能和耐蚀性能的要求来确定，回火温度不应超过母材的A_{c1}温度，以防止再度发生奥氏体转变。回火温度一般为650～750℃，保温时间按2.4min/mm确定，保温时间应不低于1h，然后空冷。高温回火时析出较多的碳化物，对接头的耐蚀性能不利，因此，对于耐蚀性能要求较高的焊件，应采用较低的回火温度。

对于低碳及超级马氏体焊缝，其焊接裂纹敏感性小，在通常的焊接条件下，不需采取预热或后热。在大拘束度或焊缝金属中的氢含量难以严格控制的条件下，为了防止焊接裂纹的产生，应采取预热甚至后热措施，一般预热温度为100～150℃。基于保证焊接接头的塑韧性，焊后需进行回火处理，热处理温度一般为590～620℃。对于耐蚀性能有特殊要求的焊接接头，如用于油气输送的00Cr13Ni4Mo管线钢，为了保证焊接接头的耐应力腐蚀性能，需经过670℃+610℃的二次回火热处理，以保证焊接接头的硬度不超过22HRC。

第二节　铁素体不锈钢的焊接

铁素体不锈钢分为普通铁素体不锈钢和超纯铁素体不锈钢。普通铁素体不锈钢由于碳、氮含量较高，因此，其成形加工和焊接都比较困难，耐蚀性能也难以保证。超纯铁素体不锈钢不仅严格控制了铁素体钢中的C+N含量，同时还添加了必要的合金化元素，进一步提高了耐蚀性能及其他综合性能。

对于普通铁素体不锈钢，尽可能在较低的温度下进行热加工，再经短时间的780～850℃退火热处理，可得到晶粒细化、碳化物均匀分布的组织，具有良好的力学性能和耐蚀性能。但是，在焊接的高温作用下，加热温度达到1000℃以上的热影响区，特别是近缝区的晶粒会急剧长大，进而引起近缝区的塑韧性大幅度降低，导致热影响区的脆化，当焊接拘束度较大时，还容易产生焊接裂纹。超纯铁素体不锈钢随着C、N含量的降低，其塑性与韧性大幅度提高，焊接热影响区的塑韧性也得到了明显改善。

一、钢的焊接性

1. 焊缝凝固裂纹敏感性

焊缝凝固裂纹发生在凝固的最后阶段，是三个因素复合作用的结果，即杂质的存在、合金元素的偏析导致在晶界形成液体薄膜、外加的热-机械拘束。

① 当凝固初始析出相是铁素体时，焊缝凝固裂纹的敏感性一般较低。

② 添加合金元素，如Ti和Ni，而杂质含量又高时，会增加凝固裂纹的敏感性。

③ 铁素体不锈钢凝固温度区间较窄，限制了凝固收缩时产生的拘束度，裂纹敏感性低。相比较而言，铁素体不锈钢的线胀系数与碳素钢相近，比奥氏体不锈钢小；现代铁素体

不锈钢的P、S杂质含量均很低，且两者在铁素体不锈钢中的溶解度大，因而焊缝结晶时不易形成低熔点共晶，因此，它的凝固裂纹倾向比奥氏体不锈钢小得多。

2. 脆化现象

（1）475℃脆化　铬含量高于12%的铁素体不锈钢在340～516℃温度区间内长时间保温，将产生明显的硬化并伴随着塑韧性的急剧下降，该变化的敏感温度为475℃，冶金学上称为475℃脆化。这种现象的产生与析出的富铬铁素体α′相有关，且已经被试验所证实并得到公认。深入研究表明，α′相的形成上限温度为516℃，下限温度为340℃。475℃脆化的速度及程度，随钢中铬含量的多少而变化，高铬钢在很短的时间内及稍高一些的温度下即可产生脆化，而铬含量低的不锈钢，如405(0Cr13Al)钢和409(0Cr11Ti)钢，由于Cr在14%以下，α′相的孕育时间长达1000h以上，因此不发生475℃脆化。405钢主要用于石油工业耐硫腐蚀环境，409钢则用于汽车排气系统，是用量最大的铁素体不锈钢种。

低铬和中铬不锈钢引起脆化的时效时间，一般出现在100h以上，而高铬不锈钢在短得多的时间内，即出现韧性和延性下降现象。合金元素钼、铌和钛加速475℃脆化。冷加工促使析出α′相，也加速475℃脆化。短时间加热到550～600℃可以消除脆化，使力学性能和耐蚀性能恢复到时效前的水平；然而在这个温度区间停留过长，将引起σ相脆化。

（2）σ相和χ相脆化　σ相存在于铬含量为20%～70%的铁铬合金中，是在500～800℃温度区间停留而形成的。就像475℃脆化一样，铬含量越高对σ相的形成越敏感，形成速度也越快。对铬含量低于20%的钢，σ相不能立即形成，而需要在临界温度下停留几百小时。而对于高铬合金，σ相形成很快，在σ相形成温度区间只要停留几小时即可形成。加入合金元素如钼、镍、硅和锰，会使σ相的形成区间移向较高的温度、较低的铬含量和较短的时间。和其他的析出现象相似，冷加工也会加速σ相的形成。在800℃短时间加热可以消除析出σ相所造成的有害作用。

在高铬、高钼合金中（即29-4和29-4-2），生成σ相的同时也生成χ相，可写成$Fe_{36}Cr_{12}Mo_{10}$或者Fe_3CrMo，这种脆性金属间化合物在高达900℃或更高温度下也很稳定。

（3）高温脆化　这是由于在高于约$0.7T_m$（熔点）的温度下停留发生的冶金变化引起的脆化现象，因为这个温度区间远高于铁素体不锈钢推荐使用的温度，所以高温脆化一般是在热-机械加工和焊接过程中发生的。在这样高的温度下也使耐蚀性能明显下降。高温脆化主要受化学成分和晶粒尺寸等的影响，其中包括：铬和间隙原子含量，低铬钢对高温脆化相对不敏感，通常高水平的间隙元素含量（C、N和O）是最危险的因素，因此绝大多数商业用钢（特别是高铬钢）要求含有极低水平的间隙元素（$<200\times10^{-6}$），含有中等水平间隙元素的铁素体不锈钢焊接过程中高温脆化是难以避免的，因此应采用小的电流，适当加快焊接速度，尽量减小工件的截面尺寸，以降低高温脆化带来的不利影响；晶粒尺寸，在极低的间隙元素含量时，晶粒尺寸就变得很重要，即使短时间的高温停留，例如在焊接时经受的热过程，因为晶粒尺寸的变化，就很可能导致严重的高温脆化。

二、焊接对耐蚀性能的影响

铁素体不锈钢的耐蚀性能因焊接而严重降低，导致对多种类型的腐蚀变得很敏感，包括晶间腐蚀、缝隙腐蚀和点蚀；然而由于钢中不含镍，因此具有耐应力腐蚀能力，这样就允许它代替奥氏体不锈钢在含氯的环境中使用。

正确选择钢的合金元素可以避免缝隙腐蚀和点蚀，晶间腐蚀还对焊接过程和焊后热处理条件极为敏感。为保证耐晶间腐蚀的能力和焊态下的延性，对间隙元素（C＋N）的极限含量要求将随铬含量的变化而变化，高铬钢要求具有含量极低的间隙元素（C+N），说明间隙元素对焊接时的高温脆化和晶间腐蚀的控制有很大的危害。

焊后热处理可以有效地改进铁素体不锈钢耐晶间腐蚀的能力。加热到 700～950℃温度区间，通过铬元素的体积扩散，可以有效地消除晶界碳化物周围的贫铬现象，从而改善焊缝的耐晶间腐蚀能力，也改善了延性和韧性。

三、 焊接材料的选用

选择铁素体不锈钢用焊接材料时，应采用含有害元素（如 C、N、S、P 等）低的产品，以便改善焊接性能和焊缝韧性。焊缝成分可采用与 Cr17 系同质成分，这样焊后可采用热处理，恢复耐蚀性能，并改善接头塑性，但在拘束度大时，容易产生裂纹。也可采用奥氏体型高 Cr、Ni 焊材，提高接头抗裂能力，如 309(24-13) 和 310(26-21) 奥氏体不锈钢焊材。奥氏体焊缝金属基本上与铁素体母材等强，但在某些腐蚀介质中，耐蚀性可能与母材有所不同，这一点在焊材选用时要注意。焊接铁素体不锈钢时采用的焊接材料列于表 17-2 中。

表 17-2　焊接铁素体不锈钢时焊接材料的选用

类别	钢号	手工电弧焊用(焊条)		气体保护焊用		埋弧焊用	
		型号	牌号	实心焊丝	药芯焊丝	焊丝	焊剂
铁素体不锈钢	10Cr17 1Cr17Ti 10Cr17Mo	E430-16 E430-15 E308-16 E316-16	G302 G307 A102 A202	S430 S309 S308	TS309-XXX TS308-XXX	S430 S308 S309 S310	SJ601 SJ608 SJ701 HJ172 HJ151
	022Cr18Ti	E309L-16	A062	S430LNb	TS309L-XXX	S309L S308L	
	10Cr13MoTi	E316-16	A202	H10Cr13MoTi	TS316-XXX	S316	
	10Cr25Ti 10Cr28	E309-16 E309-15	A302 A307	S310S S310 S309	TS309-XXX	S310S S310 S309	
	019Cr18MoTi	E316L-16	A022	S316L	TS316L-XXX	S316L	

四、 焊接施工要点

对于普通铁素体不锈钢，可采用焊条电弧焊、气体保护焊、埋弧焊、等离子弧焊等熔焊工艺方法。该类钢在焊接热循环的作用下，热影响区的晶粒长大严重，碳、氮化物在晶界聚集，焊接接头的塑韧性很低，在拘束度较大时，容易产生焊接裂纹，接头的耐蚀性也严重恶化。为了防止焊接裂纹，改善接头的塑韧性和耐蚀性，在采用同材质焊材熔焊时，可采取下列工艺措施。

① 采取预热措施，100～150℃预热，使母材在富有塑韧性的状态下焊接，铬含量越高预热温度也应越高。对于含有马氏体的焊缝，推荐使用 200～300℃的预热和道间温度，然而这种工艺必须权衡，由于降低了冷却速度，可能导致晶粒长大和出现析出物。对于全铁素体的焊缝金属无需进行预热，预热会降低冷却速度而加剧晶粒长大和弥散析出。

② 采用较小的热输入，焊接过程中不摆动，不连续施焊。多层多道焊时，控制道间温度在 150C 以上，但也不可过高，以减少高温脆化和 475℃脆化。

③ 焊后进行 700～800℃的退火热处理，由于在退火过程中铬的重新均匀化，碳、氮化物球化，晶间敏化消除，使焊接接头的塑韧性有一定的改善。退火后应快速冷却，以防止产生 σ 相和 475℃脆化。

④ 铁素体不锈钢进行焊后热处理也可以恢复其焊态组织的韧性和延性，恢复其耐腐蚀能力。但是，焊后热处理对 430 和 430Nb 不锈钢热影响区韧性有不同的作用，对于 430 不锈钢，焊后热处理使韧脆性转变温度下降接近 100℃，而对于 430Nb 不锈钢，韧脆性转变温度只下降了 50℃。这可能是在 430Nb 不锈钢的焊态微观组织中不存在马氏体，而在 430 不锈钢的焊缝中存在马氏体。对于 430Nb 不锈钢，焊后热处理使其韧性提高的原因，可能是使富铬和富铌的析出物因过时效而减弱了它的高温脆化效应。

第三节　奥氏体不锈钢的焊接

一、 钢的焊接性

奥氏体不锈钢的焊接性与马氏体不锈钢或铁素体不锈钢相比是明显好转的，但在焊接时仍需注意下列问题。

① 焊接接头晶间腐蚀。常用的 18-8 型奥氏体不锈钢焊接接头，在腐蚀环境中使用较长时间后，焊缝、焊趾及热影响区会在敏化区（焊接时加热到 600～1000℃的区域）出现不同程度的晶间腐蚀。

② 应力腐蚀断裂。奥氏体不锈钢在一些特定的腐蚀介质中使用一段时间后，会出现开裂现象，这是由于焊接后存在较大的残余应力和腐蚀介质共同作用的结果。

③ 焊缝热纹。奥氏体焊缝在冷却过程中很容易形成方向性强的柱状晶组织，使 S、P 等杂质易在焊缝中心偏聚，形成低熔点共晶，弱化了该处的抗裂纹能力。加上奥氏体不锈钢收缩量大，焊接过程中易产生较大的焊接应力，促使焊缝中出现热裂纹。具有单相奥氏体组织的 25-20 型不锈钢尤为敏感。由大量研究中得知，热裂纹的敏感性与 δ 铁素体的含量有依存关系。当铁素体含量在 5%～20%范围内时，热裂纹的敏感性最小，单一的 γ 相或铁素体量在 40%以上时裂纹的敏感性显著增加。通过改变焊缝金属的化学成分及调整熔合比，使焊缝中的铁素体量在百分之几的范围内，就可以避免热裂纹的产生。

对纯奥氏体焊缝而言，曾就各合金元素对热裂纹敏感性的影响进行了研究，结果表明，对热裂纹敏感性有促进作用的元素是 P 和 S，随着 P+S 数量的增加，脆性温度区间增大，凝固裂纹很容易产生。为了提高钢材抗热裂纹的能力，已开发出了 P+S 含量小于 10×10^{-6} 的钢种，即 310EHP 钢。采用横向可变拘束度试验方法，测定了相关不锈钢及耐热耐蚀合金的 BTR（凝固脆性温度区间），与其他不锈钢或耐热耐蚀合金相比，310EHP 钢的 BTR 很小，其裂纹敏感性极低。根据各方面的研究，除 P、S 外，对热裂纹敏感性有不利影响的元素还有 Si、Nb、B、N、Ti 等。

总之，对于奥氏体-铁素体不锈钢焊缝而言，铁素体的数量对热裂纹的敏感性有极重要的作用，其含量在 5%～20%时裂纹的敏感性最小；而对于纯奥氏体不锈钢焊缝，P+S 的数量对其凝固脆性温度区间有明显的影响，其含量越低越好。

二、 焊接方法

奥氏体不锈钢具有优良的焊接性，适用于多种熔焊方法，应根据具体的焊接性及接头适用性能的要求，合理选择最佳的焊接方法。

焊条电弧焊具有适应各种焊接位置与不同板厚的优点，但焊接效率低。埋弧焊效率高，适合于中厚板的平焊，由于埋弧焊热输入大、熔深也大，应注意防止焊缝中心区热裂纹的产生和热影响区耐蚀性的降低，特别是焊丝与焊剂的组合对焊接性与焊接接头的综合性能有直接的影响。钨极氩弧焊具有热输入小，焊接质量优的特点，特别适合于薄板与薄壁管件的焊接。熔化极富氩气体保护焊是高效优质的焊接方法，对于中厚板宜采用射流过渡焊接，对于薄板可采用短路过渡焊接。对于10～12mm以下的奥氏体不锈钢，等离子弧焊是一种高效、经济的焊接方法，采用微束等离子弧焊接时，焊接件的厚度可小于0.5mm。激光焊是一种焊接速度很高的优质焊接方法，由于奥氏体不锈钢具有很高的能量吸收率，激光焊的熔化效率也很高，大大减轻了不锈钢焊接时的过热和由于线胀系数大引起的较大焊接变形，当采用小功率激光焊接薄板时，接头成形非常美观，焊接变形非常小，达到了精密焊接成形的水平。

三、 焊接材料的选用

奥氏体不锈钢用焊材的选择原则是在无裂纹的前提下，保证焊缝金属的耐蚀性能及力学性能与母材基本相当或略高，尽可能保证其合金成分大致与母材成分一致或相近。在不影响耐蚀性能的前提下，希望含一定量的铁素体，这样既能保证良好的抗裂性能，又有良好的耐蚀性能。但在某些特殊介质中，如尿素设备用的316L奥氏体不锈钢焊缝金属，是不允许铁素体存在的，否则会降低其耐蚀性能。对于长期在高温下工作的奥氏体钢焊件，要限制焊缝金属内铁素体含量不超过5%，以防止在使用过程中铁素体发生脆性转变。焊接奥氏体不锈钢时，可选用的奥氏体不锈钢焊接材料列于表17-3中。

表17-3 焊接奥氏体不锈钢时焊接材料的选用

类别	钢号	手工电弧焊用(焊条)		气体保护焊用		埋弧焊用	
		型号	牌号	实心焊丝	药芯焊丝	焊丝	焊剂
奥氏体不锈钢	022Cr19Ni10	E308L-16	A002	S308L	TS308L-XXX	S308L	SJ601 SJ608 SJ701 HJ107 HJ151 HJ172 HJ260
	022Cr18Ni12Mo2 022Cr17Ni14Mo2 022Cr17Ni12Mo2 022Cr17Ni14Mo3	E316L-16 E317L-16	A022	S316L S317L	TS316L-XXX TS317L-XXX	S316L S317L	
	022Cr22Ni13Mo2	E309MoL-16	A042	S309LMo	TS309LMo-XXX	S309LMo	
	06Cr19Ni9 12Cr18Ni9 12Cr18Ni9Se	E308-16	A102	S308	TS308-XXX	S308	
	06Cr18Ni11Ti 06Cr18Ni11Nb 07Cr19Ni11Ti	E347-16 E347H-16	A132	S347 S347H S321	TS347-XXX TS347H-XXX	S347 S347H	
	06Cr17Ni12Mo2Ti 06Cr17Ni12Mo2Nb	E316L-16 E318-16	A022 A212	S316L S318	TS316L-XXX TS318-XXX	S316L S318	
	06Cr18Ni14Mo2Cu2	E317MoCu-16	A222	—	—	—	
	06Cr19Ni13Mo3 022Cr19Ni13Mo3 022Cr18Ni14Mo3	E317-16 E317L-16	A242 A032Mo	S317 S317L	TS317-XXX TS317L-XXX	S317 S317L	GZ-1①
	06Cr23Ni13 16Cr23Ni13	E309-16	A302	S309	TS309-XXX	S309	SJ601 SJ608 SJ701 HJ107 HJ151 HJ172 HJ260
	06Cr25Ni20 11Cr23Ni18 20Cr25Ni20	E310-16 E310-15	A402 A407	S310 S310S	TS310-XXX	S310 S310S	

① 广州广重企业集团有限公司的产品。

四、焊接施工要点

一般来讲，奥氏体不锈钢焊接时不需要预热，也不必保持道间温度。但为了防止焊接热裂纹的发生和热影响区的晶粒长大以及碳化物析出，保证焊接接头的塑韧性和耐蚀性，要适当控制道间温度，使其不要过高。焊后热处理可根据不同的要求来选择：消除残余应力的热处理，一般在550～650℃温度范围内进行；为了更有效地消除残余应力或者对焊态组织进行变质处理，则要在650～900℃范围内进行，但是，在该温度区间极易形成碳化物$M_{23}C_6$和σ相，从而导致脆化和韧性降低；在950～1100℃温度范围内进行热处理，可以完全消除残余应力，也可对焊后组织进行变质处理而不生成碳化物和σ相。

五、超级奥氏体不锈钢的焊接

1. 微小热裂纹及元素偏析

采用目前常用的方法焊接超级奥氏体不锈钢，可以获得令人满意的焊缝。只要按照镍基合金焊材的特殊要求，其焊接操作与标准奥氏体不锈钢的操作很相似。对于超级奥氏体不锈钢需注意的是与凝固有关的两种现象，即微小热裂现象及元素偏析现象。因为超级奥氏体不锈钢是完全奥氏体型凝固，所以比普通的304和316奥氏体不锈钢更容易产生微小热裂纹。为避免或减少热裂现象，应使用较低的热输入进行焊接，以便减少析出相。焊道尽量呈直线，过大摆动会造成过高的热输入。选择合理的接头形式和焊接顺序，以减小内应力。为解决元素偏析现象，主要是选择Mo含量较高的Ni-Cr-Mo系镍基合金焊接材料。

焊接Mo含量为6%的超级奥氏体不锈钢时，应遵循“过匹配”原则，即选用合金含量较高的Ni-Cr-Mo系镍基合金焊接材料（如625、C22、686CPT）。由于遵循“过匹配”这一原则选择焊接材料，使焊缝金属发生点蚀的临界温度超过了母材。如果需要焊接耐蚀能力比常规不锈钢更好的高合金不锈钢，就必须选择Ni-Cr-Mo系镍基合金焊接材料。利用625和C-276（Ni-Cr-Mo）焊丝焊接904L和254SMo不锈钢时，焊接接头的耐点蚀能力要比不锈钢母材高。

通常利用“过匹配”焊接材料以弥补晶间偏析所造成的不利影响，这主要是因为焊缝区金属呈枝晶结构，并伴随着合金元素的微区偏析。对铬和钼元素含量进行电子探针分析发现，在树枝状晶粒内部，铬元素特别是钼元素大大减少。相反，在最后凝固的晶间区域，铬元素和钼元素却明显富集。316L不锈钢自动焊焊缝中Mo含量通常为2.8%，由于偏析而引起的Mo含量波动变化于1.8%～5.7%之间。产生点蚀的区域，一般来说是晶粒内部，这与该区域的铬元素特别是钼元素大大减少不无关系，另外，该部位也先产生其他腐蚀现象。

2. 焊接弧坑裂纹

超级奥氏体不锈钢是单相奥氏体组织，焊接中容易出现的问题主要是弧坑裂纹。其原因主要有：焊缝金属凝固期间由于热胀冷缩存在较大拉应力，当被拉开的缝隙没有足够的液态金属来填充时，将会产生弧坑裂纹；焊缝为单相奥氏体柱状晶体组织，易产生杂质偏析及晶间液态薄膜；钢中镍含量较高，镍容易与S及P形成低熔点共晶物。

为防止弧坑裂纹，应采取如下措施：应严格控制母材和焊材中S、P等有害元素的含量；采用适当的焊接坡口和焊接方法，即采用小的熔合比；选择合理的焊接接头形式和焊接顺序，尽量减小焊接应力；选用小的热输入；收弧处应进行打磨后施焊。

第四节　双相不锈钢的焊接

一、钢的焊接性

焊接热循环可以破坏相平衡，改变相的组成比例，产生析出物，破坏接头的力学性能，尤其是塑性。第一代双相不锈钢的缺点就是在焊接热循环过程中，焊缝和热影响区出现过量的铁素体，降低了接头的塑性和耐蚀性。第二代双相不锈钢通过加入 N 和在焊接材料中增加 Ni，极大地改善了焊接性。N 是强奥氏体稳定化元素，提高了铁素体向奥氏体转变的温度，缩小了铁素体存在的区域，且把铁素体区域限制在非常高的温度，降低了热影响区的宽度。增加焊缝金属中的 Ni 含量（与被焊金属比）相应增加了奥氏体的含量，从而保证了相的比例。

高温时，N 在铁素体中的溶解度很高，但是温度下降时溶解度迅速降低，因此氮化铬会在组织中析出。少量的氮化铬只要不出现在晶界，不会对接头的耐蚀性产生大的影响。造成耐蚀性下降是因为晶界区域出现了贫 Cr 现象。焊接过程中如果在 900～300℃之间降温太慢，将导致晶内出现氮化铬使接头韧性下降。

冷却速度不但与热输入有关，同时与板厚相关。既要避免焊后由于冷却速度太快而在热影响区产生过多的铁素体，因为铁素体超过 60%时，会对其耐蚀性产生不利影响；又要避免焊后冷却过慢在热影响区形成粗晶组织，组织粗大及缓慢冷却导致的晶内沉淀析出氮化铬都会使接头韧性下降。

超级双相不锈钢的焊接性通常良好，可采用钨极氩弧焊、金属极气体保护焊、焊条电弧焊和埋弧焊等方法进行焊接。在一些情况下，可采用镍基合金焊接材料完成双相不锈钢与其他种类合金（如 Cr-Mo 钢、镍基合金等）异种材料之间的焊接。与采用超级双相不锈钢材质的焊丝相比，采用镍基合金焊丝焊接超级双相不锈钢时，优化了焊接工艺规程，同时也提高了焊接接头抗点蚀能力。它不再像采用双相不锈钢焊丝那样，必须严格控制铁素体和奥氏体的数量比例。

焊接双相不锈钢时要防止氢致裂纹和中温脆化。双相不锈钢是抗氢致开裂的，但因氢含量很高及组织控制不良的综合作用，也会出现氢致裂纹。基于此，最好是控制熔敷金属的铁素体含量，使其低于 70%。双相不锈钢在焊后冷却过程中易形成金属间化合物，它对塑韧性和耐蚀性都有影响。双相不锈钢母材、焊缝金属和热影响区在 475℃的脆化温度范围易形成 α' 相；而 σ 相的析出温度高于 α' 相，大概在 570℃开始形成，在 800～850℃形成最快，高于 1000℃时会再次溶解。因此，为了避免中温脆化，应选用合适的焊接热输入，尽可能减少焊缝和热影响区在中温停留的时间。

二、焊接材料的选用

对于焊条电弧焊，根据耐蚀性及接头韧性的要求，可选用酸性或碱性焊条。当对焊缝金属的耐蚀性有特殊要求时，还应采用超级双相不锈钢成分的焊条。对于药芯焊丝，当要求焊缝光滑、接头成形美观时，可采用金红石型或钛钙型药芯焊丝；当要求较高的冲击韧性或在较大的拘束条件下焊接时，宜采用碱度较高的药芯焊丝。

对于埋弧焊，宜采用直径较小的焊丝，实现中小焊接规范下的多层多道焊，以防止焊接热影响区及焊缝金属的脆化。应采用配套的碱性焊剂，也要防止焊接时出现氢致裂纹。表

17-4 中列出了四种类型的双相不锈钢用焊接材料的合金组成，表 17-5 给出了几种典型的焊丝成分或焊条熔敷金属成分，以作参考。

表 17-4　四种类型的双相不锈钢用焊接材料的合金组成

母材(板、管)类型	焊接材料的合金组成	焊接工艺方法
Cr18 型	Cr22-Ni9-Mo3 型双相不锈钢超低碳焊条 Cr22-Ni9-Mo3 型双相不锈钢超低碳焊丝 含 Mo 的奥氏体不锈钢焊接材料，如 A022Si、A042(E309MoL-16)焊条	焊条电弧焊 钨极氩弧焊 熔化极气体保护焊 埋弧焊(与合适的碱性焊剂相配套)
Cr23 无 Mo 型	Cr22-Ni9-Mo3 型双相不锈钢超低碳焊条 Cr22-Ni9-Mo3 型双相不锈钢超低碳焊丝 奥氏体不锈钢焊接材料，如 A062(E309L-16)焊条	焊条电弧焊 钨极氩弧焊 熔化极气体保护焊 埋弧焊(与合适的碱性焊剂相配套)
Cr22 型	Cr22-Ni9-Mo3 型双相不锈钢超低碳焊条 Cr22-Ni9-Mo3 型双相不锈钢超低碳焊丝 含 Mo 的奥氏体不锈钢焊接材料，如 A042(E309MoL-16)焊条	焊条电弧焊 钨极氩弧焊 熔化极气体保护焊 埋弧焊(与合适的碱性焊剂相配套)
Cr25 型	Cr25-Ni5-Mo3 型双相不锈钢超低碳焊条 Cr25-Ni5-Mo3 型双相不锈钢超低碳焊丝 Cr25-Ni9-Mo4 型双相不锈钢超低碳焊条 Cr25-Ni9-Mo4 型双相不锈钢超低碳焊丝 不含 Nb 的 NiCrMo-3 型镍基合金焊接材料	焊条电弧焊 钨极氩弧焊 熔化极气体保护焊 埋弧焊(与合适的碱性焊剂相配套)

表 17-5　几种典型的焊丝成分或焊条熔敷金属成分　%

焊材合金类别	焊材型号	焊丝成分或焊条熔敷金属成分①							
		C	Si	Mn	Cr	Ni	Mo	N	Cu
Cr22-Ni9-Mo3 型超低碳焊条及焊丝	E2209 焊条	0.04	1	0.5～2	21.5～23.5	8.5～10.5	2.5～3.5	0.08～0.2	0.75
	ER2209 焊丝	0.03	0.9	0.5～2	21.5～23.5	7.5～9.5	2.5～3.5	0.08～0.2	0.75
Cr25-Ni9-Mo4 与 Cr25-Ni5-Mo3 型焊条及焊丝	E2553 焊条	0.06	1	0.5～1.5	24～27	6.5～8.5	2.9～3.9	0.1～0.25	1.5～2.5
	E2593 焊条	0.04	1.2	2.5	24～27	8.5～10.5	2.9～3.9	0.1～0.25	1.5～3.5
	E2594 焊条	0.04	1.0	0.5～2.5	24～27	8.0～10.5	3.5～4.5	0.20～0.30	0.75
	E2595 焊条	0.04	1.2	2.5	24～27	8.0～10.5	2.5～4.5	0.2～0.3	0.4～1.5 W:0.4～1.0
	ER2595 焊丝	0.03	1.0	2.5	24～27	8.0～10.5	2.5～4.5	0.2～0.3	1.5 W:1.0
	ER2553 焊丝	0.04	1	1.5	24～27	4.5～6.5	2.9～3.9	0.1～0.25	1.5～2.5

① 表中单个值表示最大值。

三、 焊接施工要点

双相钢采用气体保护焊（等离子焊、TIG、MIG）时，会有部分 N 从熔池上部溢出，这会导致表面层富含铁素体，降低耐蚀性。为了在表面层增加 N，要在保护气体中加入少量（1%～5%）的氮气。焊件表面氧化物的形成也会影响耐蚀性，容易接触到的表面可以采用手工清理表面氧化物，但是在管道焊接时，根部焊接就需要采用气体保护来防止氧化，例如用氮气或者 $90\%N_2+10\%H_2$ 的混合气体。冲击性能很大程度上取决于焊接技术，气体保护焊时可以使接头具有最好的性能，因为这时非金属夹杂物（氧化物）最少。

为了得到满意的焊接效果，热输入选择要适当，以避免接头中出现大量的铁素体（最大70%）和金属间相。热输入量的大小取决于工件厚度和钢的级别。一般双相钢焊接时，推荐的热输入范围是 0.5～2.5kJ/mm，超级双相钢是 0.2～1.5kJ/mm。多层焊时，道间温度不能超过 150℃。双相钢焊接不需要预热，焊后不热处理，除非接头中出现了大量的铁素体。

氢脆在双相钢焊接中不会出现，因为接头中有足够的奥氏体来溶解过量的氢。但是，当操作不当至使铁素体超过 70%时，氢致裂纹有可能出现。

双相钢的焊接可以采用各种焊接方法，如焊条电弧焊、气体保护焊、埋弧焊等。在管道焊接时，如果只能从一边施焊，根部焊缝通常采用 TIG 焊，这样可以保证接头具有良好的耐蚀性和高的冲击韧性。在其他情况下，焊接方法的选用取决于经济因素和焊接材料。

下面列出的焊接施工要点已经成功地用于含氮奥氏体-铁素体双相不锈钢的焊接。

① 填充金属的 N 及 Ni 的含量，要比母材适当提高。

② 焊接时热影响区和焊缝的冷却速度不能太快，应根据材料厚度，选择合适的冷却速度。焊接厚板时，尤其当板厚大于 20mm 时，应采用较大的热输入；反之，当焊接薄板时，尤其是板厚小于 5mm 时，应采用较小的热输入。

③ 适当控制焊道厚度，在多层多道焊时，后续焊道对前面焊道及前面的热影响区有热处理作用。当第一次焊接热影响区的过热区，正位于第二次焊接的固溶温度时，后续焊接对前面的过热区进行了固溶处理，对进一步细化晶粒、减少碳氮化物的析出是有益的。

④ 尽量使富 Ni 的焊缝与含 Ni 低的母材之间的稀释率降至最小，如可能应低于 35%，为此应采用合适的坡口形式及正确的焊接工艺。

⑤ 双相不锈钢焊接通常不需预热，但对厚度大的构件可预热到 100～150℃。

⑥ 焊件厚度小于 12mm 时，道间温度不能大于 150℃，板厚大于 12mm 时，道间温度不能大于 180℃。

⑦ 焊件一般不需要进行固溶退火，当焊态下 δ 相含量超过了要求值或析出了脆性相时，如 σ 相，可采用焊后热处理来改善，即进行固溶退火。

⑧ 禁止在母材或已焊焊缝上引弧。因为引弧区冷却速度大，可导致引弧区域的铁素体含量超过 80%，这些区域很可能会出现局部严重腐蚀，从而导致整个部件过早失效。

第五节　析出硬化不锈钢的焊接

一、焊接冶金特点

1. 析出硬化马氏体不锈钢的焊接冶金特点

析出硬化马氏体不锈钢具有良好的焊接性，进行同材质等强度焊接时，在拘束度不大的情况下，一般不需要焊前预热或后热；焊后热处理时，可采用与母材相同的低温回火时效，它将获得等强度的焊接接头。当不要求等强度的焊接接头时，通常采用奥氏体型的焊接材料，焊前不预热、不后热，焊接接头中不会产生裂纹。在热影响区，虽然形成马氏体组织，但由于碳含量低，没有强烈的淬硬倾向，在拘束度不大的情况下，不会产生焊接冷裂纹。

2. 析出硬化半奥氏体不锈钢的焊接冶金特点

析出硬化半奥氏体不锈钢通常具有良好的焊接性，当要求焊缝与母材成分相同，即要求同材质焊接时，在焊接热循环的作用下，可能出现如下问题。

① 由于焊缝及近缝区加热温度远高于固溶温度，铁素体相有所增加，铁素体含量过高可能引起接头的脆化。

② 在焊接的高温阶段，碳化物（特别是铬的碳化物）大量溶入奥氏体固溶体，提高了固溶体中的有效合金元素含量，进而增加了奥氏体的稳定性，降低了焊缝及近缝区的 M_s 点温度，使奥氏体在低温下都难以转变为马氏体，造成焊接接头的强度难以与母材相匹配。

为此，必须采用适当的焊后热处理，使碳化物析出，降低合金元素的有效含量，促进奥氏体向马氏体的转变，常用的措施是将焊接结构整体进行热处理。其中包括：调整热处理，746℃加热 3h，空冷，使铬的碳化物析出，提高 M_s 点温度，促使马氏体转变；退火处理，930℃加热 1h，水淬，使 $Cr_{23}C_6$ 等从固溶体中析出，可大大提高 M_s 点温度；冰冷处理，在退火的基础上，立即进行冰冷处理（−73℃保持 3h），使奥氏体几乎全部转变为马氏体，然后升温到室温。

3. 析出硬化奥氏体不锈钢的焊接冶金特点

奥氏体析出硬化不锈钢存在热影响区液化裂纹倾向，因此使这类钢较难焊接。其他析出硬化不锈钢可以采用普通奥氏体不锈钢的焊接工艺进行焊接，如果焊件要求高强度和耐蚀性，可使用与母材同成分的填充金属，但奥氏体析出硬化不锈钢不能这样，因为这样容易出现液化裂纹，通常采用 Ni 基填充金属。如果焊后的结构件不能进行完整的热处理，可在焊前进行固溶退火处理，然后在使用前进行时效处理。

由于 A-286 钢（06Cr15Ni25Ti2MoAlVB）与 17-10P 钢（06Cr17Ni10P）的合金体系及强化元素都存在较大的差异，因此这两种不锈钢的焊接性有很大的差别。对于 A-286 钢，虽然含有较多的时效强化合金元素，但其焊接性与半奥氏体析出强化不锈钢的焊接性相当，可以采用通用的熔焊工艺，不需要预热及后热；但是，美国学者利波尔德等人公布的资料表明，A-286 钢具有明显的凝固裂纹倾向，降低杂质元素，特别是能生成低熔点化合物的 S、P、Si 元素，有助于防止凝固裂纹。采用不摆动的焊接技术及使焊道成为凸状的外形，也有利于降低应力和减少裂纹。对于 17-10P 钢，尽管严格控制了 S 的含量，但是由于 P 的含量高达 0.30%，高温时磷化物在晶界的富集不可避免，由此造成了近缝区具有很大的热裂纹敏感性与脆性，致使难以采用熔化焊工艺，只好采用一些特种焊接工艺，如闪光焊及摩擦焊等，可以预测，该钢的生命力是很脆弱的。

二、 焊接材料的选用

析出硬化不锈钢的焊接通常是在进行析出硬化之前的固溶处理状态下进行的。这种状态下的马氏体析出硬化不锈钢有些硬，但仍有中等程度的延性，而半奥氏体和奥氏体析出硬化不锈钢则很软，延性也很好。因为焊缝金属冷却很快，实际上不发生析出反应，所以在焊态下其组织、性能与固溶处理的母材没有什么不同，但是焊缝金属不像母材那样均匀。

除高磷含量的析出硬化奥氏体不锈钢 17-10P 外，焊条电弧焊、熔化极惰性气体保护焊（MIG/MAG）、非熔化极惰性气体保护焊（TIG）等熔化焊工艺方法，都可用于析出硬化不锈钢的焊接。几种析出硬化不锈钢所采用的焊接材料列于表 17-6 中。

表 17-6　几种析出硬化不锈钢用焊接材料

钢号	焊接材料	焊接工艺方法
17-4PH	E630-XX：E0Cr16Ni5MoCu4Nb 低碳焊条 ER630：0Cr16Ni5MoCu4Nb 焊丝	焊条电弧焊 气体保护焊
15-5PH	E630-XX：E0Cr16Ni5MoCu4Nb 低碳焊条 ER630：0Cr16Ni5MoCu4Nb 焊丝	焊条电弧焊 气体保护焊
FV520	FV520-1　Cr14Ni5Mo1.5Cu1.5Nb0.3 低碳焊条 MET-CORE FV520　Cr14Ni5Mo1.5Cu1.5Nb0.3 焊丝	焊条电弧焊 气体保护焊

对于其他析出硬化不锈钢的焊接，目前还缺乏标准化及商品化的同材质焊接材料，可采用普通奥氏体不锈钢焊接材料，较常用的有 S304(Cr18Ni9) 和 S316(Cr18Ni12Mo2) 焊材，不足之处是焊接接头为低强匹配。焊缝及热影响区均没有明显的裂纹敏感性。

三、 焊后热处理

析出硬化不锈钢的强化处理是十分复杂的，而要优化其性能，就必须对强化处理精心控制。对于马氏体析出硬化不锈钢，经常只进行一次 PWHT，在 480～620℃温度范围内进行。这种热处理使马氏体回火，同时促使析出强化。在较高的 PWHT 温度下（高于 540℃），一些奥氏体会在组织中重新生成。

因为在半奥氏体析出硬化不锈钢焊接后的组织中，含有高体积分数的稳定奥氏体，所以经常要在高温下进行调整奥氏体状态的处理，使其碳化物析出而降低奥氏体的稳定性，进而促使奥氏体转变为马氏体。在较低温度（730～760℃）下进行调整奥氏体状态的处理后，所有奥氏体都能有效地发生转变，而在较高温度（930～955℃）下进行处理后，一些奥氏体可能残留到室温，在这种场合下可以用深冷来促使奥氏体转变为马氏体。冷作也可以用来提高马氏体形成温度，促使在高于室温时转变为马氏体，然而这种方法很少用于焊件。

奥氏体析出硬化不锈钢是在 700～750℃温度范围内进行时效硬化的，因为奥氏体很稳定，所以在这个温度区间，或在冷却到室温时，母相组织不发生变化。如果焊前析出硬化不锈钢处于固溶退火状态，而焊后又进行了完全硬化处理，则一般可以得到和母材强度非常接近的焊缝金属，只是延性稍低。如果焊接时母材已处于完全硬化的状态，则开裂的危险性很大。由于奥氏体析出硬化不锈钢延性有限，而焊接收缩引起的应变足以在焊接区产生裂纹，因此在任何情况下，最好避免对奥氏体析出硬化不锈钢在完全硬化状态下施焊。

第十八章

镍基耐蚀合金、异种钢、复合钢板的焊接施工

第一节　镍基耐蚀合金的焊接施工

一、焊接冶金特点

与碳钢及不锈钢相比，镍基耐蚀合金的物理性质有如下特点：一是熔点低；二是线胀系数介于奥氏体不锈钢与碳钢之间（哈斯特洛依合金除外），故很适于用作这两类异种材质的焊接材料；三是除纯镍系外，其他镍基合金的热导率比碳钢低得多，其电阻率却比碳钢高得多，这一点直接影响到镍基耐蚀合金的焊接性及焊接规范的选择。在焊接热循环的作用下，镍基合金的热影响区发生组织变化，如晶界析出碳化物、晶粒长大、脆性相析出等，这些都对耐蚀性有严重影响。Ni-Cr、Ni-Mo 和 Ni-Cr-Mo 系合金都存在敏化区。在 Ni-Cr 系合金中，碳的固溶度是很低的。只要碳含量超过其固溶度，在热影响区的敏化温度内就有碳化物析出的可能，导致晶界出现贫铬，相应发生晶间腐蚀现象。碳含量越低，铬含量越高，晶间腐蚀敏感性越小。Ni-Mo 合金有两个敏化温度区，在 1200～1300℃敏化区内，析出相有钼含量较高的碳化物和σ相；在600～900℃敏化区内，析出相则有 Ni-Mo 金属间相（Ni_3Mo、Ni_4Mo型）和碳化物（碳化物中也含有较高的钼），它们沿晶界析出后引起钼的严重贫化，从而导致 Ni-Mo 合金的晶间腐蚀。降低 C、Si 和 Fe 的含量，同时加入 V 或 Nb 并增加到2%左右，既能消除高温敏化区，又能使中温敏化区向时间增长方向移动，从而避免产生晶间腐蚀现象。Ni-Cr-Mo 合金的敏化区在 600～1150℃，其析出相既富 Cr 又富 Mo，它们沿晶界析出后导致其周围 Cr、Mo 元素的贫化，在介质的作用下贫化区首先受到腐蚀。C、Si 含量越低，晶间腐蚀倾向越小。焊接该类合金时，应避免焊接区在高温下停留时间过长，以

防止焊接区在使用过程中产生晶间腐蚀。

二、 焊接热裂纹

各种镍基合金焊缝金属的凝固裂纹敏感性示于图 18-1 中，其纵坐标是凝固脆性温度区间（BTR），横坐标是合金牌号。可以看出，与哈斯特洛依 X 或 C-276 相比，因康镍 625 或 718 的脆性温度区间大些，故后者的凝固裂纹敏感性高些。如果用 ΔT_C 表示热影响区的脆性温度区间（$\Delta T_C=T_L-T_C$，其中 T_L 为液相线温度，T_C 为临界液化温度），各种镍基合金的液化裂纹敏感性示于图 18-2 中。可以看出，与哈斯特洛依 X 或 C-276 相比，因康镍 625 或 718 的 ΔT_C 也大些，故后者的液化裂纹敏感性也高些。因康镍 600 的 ΔT_C 很小，它的液化裂纹敏感性是很低的。因康镍 625 或 718 的凝固裂纹敏感性和液化裂纹敏感性之所以

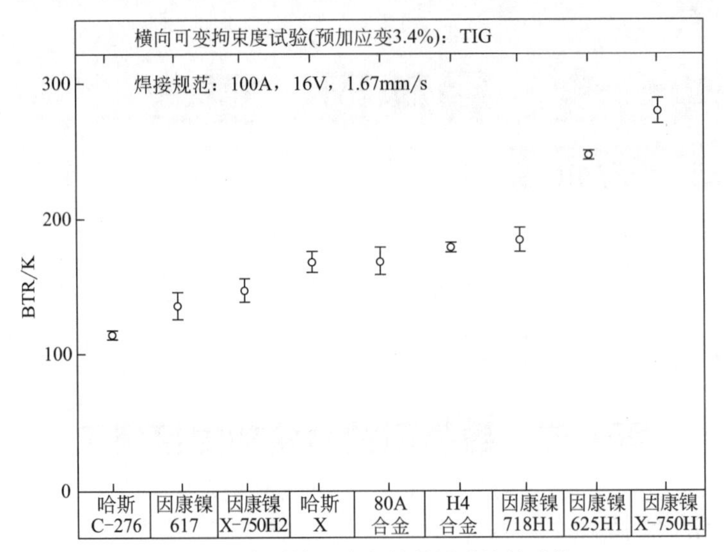

图 18-1 各种镍基合金的凝固裂纹敏感性

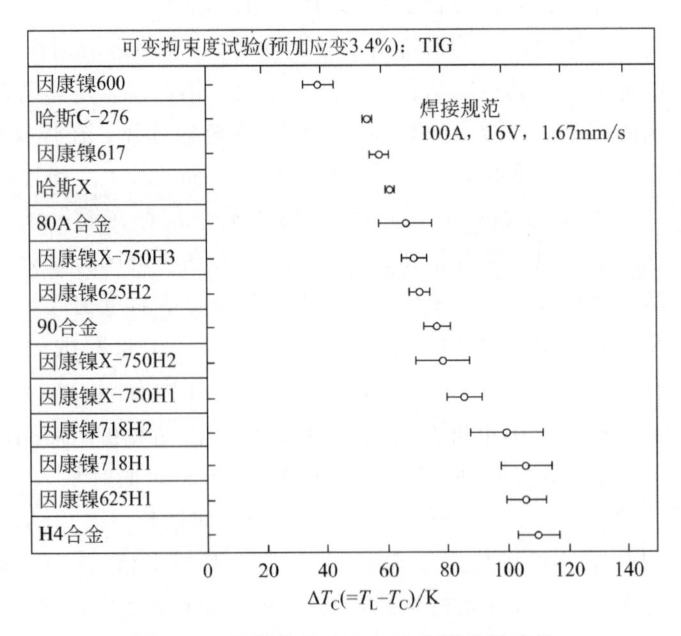

图 18-2 各种镍基合金的液化裂纹敏感性

高，是因为它们都含有较多的合金元素 Nb，Nb 是形成 NbC、γ''相（Ni3Nb）和 Laves 相的元素。采用这一成分的合金时，在最后的凝固区易于形成 γ/NbC 或 γ/Laves 相的共晶，而这些共晶的熔点低，故易于产生凝固裂纹。除了 Nb 之外，C 和 Si 也是增加凝固裂纹敏感性的元素。另外，当母材中存在未固溶的 NbC 时，在 γ-NbC 界面上会发生液化，伴随着晶界液化，就会产生液化裂纹。对因康洛依 800 合金而言，可在其晶界上生成 TiC、$M_{23}C_6$ 与 γ 相的液体，凝固时在晶界上成为富钛的 Laves 相。如果磷的含量高，其熔点会进一步下降。对哈斯特洛依 XR-Ⅱ合金而言，其晶界上的液相则是富钼的 M_6C 与 γ 相，也促使产生液化裂纹。另外，在有些镍基合金的多层焊时，在热影响区的粗晶区中产生的裂纹大多是低塑性裂纹，长度在 1mm 以下，属于微裂纹。这些裂纹的出现与 P、S 等在晶界偏析有密切关系。

耐蚀合金的几种高温裂纹，包括焊缝中的凝固裂纹、熔合线附近的液化裂纹和粗晶区的低塑性裂纹。这些裂纹的产生除了与材料本身的合金成分和组织有关外，材料中的夹杂物及溶质元素如 P、S、Pb、Sn、Zn 等也起着重要作用，它们导致了低熔点物质的产生，使残留液相覆盖在晶界周围，在很小的热应变作用下就出现开裂现象。

三、 镍基耐蚀合金焊接材料的选用

镍基耐蚀合金焊接材料的选用，主要根据母材的合金类别、化学成分和使用环境等条件。一般来说，焊接材料的主要成分和母材的主要成分应尽量相近，以保证各项性能与母材相当。但考虑到焊接材料的特殊要求，还应加入一些母材中没有或含量较低的元素，如 Nb、Ti、Mo、Mn 等。在 Inconel 600 型焊条中，为了改善抗热裂纹性能，明显提高了 Mn 含量（182 型焊缝中 Mn＝5.0％～9.5％；132 型焊缝中 Mn＝1.0％～3.5％），又加入了较大数量的 Nb（182 型焊缝中 Nb＝1.0％～2.5％；132 型焊缝中 Nb＝1.5％～3.5％），这些元素与母材成分差别颇大。

当同类焊材达不到要求或没有类似成分的焊材时，一般选用高一档次的焊接材料。例如焊接镍铬铁合金时（如 Incoloy 800H），可选用镍铬钼合金焊接材料（如 Ni625）。这样做，焊接材料的成本虽高些，但能保证焊缝的使用性能不低于母材。

在合金元素含量较高的镍基合金熔敷金属中，Mo 元素、Nb 元素有时也有 Cr 元素会在晶界处富集。在焊接熔敷金属凝固过程中，这些元素会在液相中富集。相对于母材，这些枝晶间偏析会降低焊接接头的耐蚀能力。另外，晶间局部 Mo、Cr 和 Nb 元素的富集，也会提高金属间化合物沉淀析出的危险。采用添加了钨元素的 Ni-Cr-Mo 合金填充金属进行焊接时，发现钨元素在枝晶中心区域富集，而在晶间却比较贫乏。由于钼和钨元素都会提高合金抵抗局部腐蚀的能力，因而钨元素的反常偏析行为，补偿了由于钼元素在晶间偏析造成的危害。

通常，填充材料中的 Mo 含量应该比母材要高，利用“过匹配”焊接材料以削弱晶间偏析所造成的不利影响，这主要是由于焊缝区金属呈现枝晶结构，并且伴随着合金元素的微区偏析。对铬和钼元素含量进行电子探针分析发现，在树枝状晶粒内部，铬元素特别是钼元素大大减少。相反，在最后凝固的晶间区域，铬元素和钼元素却富集。316L 不锈钢的焊缝中 Mo 含量为 2.8％，在自动焊时，由于偏析而引起的 Mo 含量却在 1.8％～5.7％之间波动。产生点蚀的区域，一般来说是晶粒内部，在这一区域也优先产生其他腐蚀。焊接镍基耐蚀合金时，实心焊丝及焊条的选用见表 18-1，药芯焊丝的选用见表 18-2。

表 18-1　焊接镍基耐蚀合金用的实心焊丝及焊条

合金名称	牌　号	ASTM/UNS	EN/DIN	实心焊丝、焊条型号	
				AWS A5.14/A5.11	GB/T 15620、GB/T 13814
Alloy 200	Nickel 200	N02200	2.4066	ERNi-1/ENi-1	SNi2061/ENi2061
Alloy 201	Nickel 201	N02201	2.4068	ERNi-1/ENi-1	SNi2061/ENi2061
Alloy 400	Monel 400	N04400	2.4360	ERNiCu-7/ENiCu-7	SNi4060/ENi4060
Alloy 600	Inconel 600	N06600	2.4816	ERNiCr-3/ENiCrFe-3	SNi6082/ENi6182
Alloy 601	Inconel 601	N06601	2.4851	ERNiCr-3/ENiCrFe-3	SNi6082/ENi6182
Alloy 625	Inconel 625	N06625	2.4856	ERNiCrMo-3/ENiCrMo-3	SNi6625/ENi6625
Alloy 718	Inconel 718	N07718	2.4668	ERNiFeCr-2	SNi7718
Alloy 800H	Incoloy 800H	N08810	1.4876	ERNiCrMo-1	—
Alloy 800HT	Incoloy 800HT	N08811	1.4876	ERNiCrMo-1	—
Alloy 825	Incoloy 825	N08825	2.4858	ERNiFeCr-1/ENiCrMo-3	SNi8065/ENi6625
Alloy C-276	Hastelloy C-276	N10276	2.4819	ERNiCrMo-4/ENiCrMo-4	SNi6276/ENi6276
Alloy C-4	Hastelloy C-4	N06455	2.4610	ERNiCrMo-7	SNi6455
Alloy C-22	Hastelloy C-22	N06022	2.4602	ERNiCrMo-10	SNi6022
Alloy 2000	Hastelloy C-2000	N06200	2.4675	ERNiCrMo-17	SNi6200
Alloy B-2	Hastelloy B-2	N10665	2.4617	ERNiCrMo-7	SNi6455
Alloy B-3	Hastelloy B-3	N10675	2.4600	ERNiMo-10	SNi6022
Alloy G-30	Hastelloy G-30	N06030	2.4603	ERNiCrMo-11	SNi6030
Alloy 20	Carpenter 20Cb3	N08020	2.4660	ER320LR/E320LR	S320LR/E320LR
Alloy 904L	904L	N08904	1.4539	ER385/E385-16	S385/E385-16
Alloy 254	254 SMO	S31254	1.4547	ERNiCrMo-3/ENiCrMo-3	SNi6625/ENi6625
Alloy 31	—	N08031	1.4562	ERNiCrMo-13	SNi6059
Alloy 59	—	N24605	—	ERNiCrMo-13	SNi6059

表 18-2　镍基合金药芯焊丝的选用

公司	焊丝牌号	AWS 型号	适于焊接的合金类型
SMC（美国）	INCO-CORED FC82DH	ERNiCr3T0-4	Inconel 600、Inconel 601 合金等
	INCO-CORED FC82AP	ERNiCr3T1-4	
	NI-ROD FC55	ENiFeT3-CI	铸铁，也可作埋弧焊焊丝
Metrode（英国）	Supercore 625P	ERNiCrMo3T1-1/4	Inconel 625，Incoloy 825 等
	Supercore 620P	ENiCrMo6T1-4	9Ni 钢
KOBELCO（日本）	DW-N70S	—	9Ni 钢
	DW-N625	ENiCrMo3T1-4	Inconel 625，Incoloy 825 等
	DW-N82	ENiCr3T0-4	Inconel 600，Incoloy 800 等
	DW-NC276	ENiCrMo4T1-4	镍基合金 C276 及异种钢等
TASETO（日本）	GFW82	TNi6082-04	Inconel 600、Inconel 601 合金等
	GFW625	TNi6625-04	Inconel 625，Incoloy 825 等
	GFWHsC276	TNi6276-04	Hastelloy C、Hastelloy C276
	GFWHsC-22	TNi6022-04	Hastelloy C-22 等合金
北京金威焊材	JWENiCrMo3T1-4	ENiCrMo3T1-4	Inconel 625，Incoloy 825 等
	JWENiCr3T1-4	ENiCr3T1-4	Inconel 600，Incoloy 800 等

四、焊接施工要点

镍基耐蚀合金焊材除了焊接同种合金外，也用于异种材质的焊接，包括碳钢、低合金钢、不锈钢、低温钢及超级不锈钢等。在焊接方法上，可采用 TIG 焊、MIG 焊和手工电弧焊。TIG 焊应用最广泛，可以焊接任何一种镍基耐蚀合金，特别适于薄件和小截面构件。TIG 焊一般采用直流正极性，采用高频引弧和电流衰减的收弧技术更好。在保证焊透的条件下，应尽量用较小的焊接热输入，多层焊接时应控制道间温度。焊接析出强化型合金和热裂纹敏感性大的合金时，要特别注意控制道间温度，弧长越短越好，尽可能不摆动焊枪。MIG 焊可用于固溶强化型镍基耐蚀合金的焊接，但很少焊接析出强化元素含量较高的镍基合金及铸造合金。MIG 焊的热输入较大，生产效率高，常用于厚件的焊接。MIG 焊一般采用直流反极性。脉冲喷射过渡的 MIG 焊经常被采用，它的电弧稳定性好，且热输入较小。

从焊接施工角度分析，因为是奥氏体组织，所以不要求焊前预热，道间温度要求不高于150℃（只有 Ni-Mo B-2 型、625 型要求不高于 250℃），但是铸件要求的焊前预热温度要高些。焊接热输入也限制得很低（有的要求不大于 1.0kJ/mm 或 1.5kJ/mm）。不少产品不要求焊后热处理，有的按母材成分来确定是否进行焊后热处理。因为是奥氏体组织，焊后冷却过程中不发生相变，所以必须使冷却速度尽量快些，以便得到更细化的一次组织，减少焊缝的显微偏析，也有利于改善焊缝的塑性和耐蚀性。

尽管镍基耐蚀合金看起来在预热、道间温度及焊后热处理等方面的要求不是十分严格，但是焊接镍基耐蚀合金时仍应注意以下事项。

① 被焊材料表面要求高度清洁，要避免被焊区域表面的氧化及导致脆化的元素如 S、P、Pb 及 Zn 的混入。油、脂、漆、记号笔印、温度指示材料和其他类似物质常常含有硫或铅，如它们在焊接或加热时存在，就会引起母材或焊缝金属开裂（脆化）。如果金属材料暴露于高温环境中（如高温工作环境、热处理或高温维修）并且生成的氧化物较多，就必须清除这些氧化物，因为这些氧化物的熔点通常比母材金属高得多（Ni 的熔点虽然只有 1446℃，氧化物 NiO 的熔点却高达 2090℃），在焊接过程中，母材金属熔化了而氧化物仍保持固态，这将造成未熔合等缺陷。可以采用打磨的方法清除表面氧化物，而不能用钢丝刷；MIG 焊时，允许有滞后的保护气流，在重新启弧前剪去焊丝终端；还要保持焊接车间洁净。

② 熔融的焊缝液体金属比较黏稠，流动性较差。镍基耐蚀合金焊缝金属不像钢焊缝那样容易润湿展开，液体不容易流到焊缝两边，这些问题不能简单地依靠增大焊接电流去解决，可以采用不超过焊丝直径 3 倍的小幅度摆动来进行操作。

③ 与碳钢、不锈钢相比，镍基耐蚀合金的熔池熔深较浅（图 18-3），同样不能通过增大焊接电流来增加熔深。因为电流过大对焊接有危害，会引发裂纹和气孔。

图 18-3 镍基合金熔池的熔深较浅

④ 为避免形成热裂缝，要求焊道为凸形（图 18-4）。

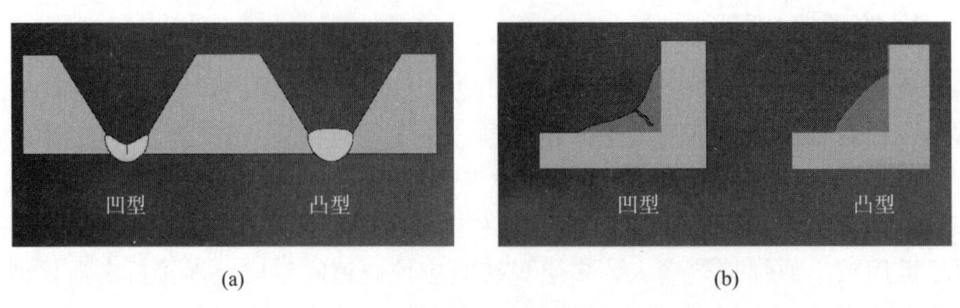

图 18-4 镍基合金焊道要做成凸型

第二节 异种钢的焊接施工

随着石油、化工、电力及原子能等工业的发展，不锈钢与碳钢、低合金钢等材料之间的焊接，以及不锈钢复合钢板的焊接等，即异种钢的焊接，正日益为人们所关注。由于异种钢之间的化学成分、金相组织、物理性能及力学性能都有差别，所以焊接异种钢通常要比焊接同种钢困难得多。如果两种被焊金属的线胀系数相差较大时，在焊接过程中会产生很大的热应力，并且这种热应力是不能通过焊后热处理来消除的。此外，由于两种被焊接材料不同，对于焊接工艺要求也不同。

正确选择焊接材料是异种钢焊接的关键。异种钢焊接的问题主要是焊缝金属成分的稀释及显微组织的变化引起的。由于有合金元素的稀释溶解和碳迁移等因素的影响，在异种钢接头的焊缝和熔合区存在一个过渡区，这个区域不但化学成分和金相组织不均匀，而且物理性能也不同，力学性能也有很大差异，这可能引起接头缺陷或严重降低性能。所以，必须按照母材的化学成分、性能、接头形式和使用要求等选择焊接材料，其基本出发点如下。

① 保证焊接接头的使用性能，即保证焊缝金属过渡区、热影响区等接头区域具有良好的力学性能和综合性能。

② 保证焊接接头具有良好的焊接性能，即在接头区域不能出现热裂纹、冷裂纹及其他超标的焊接缺陷。

③ 保证焊缝金属具有所要求的综合性能，如耐蚀性、耐热性、热强性及抗氧化性等。

④ 在焊接工艺（如焊前预热或焊后热处理）受到限制时，要合理选择镍基合金或奥氏体不锈钢焊材，以提高焊缝金属的塑性和韧性。

⑤ 焊材的选用通常是就高不就低，即焊丝成分尽可能接近高成分的母材一方。如碳钢、低合金钢与不锈钢焊接时，要选用不锈钢焊材；铬不锈钢与铬镍不锈钢焊接时，要选用铬镍不锈钢焊材。

⑥ 要考虑焊缝金属的使用条件，如在高温下工作的热稳定钢不宜用奥氏体焊材焊接，否则可能形成脆性的金属间化合物层和脱碳层或增碳层。

⑦ 低合金钢与铬镍奥氏体钢焊接时，如果采用成分较低的奥氏体焊材，由于 Cr、Ni 元素的稀释，焊缝中易出现脆性马氏体组织等，一般选用铬和镍含量较高的、塑性和抗裂性较好的 Cr24-Ni13(309) 或 Cr25-Ni20(310) 奥氏体钢焊接材料。

一、碳钢、低合金钢与耐热钢的焊接

低碳钢与珠光体耐热钢焊接时，其焊接性良好，可分别采用与两种钢成分相对应的焊接材料，即低碳钢或珠光体耐热钢用的焊接材料。低合金钢与珠光体耐热钢焊接时，应根据强度较低一侧的钢材来选择焊接材料，而不是根据珠光体耐热钢的成分来选择焊接材料。

一般要求熔敷金属的强度应能保证焊缝及接头的强度不低于强度较低一侧母材的强度，同时焊缝金属的塑性和冲击韧性应不低于强度较高而塑性较差一侧母材的性能。因此，可按两者之中强度级别较低的钢种选用焊接材料。但是，为了防止焊接裂纹，应按强度级别较高、焊接性较差的钢种确定焊接工艺，包括焊接规范、预热温度及焊后热处理等。

一种耐热钢与另一种不同成分的耐热钢焊接时，如 P92 钢与 P91 钢的焊接，由于这两种钢材的成分非常接近，因此无论选用 P91 钢还是 P92 钢焊材，都可获得满意的接头，选用 P91 钢焊接材料可能更为方便及便宜。P92 钢与 P91 钢异种接头的焊后热处理温度采用通用的 760℃即可。P92 钢与 P22 钢或其他低合金钢焊接时，在 AWS D10.8 工艺标准中，列举了四种可能的选择：焊缝金属成分与低合金钢一侧成分一致，如 2CrMo；焊缝金属成分与高合金材料成分一致，如 P92；焊缝金属取两种材料中间的成分，如 5CrMo 或 9CrMo；焊缝采用镍基合金焊接材料。目前，一般都偏向于选取低的合金成分，即“低匹配”。但基本的原则是焊缝强度需至少等于或高于两种材料中较低的一种，但也有的工艺标准（如 BS 2633）建议在涉及 P91 钢的异种材料焊接中，选择使用 9CrMo 焊接材料。因此，这一建议也可应用到 P92 钢异种接头的焊接中。BS 2633 规范还强调了镍基合金焊材的使用。但 AWS D10.8 规范则认为没有必要使用镍基合金焊材，除非是 Cr-Mo 耐热钢与不锈钢或镍基合金焊接。同时，镍基合金焊材会在一定程度上影响焊后 NDT 检测的范围。

在进行 P92 钢与异种材料的焊接中，选择最合适的焊后热处理规范也是极为重要的。如在 P92 钢与 P22 钢结构的焊接施工中，这种选择就需要平衡 P92 钢的理想热处理温度范围（730～790℃）和 P22 钢的温度范围（680～720℃），以及经熔合后焊缝金属本身的最佳温度范围。BS 2633 标准提出这类异种接头的热处理规范应是一种折中的结果。一般来说，似应采用高合金钢的最低允许温度，但为取得最佳的接头蠕变性能，则应采用低合金一侧的最高允许温度。因此，在 P91 钢与 P22 钢的焊接中，目前已广泛采用 720～730℃保温 1～3h 的规范进行焊后热处理。

二、碳钢、低合金钢与铬不锈钢的焊接

碳钢、低合金钢与铬不锈钢焊接时，既可选用铬不锈钢焊材，也可选用铬镍不锈钢焊材，通常推荐采用 A302、A307 焊材。当低合金钢与 Cr12 型钢焊接时，焊接接头的过渡区在焊后冷却过程中会产生淬硬的马氏体组织。所以，这类异种钢焊接时，不仅需要预热，而且需要缓冷或及时进行回火处理。当不能进行预热或回火处理时，宜选用奥氏体不锈钢焊材（如 A302）。碳钢、低合金钢与铬不锈钢焊接时，各种方法用的不锈钢焊材列于表 18-3 中。

表 18-3 碳钢、低合金钢与铬不锈钢焊接时焊材选用

母材组合	焊条		实心焊丝		药芯焊丝	
	型号	牌号	型号	牌号	型号	牌号
低碳钢+Cr13 型不锈钢	E410-16(5)	G202(7)	ER410	H1Cr13	TS410-XXX	YG207-1
低合金钢+Cr13 型不锈钢	E309-16	A302	ER309	H10Cr24Ni13	TS309-XXX	YA302-1
低碳钢+Cr17 型不锈钢	E430-16(5)	G302(7)	ER430	H08Cr17	TS430-XXX	YG317-1
低合金钢+Cr17 型不锈钢	E309-16	A302	ER309	H10Cr24Ni13	TS309-XXX	YA302-1

三、 碳钢、 低合金钢与奥氏体不锈钢的焊接

碳钢、低合金钢与奥氏体不锈钢焊接是最常见的异种钢焊接。其产品的使用环境也特别复杂，有的在低温环境下使用，有的在高温环境中工作，有的要求耐腐蚀，有的则要求耐疲劳。在选择不锈钢焊材时，要考虑到下列问题：焊缝金属成分稀释；熔合区的塑性，在焊缝金属靠近碳钢或低合金钢一侧，熔合区附近存在宽度为 0.2～0.6mm 的低塑性带，该区域中存在马氏体组织，明显降低接头的塑韧性；碳的扩散迁移，可能造成接头在熔合区发生脆性断裂；热应力及其影响。

碳钢、低合金钢与奥氏体不锈钢焊接时，必须选用奥氏体不锈钢焊材。若选用低合金钢焊材，则由于奥氏体钢的稀释作用，就会使整个焊缝金属形成马氏体而脆化，并引起裂纹。若选用 18-8 型焊材，由于低成分侧母材的稀释作用，焊缝金属也产生一定量的马氏体组织，抗裂性能较差。一般来说，选用超低碳的 24-13 型焊材，则焊缝金属为奥氏体＋少量铁素体组织，抗裂性能好，应用最为广泛。在实际工作中，应根据接头的具体材料和使用环境，确定焊缝金属的化学成分和组织，也可以利用已知的熔合比和不锈钢组织状态图，来选择相应的不锈钢焊材。表 18-4 列出了碳钢、低合金钢与奥氏体不锈钢焊接时焊材选用。

表 18-4 碳钢、低合金钢与奥氏体不锈钢焊接时焊材选用

母材组合	焊条		实心焊丝		药芯焊丝	
	型号	牌号	型号	牌号	型号	牌号
低碳钢＋ 奥氏体耐酸钢	E309L-16 E309LMo-16 E316L-16	A062 A042 A022	ER309L ER309LMo ER316L	H022Cr24Ni13 H022Cr24Ni13Mo2 H022Cr19Ni12Mo2	TS309L-XXX TS309LMo-XXX TS316L-XXX	Y309L Y309LMo Y316L
低碳钢＋ 奥氏体耐热钢	E309L-16 ENiCrFe-3	A062 Ni307	ER309L ERNiCrFe-3	H022Cr24Ni13 NiR82	TS309L-XXX ENiCrFe3TX-X(AWS)	Y309L —
中碳钢、 低合金钢＋ 奥氏体不锈钢	E309LMo-16 E310 E316L-16 E317L-16 ENiCrFe-3	A042 A402 A022 A032Mo Ni307	ER309LMo ER310 ER316L ER317L ERNiCrFe-3	H022Cr24Ni13Mo2 H11Cr26Ni21 H022Cr19Ni12Mo2 H022Cr19Ni14Mo3 NiR82	TS309LMo-XXX TS310-XXX TS316L-XXX TS317-XXX ENiCrFe3TX-X(AWS)	Y309LMo Y310 Y316L Y317L —
碳钢、低合金钢＋ 普通双相不锈钢	E2209-16 E309LMo-16	AF2209-16 A042	ER2209 ER309LMo	H022Cr22Ni9Mo3N H022Cr24Ni13Mo2	TS2209-XXX —	DW-329M①

① 日本“神钢”产品。

四、 铬不锈钢与铬镍不锈钢的焊接

铬不锈钢与铬镍不锈钢焊接时的焊接工艺，基本上和低合金钢与铬镍不锈钢焊接时的焊接工艺相同。其焊材选用，原则上既可采用铬不锈钢焊材（如 G202、H0Cr14 等），也可采用各种铬镍奥氏体不锈钢焊材。由于铬镍奥氏体不锈钢焊材对焊接工艺适应性较强，即使有较大的熔合比，过渡区仍能保持与熔敷金属相近的微观组织，有较好的抗裂性能和较好的塑韧性，所以实际生产过程中，一般都选用铬镍奥氏体不锈钢焊材。为防止碳的扩散迁移，还可以采用镍基合金焊材。铬不锈钢与铬镍不锈钢焊接时，按照其母材组合，可参照表 18-5 选择不锈钢焊材。

表 18-5　铬不锈钢与铬镍不锈钢焊接时焊材选用

母材组合	焊条		实心焊丝		药芯焊丝	
	型号	牌号	型号	牌号	型号	牌号
Cr13 型不锈钢＋奥氏体耐蚀钢	E309L-16	A062	ER309L	H022Cr24Ni13	TS309L-XXX	Y309L
Cr13 型不锈钢＋普通双相不锈钢	E2209-16 E309LMo-16	AF2209-16 A042	ER2209 ER309LMo	H022Cr22Ni9Mo3N H022Cr24Ni13Mo2	TS309LMo-XXX	DW-329M①
Cr17 型不锈钢＋奥氏体耐蚀钢	E308H-16 E316L-16 E317L-16 E309LMo-16 E347L-16	A102 A022 A032Mo A042 A002Nb	ER308H ER316L ER317L ER309LMo ER347L	H07Cr21Ni10 H022Cr19Ni12Mo2 H022Cr19Ni14Mo3 H022Cr24Ni13Mo2 H022Cr20Ni10Nb	TS308-XXX TS316L-XXX TS317L-XXX TS309LMo-XXX TS347L-XXX	Y308 Y316L Y317L Y309LMo Y347L
Cr17 型不锈钢＋普通双相不锈钢	E309L-16 E309LMo-16 E2209-16	A062 A042 AF2209-16	ER309L ER309LMo ER2209	H022Cr24Ni13 H022Cr24Ni13Mo2 H022Cr22Ni9Mo3N	— TS309LMo-XXX —	DW-329M①
Cr11 型热强钢＋奥氏体耐热钢	E316L-16 E309L-16 E309LMo-16 E347L-16	A022 A062 A042 A002Nb	ER316L ER309L ER309LMo ER347L	H022Cr19Ni12Mo2 H022Cr24Ni13 H022Cr24Ni13Mo2 H022Cr20Ni10Nb	TS316L-XXX TS309L-XXX TS309LMo-XXX TS347L-XXX	Y316L Y309L Y309LMo Y347L

①日本“神钢”产品。

第三节　复合钢板的焊接施工

由于复合钢板是由化学成分不同、物理性能和力学性能相异的两种钢板组合而成，所以复合钢板的焊接属于异种钢焊接。目前工业应用较多的有奥氏体复合钢板和铁素体复合钢板，它们的焊接特点分别介绍如下。

奥氏体复合钢板的焊接特点：奥氏体复合钢板是指基层为碳钢或低合金钢，覆层为奥氏体不锈钢的复合钢板。由于基层与覆层的母材及采用的焊接材料在成分及性能方面有较大的差异，又因为焊接时稀释作用强烈，使焊缝中奥氏体形成元素减少，碳含量增加，增大了结晶裂纹的倾向；焊接熔合区可能出现马氏体组织而导致硬度和脆性增加；此外，由于基层与覆层的铬含量差别较大，促使碳向覆层迁移扩散，而在其交界的焊接区域形成增碳层和脱碳层，加剧了熔合区一侧的脆化或另一侧热影响区的软化。

铁素体复合钢板的焊接特点：铁素体复合钢板是指基层为碳钢或低合金钢，覆层为铁素体不锈钢的复合钢板。由于基层与覆层的母材及采用的焊接材料有较大的差异，焊接时也会因稀释作用而引起焊缝及熔合区的脆化。另外，当焊接材料选用不当时，容易产生延迟裂纹，其原因主要有焊接接头出现脆硬组织，焊缝中扩散氢的聚集，焊接接头的刚性和残余应力大等。基于延迟裂纹具有潜伏期，因此焊缝的检验不能在焊后立即进行。

不锈钢复合钢板由较薄的不锈钢（如 1Cr18Ni9Ti、304L、316L 等）覆层与较厚的低碳钢或低合金钢基层组成，是通过爆炸复合、轧制复合等工艺方法复合而成的，其中不锈钢覆层的厚度只占总厚度的 10%～20%。基于焊接时存在低合金钢与不锈钢两种母材，所以复合钢板的焊接具有异种钢焊接特征。

一、焊材的选用

不锈钢复合钢板的焊接过程存在以下问题。

① 由于基层焊缝对覆层焊缝的稀释作用，将降低覆层焊缝中的铬、镍含量，增加碳含量，易导致覆层焊缝中产生马氏体组织，从而降低焊接接头的塑性和韧性，并影响覆层焊缝的耐蚀性。同时马氏体组织易在焊接过程中或设备运行中导致裂纹。

② 焊接基层时，易熔化不锈钢覆层，使合金元素掺入焊缝，而导致碳钢基层焊缝金属严重硬化和脆化，容易引起开裂。

③ 焊接覆层时，基层中的碳易进入复层中，使覆层的耐蚀性降低。

④ 由于不锈钢覆层较碳钢基层具有低的热导率（仅为基层的 1/2）和较大的线胀系数（为 1.3 倍），因而焊接过渡层时会产生较大的焊接变形和应力，并导致裂纹的产生。

为此，一般在基层和覆层之间加一过渡层。基层的焊接和覆层的焊接属于同种材料的焊接，过渡层的焊接则是异种材料的焊接。不锈钢复合钢板焊接质量的关键是基层与覆层交界处过渡层的焊接。为了补充基层对覆层造成的稀释作用，过渡层应选用 25Cr-20Ni型或 25Cr-13Mo 型焊接材料。基层用的焊接材料应保证焊接接头的抗拉强度符合母材强度的下限要求；覆层用的焊接材料应保证熔敷金属的合金元素符合母材成分规定的下限值。

不锈钢复合钢板焊接时焊接材料的选用，分别根据基层、覆层及过渡层进行选择。过渡层选用的不锈钢焊材，必须考虑基层金属对焊缝成分的稀释作用，应选用高铬镍焊材。国家标准 GB /T 13148—2008 附录 A 中提供了不锈钢复合钢板焊接材料的选用，现列于表 18-6 中。

表 18-6 不锈钢复合钢板焊接时焊接材料的选用（GB /T 13148—2008）

<table>
<tr><th colspan="3">母材</th><th rowspan="2">焊条电弧焊</th><th colspan="2">埋弧焊</th><th colspan="2">气体保护焊</th></tr>
<tr><th colspan="2">类别</th><th>牌号</th><th>焊丝</th><th>焊剂</th><th>焊丝</th><th>气体</th></tr>
<tr><td rowspan="6">基材A</td><td>A_1</td><td>Q235B、Q235C、20、Q245R、CCS-A、CCS-B</td><td>E4303、E4315、E4316</td><td>H08A、H08MnA</td><td>HJ431、SJ101</td><td>H10Mn2、H08Mn2SiA</td><td rowspan="6">CO_2或Ar</td></tr>
<tr><td>A_2</td><td>Q345、Q345R</td><td>E5003、E5015、E5016</td><td rowspan="2">H08MnA、H10Mn2、H10MnSi、H08Mn2SiA、H08Mn2MoA</td><td rowspan="2">HJ431、HJ430、HJ350、SJ101、SJ301、SJ501</td><td rowspan="2">H08Mn2SiA、H08Mn2MoA、H10MnSi</td></tr>
<tr><td>A_3</td><td>Q390、Q420</td><td>E5003、E5015、E5016、E5501-G、E5515-G、E5516-G</td></tr>
<tr><td>A_4</td><td>13MnNiMoR</td><td>E6016-D1、E6015-D1</td><td>H08Mn2MoA</td><td>HJ350、SJ101</td><td>H08Mn2MoA</td></tr>
<tr><td rowspan="2">A_5</td><td>14Cr1Mo、14Cr1MoR</td><td>E5515-B2</td><td>—</td><td>—</td><td>—</td></tr>
<tr><td>15CrMo、15CrMoR</td><td>E5515-B2</td><td>H13CrMoA、H08CrMoA</td><td>HJ350、SJ101</td><td>H13CrMoA、H08CrMoA</td></tr>
<tr><td rowspan="6">覆材B</td><td>B_1</td><td>06Cr13</td><td rowspan="3">E308-15、E308-16</td><td rowspan="6" colspan="2">—</td><td rowspan="2">—</td><td rowspan="2">—</td></tr>
<tr><td>B_2</td><td>06Cr13A1</td></tr>
<tr><td>B_3</td><td>06Cr19Ni10、12Cr18Ni9</td><td>H0Cr21Ni10</td><td rowspan="4">Ar</td></tr>
<tr><td>B_4</td><td>06Cr18Ni11Ti</td><td>E347-15、E347-16</td><td>H0Cr20Ni10Ti、H0Cr20Ni10Nb</td></tr>
<tr><td>B_5</td><td>022Cr19Ni10</td><td>E308L-16</td><td>H00Cr21Ni10</td></tr>
<tr><td>B_6</td><td>06Cr17Ni12Mo2</td><td>E316-16</td><td>H0Cr19Ni12Mo2</td></tr>
</table>

续表

母材		焊条电弧焊	埋弧焊		气体保护焊	
类别	牌号		焊丝	焊剂	焊丝	气体
覆材B B_6	06Cr19Ni13Mo3	E317-16	—	—	H0Cr20Ni14Mo3	Ar
覆材B B_7	06Cr17Ni12Mo2Ti	E318-16			H0Cr19Ni12Mo2	
覆材B B_8	022Cr17Ni12Mo2	E316L-16			H00Cr19Ni12Mo2	
覆材B B_8	022Cr19Ni13Mo3	E317L-16			—	
过渡层异种钢	$(A_1\sim A_3)+(B_1\sim B_5)$	E309-15、E309-16、E310-15、E310-16			H1Cr24Ni13、H0Cr26Ni21、H1Cr26Ni21、H1Cr24Ni13Mo2	
过渡层异种钢	$(A_1\sim A_5)+(B_6\sim B_8)$	E309Mo-16、E310Mo-16			H1Cr24Ni13Mo2	
过渡层异种钢	$(A_4\sim A_5)+(B_1\sim B_5)$					

二、焊接施工过程

（1）基层的焊接　基层的材料一般采用低碳钢或低合金钢，其焊接性能较好，焊接工艺已经成熟。可根据焊接接头与母材等强原则选择焊接材料。需要注意的是，当覆层奥氏体不锈钢对腐蚀较敏感时，焊接基层钢板的预热及层间温度应保持在适宜的低温范围，以防止覆层过热。

基层焊接完毕后，应先进行外观检查。焊缝表面不得存在裂纹、气孔和夹渣等缺陷，然后进行X射线探伤检查。无损探伤合格后，应将基层焊缝表面打磨平整，使其表面略低于基层金属表面。

（2）过渡层的焊接　焊接过渡层时，要在保证熔合良好的前提下，尽量减少基层金属的熔入量，以减少焊缝的稀释率。过渡层焊接完毕后，应采用超声波或渗透着色的方法进行无损检验。

焊接时应注意以下两点：为减少基层对过渡层的稀释，应尽量采用较小的焊接电流、较大的焊接速度，以减少焊缝的稀释率；严格控制层间温度。

另外，为了保证复合钢板的各项性能，对于过渡层覆盖范围以及过渡层的厚度均有一定要求。如图18-5(a)所示，过渡层焊缝金属的表面应高出分界面 $a=0.5\sim1.5$mm，基层焊缝的表面距离覆层底面的距离要控制在 $b=1.0\sim2.0$mm；过渡层的厚度应控制在2～3mm内；且过渡层焊缝金属必须完全盖满基层金属。如果开坡口时，不将基层金属去除1.5～2mm，则焊接时很难进行控制。这是因为：实际生产时焊工在施焊过程中，往往分辨不清基层与覆层的分界面，容易将基层碳钢焊材焊到覆层不锈钢上，使接头产生马氏体组织，出现裂纹等缺陷；依靠手工操作难以保证 $a=0.5\sim1.5$mm，$b=1.0\sim2.0$mm 的技术要求；由于基层和覆层材料的线胀系数不同，在焊接热循环的作用下，基层和覆层间存在较大的内应

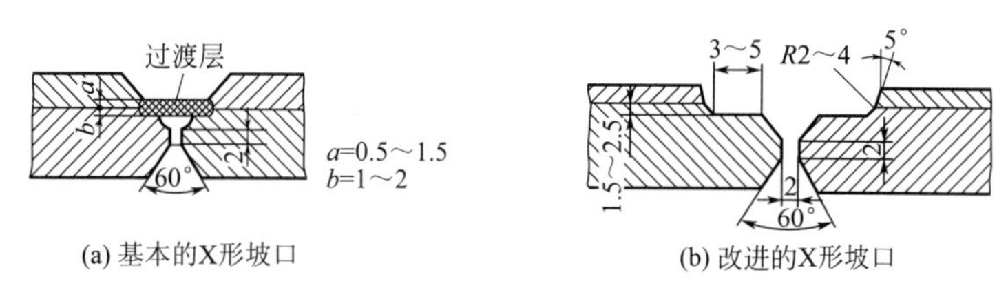

(a) 基本的X形坡口　　(b) 改进的X形坡口

图18-5　基本的X形坡口及改进的X形坡口

力，易于造成基层与覆层在坡口边缘张口，焊接时容易出现夹渣。故建议采用图 18-5(b) 所示的改进型坡口。该坡口具有以下优点：利于基层侧清根；由于新坡口将基层金属向下开出 1.5～2.5mm，形成一台阶，便于进行过渡层的焊接；焊接过渡层时，不易损伤覆层，有利于保证覆层的焊接质量；此外，覆层边缘远离焊缝中心，在焊接热循环过程中，最高峰值温度大大降低，避免了因基层焊接时反复受热膨胀引起覆层张口，避免出现夹渣。

（3）覆层的焊接　奥氏体不锈钢焊接的主要问题是焊接接头易出现焊缝晶间腐蚀、热影响区晶间腐蚀、热影响区过热区“刀口腐蚀”，焊接接头应力腐蚀、热裂纹等。

主要采用以下几种措施解决上述问题：选择成分与覆层不锈钢相同或相近的焊接材料，尽量使焊缝组织为奥氏体加铁素体双相组织，其中 δ 相含量应控制在 4%～12%；采用小电流、较大的焊接速度、小热输入施焊，进行多层多道焊；严格控制道间温度，道间温度应小于 60℃；覆层焊缝应在最后焊接，以避免其抗晶间腐蚀的性能受到重复加热的影响；允许在前后焊道施工间隔时间内冷却焊接接头。

对于铁素体复合钢板的焊接，覆层及过渡层可采用 18-8 系列的焊材或高铬焊材。选用 18-8 系列焊材时，焊缝组织为铁素体加奥氏体。若选用 Cr13 型不锈钢焊条，如 G202、G202NiMo（即 E410NiMo），焊缝往往得到铁素体和马氏体双相组织，必须通过热处理使焊缝成为纯铁素体组织。也可通过调整焊缝金属的化学成分来得到纯铁素体组织。试验表明，在铬 13 型不锈钢焊缝中加入 0.5%～1.0%的铝或铌，即可使焊缝为纯铁素体组织。

（4）焊接顺序　在焊接不锈钢复合钢板时，一般按基层、过渡层、覆层的顺序焊接。图 18-6 给出了 V 形坡口的焊接顺序。

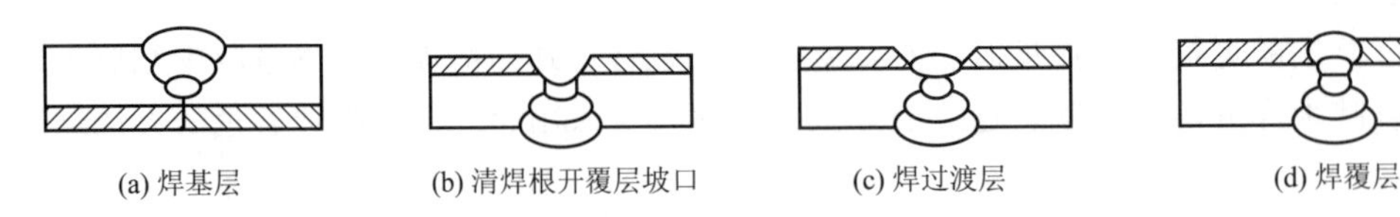

(a) 焊基层　(b) 清焊根开覆层坡口　(c) 焊过渡层　(d) 焊覆层

图 18-6　V 形坡口的焊接顺序

（5）典型的焊接施工参数举例　碳钢及低合金钢与奥氏体不锈钢复合钢板的典型焊接施工参数见表 18-7。

表 18-7　碳钢及低合金钢与奥氏体不锈钢复合钢板的典型焊接施工参数

复合板	规格/mm	焊接顺序	焊缝层次		焊接方法	焊条或焊丝		焊接电流/A	电弧电压/V	焊接速度/(cm/min)	极性
						牌号	直径/mm				
16MnR+SUS321	28+3		基层	1	MMA	E4315	3.2	110～130	21～23	6～10	直流反接
				2							
				3							
				4							
				5							
			过渡层	6		D309L	2.4	70～80	21～23	8～12	直流反接
			覆层	7		A137	3.2	90～100	21～23	8～12	直流反接

续表

复合板	规格/mm	焊接顺序	焊缝层次		焊接方法	焊条或焊丝		焊接电流/A	电弧电压/V	焊接速度/(cm/min)	极性
						牌号	直径/mm				
16MnR+SUS321	10+2	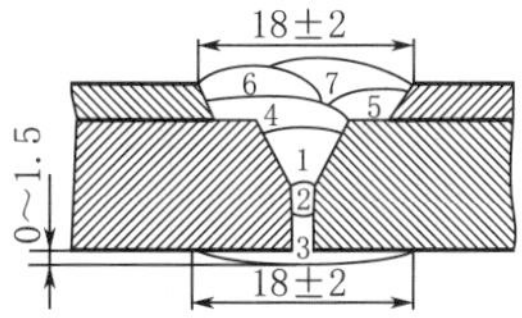	基层	1	MMA	J507	4	140~150	25~27	—	直流反接
				2							
				3	SAW	H10MnSi+HJ350	4	420~450	31~33	5.5~5.8	
			过渡层	4	MMA	A307	4	130~140	22~25	—	直流反接
				5			4			—	
			覆层	6	MMA	A137	4	130~140	22~25	—	直流反接
				7			4			—	
16MnR+00Cr17Ni14Mo2	52+4	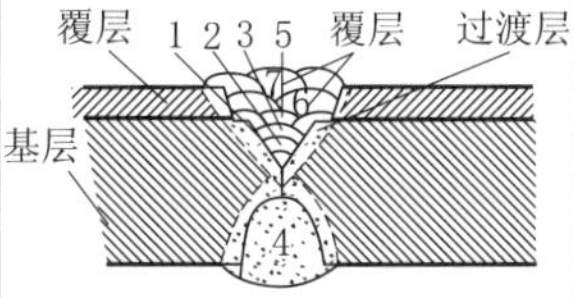	基层	1	MMA	J507	5	220~240	24~28	—	直流反接
				2							
				3							
				4	SAW	H08Mn2Mo	4	560~600	29~32	—	—
			过渡层	5	MMA	E309MoL	3.2	100~120	22~25	—	直流反接
			覆层	6	MMA	E316	4	130~150	23~26	—	直流反接
				7		E316	4	160~180	23~27	—	
20g+SUS321	25+3	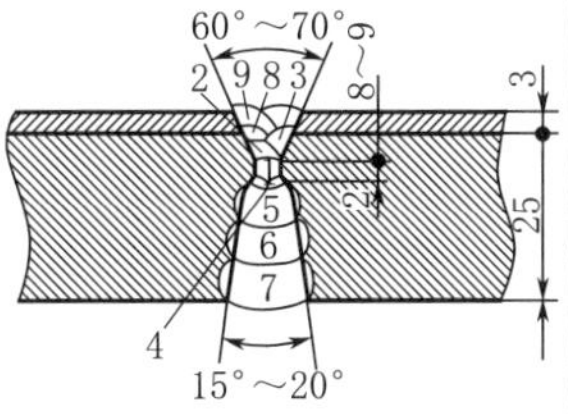	基层	1	MMA	J426	4	160~185	26~32	6	—
				2							
				3			4	210~220	35~40	3~3.3	
				4			5	280~290	35~40	—	
				5	SAW	H08A+HJ431	4	710~720	36~38	18~20	
				6							
				7							
			过渡层	8	MMA	A302	4	145~155	20~26	3	—
			覆层	9	MMA	A132	4	150~160	20~26	4	—
Q235A+00Cr17Ni14Mo2	12+2	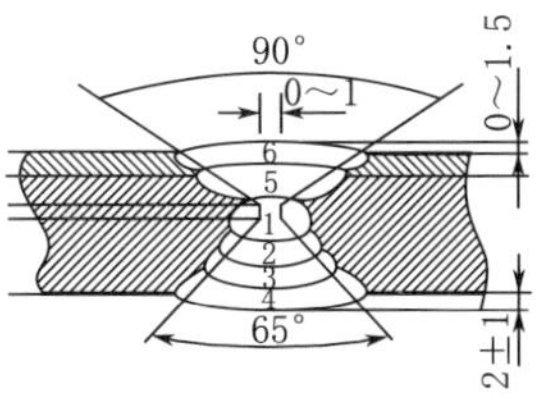	基层	1	MMA	J422	3.2	120~135	22~23	—	交流
				2	MMA	J422	4	160~170	24~28	—	
				3	MMA						
				4	MMA						
			过渡层	5	MMA	A042	3.2	90~110	22~23	—	直流反接
			覆层	6	TIG	00Cr17Ni14Mo2	2×2	140~150	16~18	—	直流正接

续表

复合板	规格/mm	焊接顺序	焊缝层次		焊接方法	焊条或焊丝		焊接电流/A	电弧电压/V	焊接速度/(cm/min)	极性
						牌号	直径/mm				
16Mn+316L	24+3	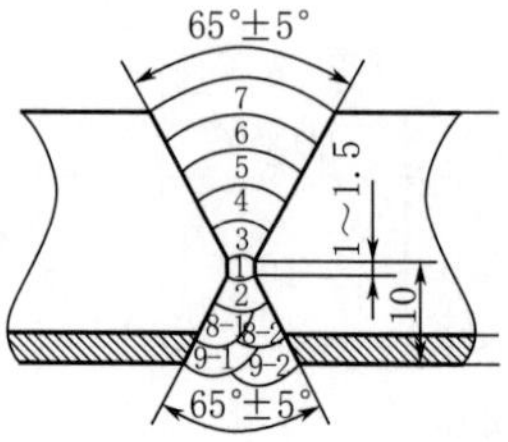	基层	1	MMA	E5015	3.2	95	21	—	直流反接
				2	MMA	E5015	3.2	115	24	—	
				3	MMA	E5015	4.0	185	27	—	
				4							
				5							
				6							
				7	SAW	H10MnSi	4.0	580	37	41.6	
			过渡层	8	MMA	CHS042	3.2	110	24	12	直流反接
			覆层	9	MMA	CHS022	3.2	110	24	12	直流反接

注：MMA—焊条电弧焊；SAW—埋弧焊。

第十九章 修复焊接施工、铸铁焊接与焊补

第一节 修复焊接施工

一、 修复焊接与堆焊金属

1. 修复焊接

现代工业的发展对各种机械设备零部件的性能要求越来越高，一些在高速、高温、高压、重载荷、腐蚀介质等条件下工作的零部件，往往因其局部磨损或损坏而使整个零部件工作性能降低甚至报废，最终导致设备或装备停用。而有些连续工作的流水生产线，因某台设备的故障就可能导致整条生产线的停止运行，在经济上将带来十分严重的后果。随着先进制造工艺和材料的不断发展，使原先的原样修复成为可实现超过原始性能的改造性修复。“再制造”已成为降低成本、节材、节能、延长使用寿命、改善环境及可持续发展的有效措施，再制造工程技术属于绿色先进制造技术，是对先进制造技术的补充和发展。修复焊接技术是相对于生产性焊接技术而言，仅仅是更侧重于将焊接工艺用于维修和维护。使因磨损而失效的零部件和因产生裂纹而不能正常工作的构件可以重新使用，修复焊接的目的在于恢复零部件的尺寸或增强零部件表面耐磨、耐热、耐腐蚀等方面的性能。因此，修复焊接除了具有一般焊接方法的特点外，还有其特殊性。

2. 堆焊金属

堆焊是修复焊接的主要方法之一，堆焊金属可分为铁基、钴基和镍基三大类。铁基堆焊金属是堆焊材料中使用最广最多的一种。铁基堆焊金属可根据其金相组织及显微结构再细分，每一种材料对某项具体的磨损因素可能表现出更好的耐磨性或具有更好的经济性，也可能同时具有抗两种以上磨损的性能。钴基和镍基堆焊金属也具有良好的耐各类磨损的性能，特别是在高温条件下的各类磨损，但由于其价格昂贵，只用于特殊产品。按照使用特性可将

堆焊金属划分为珠光体型、马氏体型、奥氏体型、高铬铸铁型、碳化钨型及钴基合金型等，各类堆焊金属的主要特征与性能汇总于表 19-1 中。

表 19-1　各类堆焊金属的主要特征与性能

组织与成分 \ 性能和特征		硬度	主要特征	主要性能						
				耐金属间磨损	耐磨料磨损	耐高温磨损	耐汽蚀性	耐腐蚀性	耐热性	耐冲击性
珠光体型		200～400HV	抗裂性好，机械加工容易	良	中	差	—	—	差	良
马氏体型	低合金系	40～60HRC	硬度高，耐磨性好，使用范围广泛	良	良	中	—	差	中	中
	13%Cr 系	C40～50HRC	耐蚀耐磨性好，适于中温下工作	良	中	良	良	良	良	中
奥氏体型	13%Mn 系	200～500HB	韧性很好，加工硬化性大	差	良	差	中	差	差	优
	16%Mn-16%Cr 系	200～400HB	高温下的硬度高，韧性好	良	中	中	良	良	良	良
	高铬镍系	250～350HB	600～650℃下的硬度高，耐蚀性好	良	差	良	良	良	良	优
高铬铸铁合金		50～66HRC	耐磨料磨损性优良，耐蚀耐热性良好	中	优	优	差	良	良	差
碳化钨合金		>50HRC	耐磨料磨损性极好	差	优	差	差	差	差	差
钴基合金		35～58HRC	高温下的硬度高，耐磨耐热性良好	良	良	优	优	优	优	中

一般情况下，同一磨损类型，堆焊金属层硬度高时则耐磨性好，硬度低时则耐磨性差，但耐冲击性好。实际上，磨损过程是一个非常复杂的动态过程，而硬度则是一个静态参量，不能全面、正确地反映这一动态过程，因此不能简单地以硬度来作为判断其耐磨性的唯一指标。硬度和耐磨性之间不存在完全对应的关系。堆焊金属的耐磨性取决于其中硬质相的总量、各硬质相的性能和它们的形态与分布、基体的硬度和韧性等。例如，许多优质的堆焊材料的高耐磨性能取决于弥散分布在基体中的碳化物，这些碳化物的硬度大于基体硬度，但韧性小于基体韧性。如果做一个整体硬度测试，测量出碳化物与基体的平均硬度，结果往往是测得的平均硬度与其他普通金属硬度一样。但实际上，含有碳化物的堆焊材料却具有普通金属无法比拟的耐磨性。

另外，不同的堆焊金属即使有相同的整体硬度，也不能仅以此评判它们具有相同的耐磨性。耐磨性，尤其是抗低应力、高应力磨料磨损性，既取决于金属硬度，又取决于金属的显微结构，而显微结构则取决于基体中所含碳化物的比例及碳化物的类型。碳化物硬度高、分布均匀、含量多的堆焊合金具有最好的抗高应力、低应力磨料磨损性。

二、　修复焊接磨损件

机械零部件的表面磨损是众多厂矿企业经常遇到的问题。用焊接方法修复已磨损的零件是一种很常用的工艺方法，修复后的零件不仅能正常使用，很多情况下还能超过原工件的使用寿命，因为将新工艺、新材料用于修复焊接，可以大幅度提高原有零部件的性能。

1. 金属磨损类型

磨损主要有以下五种类型：磨料磨损、冲击磨损、黏着磨损、高温磨损及腐蚀磨损。

（1）磨料磨损　可大致分为三种情况。

① 低应力擦伤式磨料磨损。这种磨损是由各种硬的、尖的磨料以不同的速度多次擦过金属表面造成的金属件磨损。磨料的摩擦速度、硬度、切削边的锐度、擦切的角度及磨料的大小都会影响磨损的程度。此类磨损的强度是较小的。

② 高应力磨削式磨料磨损。相比擦伤式磨损，此类磨损强度大得多，它主要是因为小而坚硬的磨料被足以使磨料碾碎的强大力量以磨削的方式擦过金属件表面。通常这股强大的压力由中间夹着磨料的两个金属部件相互运动产生，通常会使金属表面擦伤或破裂。

③ 凿削式磨料磨损。当低应力或高应力磨料磨损再结合一定程度的冲击及重力作用时，其磨损强度是很大的。当大块磨料（通常是岩石）受压力与金属部件发生摩擦时，金属表面会留下明显的凿痕或凹槽。磨料摩擦的速度低，好比铲斗挖土；磨料摩擦的速度快，则好比将岩石研碎。无论速度快慢，其磨料对金属部件产生的作用均类似于切削工具的切削作用。

（2）冲击磨损　冲击力是急速加压下对金属表面所产生的瞬间极高的机械压力。当此压力超过了金属部件所能承受的弹性极限，则不仅在冲击点下的金属，且在垂直于冲击点周围的金属均会变形。极具脆性的金属不能承受这种变形力，因为会在重度冲击或不断的轻度冲击下产生裂缝。即使金属具有很好的延展性而不致产生裂缝，但在长期不断的冲击下，有时会在冲压金属外边形成蘑菇状，直至最后削去外边。冲击的常见形式是高速行驶的火车车轮与铁轨端面之间的撞击。

（3）黏着磨损（又称金属间磨损）　这种金属间磨损主要由金属间的无润滑摩擦造成，当两个金属表面相互移动时，接触面上产生较高的应力，使接触面上发生塑性流动，造成接触点上金属的黏着和焊合，这种黏着和焊合在零件移动时，会造成微小金属的转移。一部分转移的金属会因加工硬化、疲劳、氧化或其他原因而脱离出来，形成游离的磨屑，造成零件材料表面的耗失。由于连续磨去金属，使工件表面粗糙不平，从而加速了磨损。这种形式的磨损常常发生在旋转轴与轴承之间。

（4）高温磨损　长时间暴露在高温环境下的金属表面会逐渐老化；过热将导致零件晶粒长大、蠕变、结垢、表面龟裂及软化。高温也会影响金属的显微组织，并逐渐降低其耐用性。因为回火后的软化作用，使大多数的合金钢抗磨损性能在高温下减弱。在炉中持续加热或冷却的零件，例如锅炉喷嘴，由于长期在高温下工作，会快速磨损。

（5）腐蚀磨损　黑色金属易受多种形式的腐蚀，这是由于化学作用引起的材料损失。最常见的是生锈。金属表面氧化生成铁锈，久而久之，产生剥离，从而削减原金属件的厚度。

2. 修复焊接磨损件时的焊材选用

各种堆焊用的焊条及焊丝，根据被焊工件的情况配合适当的堆焊工艺，均可用来修复各种磨损件。在我国的焊接材料产品手册（哈尔滨焊接研究所编）中，堆焊焊条品种比较齐全，堆焊焊条包括了各种堆焊合金产品，可基本满足各类磨损件的修复要求。堆焊合金的选用，首先要考虑满足零件在工作条件下的使用性能要求。为此，首先要了解被堆焊零件的工作条件（温度、介质、载荷等），明确在运行过程中损伤的类型。再选取最适宜抵抗这种损伤类型的堆焊合金。其次，要考虑到焊接层的性能，堆焊合金应与基体熔合良好，也要充分估计到基体稀释对堆焊层性能的影响。当基体材料碳当量较高时，为了防止产生裂纹，可考虑预热、保温、缓冷等工艺措施，也可采用添加中间过渡层的方法。

堆焊合金的品种及堆焊层金属的化学成分与硬度列于表 19-2 中。

表 19-2　堆焊合金的品种及堆焊层金属的化学成分与硬度

堆焊合金品种	合金系	堆焊层金属化学成分/%									堆焊层硬度/HRC	焊条举例
		C	Mn	Si	Cr	Ni	Mo	W	其他	余量		
低碳低合金钢	1Mn2	≤0.20	≤3.50	—	—	—	—	—	—	Fe	≥220HB	D107
	1Mn3	≤0.20	≤4.50	—	—	—	—	—	—		≥30	D126
	1Cr3	≈0.10	≈0.7	≈0.5	≈3.2	—	—	—	—		≈31	D156
	1Cr2Mo	≤0.25	—	—	≤2.0	—	≤1.50	—	≤2.0		≥220HB	D112
中碳中合金钢	5Cr3Mo	≤0.50	—	—	≤3.0	—	≤1.50	—	—	Fe	≥30	D132
	5Cr2Mo2	≤0.50	—	—	≤2.5	—	≤2.50	—	—		≥40	D172
	4Mn6Si	≤0.45	≤6.50	≤1.00	—	—	—	—	—		≥50	D167
	5Cr5Mo4	0.30～0.60	—	—	≤5.0	—	≤4.0	—	—		≥50	D212
高碳低合金钢	7Cr3Mn2Si	0.50～1.0	≤2.50	≤1.00	≤3.5	—	—	—	≤1.0	Fe	≥50	D207
铬钨钼热稳定钢	5CrMnMo	≤0.60	≤2.50	≤1.00	≤2.0	—	≤1.0	—	≤1.0	Fe	≥40	D397
	3Cr2W8	0.25～0.55	—	—	2.0～3.5	—	—	7～10	≤1.0	Fe	≥48	D337
	5W8Cr5Mo2V	≤0.50	—	—	≤5.0	V≤1.0	≤2.5	7～10	≤1.0	Fe	≥55	D327
高铬钢	1Cr13	≤0.15	—	—	10～16	—	—	—	≤2.5	Fe	≥40	D507
	1Cr13Ni5Mo2W2	≤0.20	—	—	10～16	≤6.0	≤2.50	≤2.00	≤2.5		≥37	D507Mo
	1Cr13Mo2Nb	≤0.15	—	—	10～16	—	≤2.50	Nb≤0.50	≤2.5		≥37	D507MoNb
	1Cr13BSi	≤0.15	—	0.15～1.5	12.5～14.5	—	0.5～1.5	—	B:1.3～1.8		40～45	F312
	2Cr13	≤0.25	—	—	10～16	—	—	—	≤5.0		≥45	D512
	3Cr13	≤0.30	—	—	10～16	—	—	—	—		40～49	—
	12Cr13	0.91～1.5	—	—	10～16	—	—	—	—		≥50	—
高锰、高铬锰奥氏体钢	Mn13	≤1.1	11～16	≤1.3	—	—	—	≤5.0	—	Fe	≥170HB	D256
	Mn13Mo2	≤1.1	11～18	≤1.3	—	—	≤2.50	—	≤1.0		≥170HB	D266
	Mn12Cr13	≤0.8	11～18	≤1.3	13～17	—	—	—	≤1.0		≥210HB	D276
铬镍奥氏体钢	Cr18Ni8Si5Mn	≤0.18	0.6～2.0	4.8～6.4	15～18	7～9	—	—	—	Fe	270～320HB	D547
	Cr20Ni11Mo4Si	≤0.18	0.6～5.0	3.8～6.5	14～21	6.5～12	3.5～7.0	Nb:0.5～1.2	—		≥37	D547Mo
	Cr18Ni8Si7Mn2	≤0.20	2.0～3.0	5～7	18～20	7～10	—	—	—		≥37	D557
高速钢	W18Cr4V	0.7～1.0	—	—	3.8～4.5	—	—	17～19.5	V:1.0～1.5	Fe	≥55	D307

续表

堆焊合金品种	合金系	堆焊层金属化学成分/%									堆焊层硬度/HRC	焊条举例
		C	Mn	Si	Cr	Ni	Mo	W	其他	余量		
合金铸铁	W9	1.5～2.2	—	—	—	—	—	8～10	—	Fe	≥50	D678
	Cr4Mo4	2.5～4.5	—	—	3.0～5.0	—	3.5～5.0	—	—		≥55	D608
	Cr5W11	≤3.0	—	—	4～6	—	—	8.5～14	—		≥60	D698
高铬合金铸铁	Cr30WB	1.5～3.0	—	≤1.5	25～35	—	—	2～5	B:0.5～2.0	Fe	≥60	D648WB
	Cr30	1.5～3.5	<1.0	—	22～32	—	—	—	≤7		≥45	D646
	Cr28Ni4Si4	2.5～5.0	0.5～1.5	1.0～4.8	25～32	3～5	—	—	—		≥48	D667
	Cr28Mn3B	3.0～4.0	1.5～3.5	≤3.0	22～32	B:0.5～2.5	—	—	—		≥58	D687
	Cr18MnMo	≤4.0	1.0～2.5	—	15～25	—	1.0～2.0	—	≤1.0		≥58	D618
	Cr28Mo5	3.0～5.0	—	—	20～35	—	4.0～6.0	—	V≤1.0		≥60	D628
碳化钨合金	W45MnSi4	1.5～3.0	≤2.0	≤4.0	—	—	—	40～50	—	Fe	≥60	D707
钴基合金	Co基Cr30W5	0.7～1.4	≤2.0	≤2.0	25～32	—	Co余量	3～6	Fe≤5.0	—	≥40	D802
	Co基Cr30W8	1.0～1.7	≤2.0	≤2.0	25～32	—	Co余量	7～10	Fe≤5.0		≥44	D812
	Co基Cr30W12	1.75～3.0	≤2.0	≤2.0	25～33	—	Co余量	11～19	Fe≤5.0		≥53	D822
	Co基Cr30W9	0.20～0.50	≤2.0	≤2.0	25～32	—	Co余量	≤9.5	Fe≤5.0		28～35	D842

3. 堆焊焊材的发展方向

堆焊焊材的发展方向，国外报道主要有两个方面。一是在加强对堆焊金属磨损机理方面研究的基础上，开发出多元合金强化的堆焊金属，以提高其抗磨损性。例如美国麦凯（McKAY）的 Tube-Allay 218TiC-O 和 Tube-Allay 258TiC-O 明弧焊丝，分别在 13%Mn 系的高锰钢和马氏体合金钢基础上含有大量 TiC 颗粒，大大提高了耐磨性，其堆焊金属成分与性能列于表 19-3 中。二是大力发展明弧焊药芯焊丝，明弧焊药芯焊丝实际上是一种自保护药芯焊丝，通过药芯中合金及其他成分在焊接中的汽化及脱氧、固氮，成功地实现了药芯焊丝的合金元素自保护。自保护药芯焊丝由于不需要气体保护，非常适合在高空及室外施工。一般自保护药芯焊丝抗风能力强，作为堆焊用途，即使偶尔有少量空气中的氮侵入焊缝，形成氮化物，还能适当提高硬度，而不会像结构钢焊接那样，因氮的侵入而使焊缝金属韧性降低。例如在轧辊堆焊中采用明弧摆动焊，且以氮代替碳的方法，焊道中碳含量很低，提高了耐热性和耐蚀性；同时有氮的过渡，使焊缝硬度不但不会降低，反而会有相应提高。自保护药芯焊丝明弧自动焊，因其综合性能优异，正逐步取代埋弧自动焊，成为堆焊自动化发展的新潮流。

表 19-3 美国 McKAY 明弧焊用自保护药芯焊丝的典型成分与性能

牌号	堆焊金属化学成分/%							硬度/HRC	
	C	Mn	Si	Cr	Ti	Mo	Fe	2层	加工硬化后
Tube-Allay 218TiC-O	2.00	13.00	0.60	3.20	3.50	—	余	30	50～55
Tube-Allay 258TiC-O	2.10	1.30	1.80	7.00	6.00	1.60	余	55	—

三、 修复焊接零部件裂纹

焊接结构或机械零部件运行中出现的裂纹不仅给生产带来许多困难，而且可能造成灾难性的事故。据统计，焊接结构所出现的各种事故中，除少数是由于设计不当、选材不合理和运行操作上的问题之外，绝大多数是由裂纹引起的破坏。焊接结构或机械零部件中的裂纹危害很大，对产生裂纹的焊接结构或机械零部件进行修复焊接，已经引起许多焊接工作者的关注，积累了许多宝贵的经验。焊接生产中如何避免产生裂纹以及一旦出现裂纹应如何进行修复焊接，是工程中十分重要的问题。以“预防为主”，就必须善于控制各种影响裂纹的因素，制定出最佳焊接工艺。在一定生产工艺条件下，是否会产生裂纹，出现裂纹后如何修复，应充分进行焊接性分析，必要时进行抗裂性试验。

1. 修复焊接零部件裂纹的应用范围

① 各种轴类零件的修复焊接，如柴油机曲轴裂纹的修复焊接、磨煤机变速箱高速轴断裂后的修复焊接、空心轴裂纹的修复焊接、轧机齿轮轴的修复焊接等。

② 电站锅炉蒸汽管道、管座裂纹的修复焊接，热锻模底座裂纹的修复焊接等。

③ 水轮机和汽轮机损坏件的修复焊接，如水泵壳体裂纹的修复焊接、汽轮机主气门裂纹的修复焊接等。

④ 各种机械加工设备床身、底座等裂纹的修复焊接，如大型卷板机机座和刀刃板裂纹的修复焊接、立式车床主刀杆的断裂修复焊接及大型球磨机裂纹的修复焊接等。

⑤ 各种车辆的运载工具主轴、框架和车体裂纹的修复焊接，如机车、载重汽车等。

⑥ 柴油机气缸、电动机底座、水泵外壳裂纹的修复焊接等。

随着焊接技术的不断发展，修复焊接的应用领域日益广泛。修复焊接或堆焊在包括各个尖端技术部门在内的许多工业领域，其应用的深度和广度还会继续扩大。合理地采用并推广修复焊接或堆焊技术具有重大的社会经济意义。在日常运行中，机械构架及零部件发生裂纹及断裂是难免的，其中的绝大部分都可以通过焊接进行修复。

2. 修复焊接零部件裂纹时焊材的选择

从理论上讲，所有焊接材料都既可用于生产性焊接，也可用于修复性焊接。对于大多数已知材质的结构而言，修复焊接用的焊接材料，原则上要求与结构材料类型相同或相近，且希望焊接材料具有较高的韧性。例如一般低碳钢结构可选用 J427/J426(E4315/E4316)、J507/J506(E5015/E5016) 或 J507RH(E5015-1) 等碱性焊条；对于低合金高强钢结构，可选用强度相当或略低的低合金高强钢焊条；对于不锈钢结构，可按其材质类型分别选用

A102(E308-16)、A202(E316-16) 等不锈钢焊条；对铸铁件可根据其结构特点及材质来选择热焊用铸铁焊条如 Z208、Z248，也可选择冷焊用镍基铸铁焊条如 Z308(纯镍型)、Z408(镍铁合金型) 等。选好焊条后分别配合适当的焊接工艺进行焊补。常用堆焊合金的品种及主要成分参见表 19-2。

但实际工作中并非这样简单，有时经常会遇到材质不清的情况。当一台损坏的设备或零部件出现裂纹或发生断裂时，需要立即修补，但是却不能确切地知道金属的材质，也没有时间或条件去进行化验，也有时明知其材质属于高碳钢或弹簧钢等非常“难焊”的材料，为此常需要有一种“万能”的焊材，要求它能够适应尽可能多种类型的材质，如异种钢、高碳钢、弹簧钢及其他难以焊接的钢材，并且焊后还可进行机械加工。此时，这种焊材的熔敷金属虽然不能全面符合被焊工件的各种性能要求，但它至少应保证有足够的强度，且抗裂性优良。目前，国外的焊材生产企业专为维修研制了一些焊材，如美国 ITW 集团 MAGNA 公司的万能 303 焊条，它号称适于焊接所有钢材，包括弹簧钢、高硫钢、不锈钢、高碳钢、镀锌钢、高锰钢、工具及模具钢、铸钢及防震钢等，并可在高锰钢零件堆焊中作缓冲过渡层用。此时，这种焊条价格尽管很贵，每公斤高达数百元甚至上千元，但对于因停机而急切等待修理的设备，停工一天将损失数十万元甚至上百万元产值的重要部门，如电站、石化企业等行业来讲，还是物有所值的。在此简单介绍几种国外专门用于维修难焊材质的焊材，具体见表 19-4。

表 19-4　国外维修难焊材质的专用焊材牌号与合金类型的近似对应

熔敷金属合金类型	焊材类型	美国万能 MAGNA	美国梅塞 MESSER	奥地利伯乐 Bohler	德国 UTP	瑞士 Castolin	瑞典 ESAB
Cr29Ni9 或 0Cr29Ni9Mn6	焊条	303	MG 600 MG 601	Fox CN29/9 Fox CN29/9-A	65 65D 651	680S 680CGS 2222XHD	OK 68.81 OK 68.82
	实心焊丝	303TIG	MG 600TIG		A 651	TIG680	
Cr18Ni8Mn6	焊条		MG 750	Fox A7 Fox A7-A	63 630		OK 67.45 OK 67.52
	实心焊丝			A7 CN-IG A7-IG	A 63	45554	
	药芯焊丝			A7-FD A7 PW-FD			OK Tubrodur 14.71
NiCr15Fe6Mn7	焊条	8N12	MG 690	Fox NIBAS70/20	068 HH 7015	670E 2222M	
	实心焊丝			NIBAS 70/20-IG	A 068HH	45613W	
	药芯焊丝			NIBAS 70/20-FD	AF 068HH AF 7015	DO 22	

有关表 19-4 中焊材的特性及用途简述如下。

① 万能 303/MG 600 类焊材是 Cr29Ni9 型双相不锈钢焊材，熔敷金属具有极佳的抗裂性，可满足最苛刻的焊接要求。主要用于各种难焊金属及异种钢，具有优良的抗裂性，适于堆焊各类材质，如奥氏体钢、铁素体钢、高锰钢、工具钢等。在机械和传动装置（轴类、齿轮及机架）的维护和修补中也得到大量应用。此外，还非常适于作为高硬度耐磨层堆焊之前用的过渡层和填充层。

② MG 750 类焊材是 Cr18Ni8Mn6 型奥氏体不锈钢焊材，熔敷金属韧性高，塑性好，抗

裂性优良，可加工硬化，抗氧化温度可达850℃。用于焊接维修及堆焊难焊钢，也可用于堆焊承受冲击载荷和滚动磨损的工件，如弯轨、破碎机和挖掘机、锤式粉碎机等。此外，还可用于高硬度耐磨层堆焊前的阻裂过渡层堆焊。

③ 万能8N12/MG690类焊材是NiCr15Fe6Mn7型镍基合金焊材，熔敷金属为全奥氏体组织，对脆性不敏感，低温韧性好，耐腐蚀，耐热冲击，即使高温下也不出现碳向焊缝中扩散，主要用于碳钢、合金钢、镍合金、铜合金等金属材料的焊接。尤其是因为该镍基合金的线胀系数介于碳钢和不锈钢之间，更适合于交变热循环工作环境下的异种钢材焊接，如电厂的钢研102钢管与TP304管的焊接。

第二节　铸铁焊接与焊补

一、铸铁的焊接性

铸铁是碳含量大于2%的铁碳合金。由于碳含量高，组织不均匀，塑性低，所以属于焊接性不良的材料。在焊接过程中极易产生白口、裂纹和气孔等缺陷。铸件在铸造过程中经常会出现各种各样的缺陷（如砂眼、缩孔、未浇满、裂纹等），在使用中也会发生损坏，这时都需要对铸件进行焊接或焊补。铸铁的焊补是比较困难的，主要是因为：铸铁与钢相比，强度低，塑性极差，焊接部位即使仅有较小的局部收缩，也容易产生裂纹；焊接部位被熔化后冷却时，容易产生白口，非常硬脆，造成切削加工困难。因此，铸铁的焊接性是很差的。铸铁焊补往往是“三分材料，七分工艺”，要想顺利地进行铸铁焊补，除了合理选用各种铸铁焊条外，还必须采用适当的施工方法及相应的工艺措施。

二、铸铁焊补方法及铸铁焊条

铸铁焊补方法大体分为预热焊和冷态焊两种；所采用的铸铁焊条有铁基（Z208、Z248、Z117）、铁镍基（Z408）、镍铜基（Z508）及镍基（Z308）几种类型，常用铸铁焊条的特性和用途汇总于表19-5中；参照铸铁焊条的性能特征，根据母材是灰口铸铁、球墨铸铁或可锻铸铁的不同来选择铸铁焊条时，可参照表19-6进行。在实际生产应用时，通常按照不同的铸铁材料、切削加工要求以及修补件的重要性加以综合分析后进行选择，典型缺陷焊补方法及焊接材料的选用汇总于表19-7中。

表19-5　常用铸铁焊条的特性和用途

焊条牌号	操作性能	熔敷金属抗拉强度/MPa（kgf/mm^2）	冷焊时焊接区的性能				施焊工艺及用途
			与母材颜色上的差别	机械加工性能	气孔发生倾向	抗裂性	
Z308	优	284～314（29～32）	有色差（呈白色）	非常容易	小	好	母材即使不预热，焊接部位性能也优良，极易加工。当焊补部位较大或形状复杂时，母材预热到70～150℃为宜。常用于铸铁薄件及加工面的焊补
Z408	优	392～470（40～48）	有色差（呈白色）	容易	小	好	特性与Z308同，但因强度高，特别适于球墨铸铁及重要灰口铸件的焊补。对于焊补部位大或形状复杂的工件需预热到70～200℃

续表

焊条牌号	操作性能	熔敷金属抗拉强度/MPa（kgf/mm^2）	冷焊时焊接区的性能				施焊工艺及用途
			与母材颜色上的差别	机械加工性能	气孔发生倾向	抗裂性	
Z508	良	196～235（20～24）	有色差（呈白色）	容易	小	一般	焊接部位可进行机械加工，但因强度低，抗裂性差，不宜用于受力部位的焊接；为防止裂纹，需预热到150～300℃，可用于一般灰口铸铁件的焊补
Z208 Z248	良	≤294（≤30）	无色差	困难	一般	较差	为防止焊补区硬化及产生裂纹，需预热到200～600℃。价格低廉，可用于一般灰口铸铁件的焊补
Z116 Z117	良	392～588（40～60）	与母材颜色接近	一般	一般	较好	可用于冷焊，加工性比镍基焊条稍差，对焊补部位较大或形状复杂的工件需预热到150～450℃。可用于灰口铸铁、高强度铸铁及球墨铸铁件的焊补

表 19-6 根据铸铁类型的不同选择铸铁焊条

母材	焊接特性	焊条种类				
		Z308	Z408	Z508	Z208 Z248	Z116 Z117
灰口铸铁	缩孔焊补	A	A	A	A	A
	连接	A	A	C	E	B
	裂纹焊补	A	A	B	E	B
球墨铸铁	缩孔焊补	A	A	C	D	B
	连接	C	A	E	E	C
	裂纹焊补	C	A	E	E	C
可锻铸铁	缩孔焊补	A	A	B	D	C
	连接	B	A	E	E	D
	裂纹焊补	B	A	E	E	D

注：A—优；B—良好；C—一般；D—稍差；E—不好。

表 19-7 常见的典型缺陷焊补方法及焊接材料的选用

缺陷名称	铸铁件名称	材质	特点或焊补要求	常用焊补方法及材料	
				焊接方法	焊接材料
研伤	机床	灰口铸铁	要求焊后硬度均匀，可机械加工，无变形	电弧冷焊或稍加预热	Z308、Z508
	大型转子铣床			电弧冷焊	Z308、Z508
	龙门刨床				Z508
	镗床立面				Z308
断裂	机床床身 压力机 空气锤 剪床 冲床	灰口铸铁	要求焊后焊缝与母材等强、变形小、残余应力小	电弧冷焊	Z308、Z408（可机械加工）或Z116
				热焊（易预热、刚度小）	Z248铸铁芯焊条

三、 焊补工艺

① 不预热的场合。一般采用 Z308、Z408、Z508 焊条，有时也可采用 Z116、Z117 焊条。母材表面的砂、油污、锈斑等要彻底清理；为了避免母材熔化过多，减少白口层，尽可能采用小电流、短焊道（每次焊接长度不得超过 50mm）、短弧操作；为了防止母材过热，要保持电弧对准熔池；两层以上焊接时，电弧要对准前一道焊缝，以减少母材的熔入；避免连续焊接，焊后立即用小圆头锤轻轻锤击焊缝，以松弛应力防止裂纹；焊缝要冷却到手摸上去感到微温时（低于 60℃）才能进行下一道焊接；焊接中若发现裂纹、夹渣、凹坑等缺陷时，必须彻底清除掉再进行焊接；板厚 10mm 以上的工件焊接时，最好采用隔离层堆焊法；裂纹焊补时尽量打上防止裂纹延迟孔；收弧时注意填满弧坑，防止产生弧坑裂纹。

② 进行预热的场合。一般采用 Z208、Z248 等焊条。先将焊件母材局部或全部预热到 500～600℃；为了充分利用焊接中产生的热量，采用摆动式连续焊接；焊接中或焊接后尽量保持高温，后热温度为 500～650℃，尽量缓冷（采用石棉粉或其他保温材料覆盖等），缓慢冷却有利于石墨析出；避免在有穿堂风的场所焊接。

③ 锤击作为铸铁焊补的一种辅助工艺措施，是经常被推荐使用的，它可降低收缩应力和变形，有助于防止焊缝金属裂纹。但研究也发现，锤击会使金属脆化，在重度锤击过的焊缝表面层上甚至可能引发裂纹，通常这个锤击脆化层可通过随后熔化覆盖的焊缝金属来消除，但最后一道焊缝金属因锤击而引起的脆化层却无法消除。因此，在一般工厂惯用的焊接方法操作中，可取消锤击最后一道焊缝。

附　　录

附录一　我国主要焊接材料相关标准与ISO标准对照表

附表1-1　我国主要焊接材料相关标准与ISO标准对照表

序号	标准编号	标准名称	采标号	采标程度	ISO标准
1	GB/T 5117—2012	非合金钢及细晶粒钢焊条	ISO 2560:2009	修改	ISO 2560:2009
2	GB/T 5118—2012	热强钢焊条	ISO 3580:2010	修改	ISO 3580:2017
3	GB/T 32533—2016	高强钢焊条	ISO 18275:2011	修改	ISO 18275:2018
4	GB/T 983—2012	不锈钢焊条	ISO 3581:2003	修改	ISO 3581:2017
5	GB/T 13814—2008	镍及镍合金焊条	ISO 14172:2003	修改	ISO 14172:2015
6	GB/T 984—2001	堆焊焊条	ANSI/AWS A5.13:1991	修改	—
7	GB/T 10044—2006	铸铁焊条及焊丝	ANSI/AWS A5.15:1990	修改	ISO 1071:2015
8	GB/T 3670—1995	铜及铜合金焊条	—	—	ISO 17777:2016
9	GB/T 3669—2001	铝及铝合金焊条	—	—	—
10	GB/T 8110—2008 (GB/T 8110—202X)	气体保护焊用碳钢、低合金钢焊丝 (气体保护焊用非合金钢及细晶粒钢焊丝)	ANSI/AWS A5.18M:2005 ANSI/AWS A5.28M:2005 (ISO 14341:2010)	修改 (修改)	ISO 14341:2010
11	GB/T XXXX—202X	钨极惰性气体保护焊用非合金钢及细晶粒钢焊丝	ISO 636:2017	修改	ISO 636:2017
12	GB/T XXXX—202X	气体保护焊用热强钢焊丝	ISO 21952:2012	修改	ISO 21952:2012

续表

序号	标准编号	标准名称	采标号	采标程度	ISO 标准
13	GB/T XXXX—202X	气体保护焊用高强钢焊丝	ISO 16834:2012	修改	ISO 16834:2012
14	GB/T XXXX—XXXX	非合金钢及热强钢气焊填充丝	ISO 20378:2017	修改	ISO 20378:2017
15	GB/T 29713—2013	不锈钢焊丝和焊带	ISO 14343:2009	修改	ISO 14343:2017
16	GB/T XXXX—202X	焊接与切割用保护气体	ISO 14175:2008	修改	ISO 14175:2008
17	GB/T 15620—2008	镍及镍合金焊丝	ISO 18274:2004	修改	ISO 18274:2010
18	GB/T 9460—2008	铜及铜合金焊丝	ISO/DIS 24373:2007	修改	ISO 24373:2018
19	GB/T 10858—2008	铝及铝合金焊丝	ISO 18273:2004	修改	ISO 18273:2015
20	GB/T 30562—2014	钛及钛合金焊丝	ISO 24034:2010	等同	ISO 24034:2015
21	GB/T XXXX—XXXX	镁及镁合金焊丝	ISO 19288:2016	修改	ISO 19288:2016
22	GB/T 10045—2018	非合金钢及细晶粒钢药芯焊丝	ISO 17632:2015	修改	ISO 17632:2015
23	GB/T 17493—2018	热强钢药芯焊丝	ISO 17634:2015	修改	ISO 17634:2015
24	GB/T 36233—2018	高强钢药芯焊丝	ISO 18276:2017	修改	ISO 18276:2017
25	GB/T 17853—2018	不锈钢药芯焊丝	ISO 17633:2010	修改	ISO 17633:2017
26	GB/T XXXX—XXXX	镍及镍合金药芯焊丝	ISO 12153:2011	修改	ISO 12153:2011
27	GB/T 5293—2018	埋弧焊用非合金钢及细晶粒钢实心焊丝、药芯焊丝和焊丝-焊剂组合分类要求	ISO 14171:2016	修改	ISO 14171:2016
28	GB/T 12470—2018	埋弧焊用热强钢实心焊丝、药芯焊丝和焊丝-焊剂组合分类要求	ISO 24598:2012	修改	ISO/DIS 24598:2018
29	GB/T 36034—2018	埋弧焊用高强钢实心焊丝、药芯焊丝和焊丝-焊剂组合分类要求	ISO 26304:2011	修改	ISO 26304:2017
30	GB/T 17854—2018	埋弧焊用不锈钢焊丝-焊剂组合分类要求	—(GB/T 29713—2013、JIS Z 3324:2010)	—	ISO 14343:2017
31	GB/T 36037—2018	埋弧焊和电渣焊用焊剂	ISO 14174:2012	修改	ISO/DIS 14174:2018
32	GB/T 3429—2015	焊接用钢盘条	—	—	—
33	GB/T 4241—2017	焊接用不锈钢盘条	ISO 14343:2009	修改	ISO 14343:2017
34	GB/T 1954—2008	铬镍奥氏体不锈钢焊缝铁素体含量测定方法	ISO 8249:2000	修改	ISO 8249:2018
35	GB/T 3965—2012	熔敷金属中扩散氢测定方法	ISO 3690:2000	修改	ISO 3690:2018
36	GB/T 25776—2010	焊接材料焊接工艺性能评定方法	—	—	
37	GB/T 32532—2016	焊接与切割用钨极	ISO 6848:2004	修改	ISO 6848:2015

附录二 焊接烟尘及其危害

一、 合伯特兄弟公司公布的焊接烟尘及其危害资料

化学品安全技术说明书（MSDS）

本说明书适用于在美国制造或分销的焊接材料及相关产品。可适用于符合美国职业

安全与健康管理局（OSHA）的危害公示标准《29 CFR 1910.1200》，以及1986年发布的公共法《99-499》中的超级基金修正案和再授权法案（SARA），对于特定的要求必须查询标准。

第一节　产品的组别划分

制造商/供应商名称：Hobart Brothers 公司

产品类型：电弧焊焊条

附表 2-1　产品组别划分

组别	A	B	C	D
焊条类别	非低氢型碳钢	低氢型碳钢	低氢型低合金钢	纤维素型高强度钢
AWS 型号	E6010,E6011,E6012,E6013,E6022,E7014,E7024-1	E7016,E7018,E7018-1,E7018-M	E7018-A1，E7018-G，E8018-B2，E8018-B2L,E8018-B6,E8018-B8，E8018-C1，E8018-C2，E8018-C3，E8018-G，E9015-B9，E9018-B3，E9018-B3L,E9018-M,E10018-D2，E10018-M,E11018-M,E12018-M	E7010-P1,E8010-P1，E9010-G,E9010-P1

第二节　有害成分

本节介绍产品制造过程中产生的有害物质。在正常使用这些产品焊接时产生的烟尘和气体在第五节中讨论。本节中的“有害”一词应解释为OSHA危害公示标准（29 CFR 1910.1200）中要求和定义的术语。

附表 2-2　有害物质在各组别产品中的含量和相关标准中允许的排放极限

有害物质	在各产品组别中的质量分数/%				排放上限/(mg/m³)		
	A	B	C	D	CAS No.（符合加拿大安全标准代号）	OSHA PEL（美国劳工部允许排放上限）	ACGIH TLV（美国工业卫生协会允许排放上限）
Fe(＋)	70～90	60～80	60～90	70～90	7439-89-6	5(R) 10(氧化物烟尘形式)	5(R)(Fe_2O_3 形式){A4}
Mn(＃)	1～5	1～5	1～5	1～5	7439-96-5	1 3(短期接触极限) 5(最高限值)	0.2(Mn 的无机化合物形式)
Al_2O_3(＃＃)	＜5	—	—	—	1344-28-1	5(R)	1(R){A4}
$CaCO_3$	—	3～12	5～10	5～10	1317-65-3	5(R) 5(CaO 形式)	3(R) 2(CaO 形式)
纤维素	＜5	＜5	＜5	＜5	9004-34-6	5(R)	10
云母	＜5	—	—	—	12001-26-2	3(R)	3(R)
SiO_2(＋＋)	＜5	＜6	＜5	＜5	14808-60-7	0.1(R)	0.025(R){A2}
无定形 SiO_2					69012-64-2	0.8	3(R)
Si(＋)	—	＜2	＜5	＜2	7440-21-3	5(R)	3(R)
Ti_2O_3	＜10	＜10	＜5	＜5	13463-67-7	15(烟尘形式)	10{A4}
萤石	—	1～12	4～15	—	7789-75-5	2.5(F 元素形式)	2.5(F 元素形式){A4}

续表

有害物质	在各产品组别中的质量分数/%				排放上限/(mg/m³)		
	A	B	C	D	CAS No.（符合加拿大安全标准代号）	OSHA PEL（美国劳工部允许排放上限）	ACGIH TLV（美国工业卫生协会允许排放上限）
Cr(#)	—	—	<9[1]	—	7440-47-3	1(金属形式)	0.5(金属形式){A4}
						0.5(Cr Ⅱ和Cr Ⅲ化合物)	0.5(Cr Ⅲ化合物){A4}
						0.005(Cr Ⅵ化合物)	0.05 (Cr Ⅵ可溶化合物){A1}
							0.01(Cr Ⅵ不可溶化合物){A1}
Ni(#)	—	—	<5[2]	<2	7440-02-0	1(金属形式)	1.5(I)(元素形式){A5}
						1(可溶化合物形式)	0.1(I)(可溶化合物形式){A4}
						1(不可溶化合物形式)	0.2(I)(不可溶化合物形式){A1}
Mo	—	—	<2[2]	<1	7439-98-7	5(R)	10(I); 3(R)(元素和不可溶化合物形式)
							0.5(R) (可溶化合物形式)
$MgCO_3$	<2	<5	<1	<1	546-93-0	5(R)	3(R)
$SrCO_3$(+)	—	<2	<2	—	1633-05-2	5(R)	3(R)
硅酸盐黏结剂(+++)	<10	<10	<10	<10	—	0.1(R) (SiO_2晶体形式)	0.025(R) (SiO_2晶体形式){A2}

备注：

(1) C组别中，该成分在E7018-A1、E8018-C1、E8018-C2以及E10018-D2产品中不存在。

(2) C组别中，该成分在E8018-B2、E8018-B2L、E9018-B3、E9018-B3L以及E10018-D2产品中不存在。

(R)：可吸入肺泡部的微粒。

(I)：可吸入的颗粒。

(+)：OSHA中规定的“未作其他规定的颗粒”或ACGIH中规定的“其他未分类的颗粒”。

所包含的干扰颗粒。

(++)：以结晶二氧化硅（二氧化硅晶体）存在于产品中，因为它存在于包装中。然而，研究表明二氧化硅都是以无定形（非晶体）形式存在于焊接烟尘中。

(+++)：硅酸盐黏结剂存在于产品中，因为它也存在于包装中。研究表明，任何焊接烟尘都是以无定形（非晶体）形式存在的。

(#)：SARA标准第313条规定的可报告的材料。

(##)：SARA标准第313条规定的仅以纤维状存在的可报告的材料。

(###)❶：SARA标准第313条规定的以尘或烟形式存在的可报告的材料。

{A1}：在ACGIH中明确的人类致癌物。

{A2}：在ACGIH中为疑似人类致癌物。

{A3}❶：在ACGIH中确认的动物致癌物，对人类致癌性未知。

{A4}：在ACGIH中不归类为人类致癌物。

{A5}：不被ACGIH怀疑为人类致癌物。

❶ 此处未见，原规范如此。

在OSHA规定的允许暴露限制（PEL）中，焊接烟尘的释放极限已经确定为$5mg/m^3$。焊接烟尘中的单个复杂化合物释放极限可能比一般的焊接烟尘中的更低。对于工业卫生师来说，具体烟尘成分及其各自的释放限值应参照《29 CFR 1910.1000》OSHA PEL允许的空气污染物释放限值以及ACGIH规定的释放限值（TLV）。

第三节　物理化学特性

本表[1]的焊接材料在运输过程中为固体且不可挥发。

第四节　易燃易爆信息

本表[1]所涉及的焊接材料在运输时是非反应性的，不易燃的，非爆炸性的，并且在焊接之前基本上是无危险的。焊接电弧和火花能点燃可燃物和易燃物。见美国国家标准Z49.1第七部分。

第五节　产品反应信息——有害物质的分解释放/工业卫生信息

焊接烟尘和气体不能简单分类，两者的组成和数量取决于所焊接的母材、过程、工艺以及焊条品种。大多数烟气成分以复合氧化物和化合物形式存在，而不是以纯金属形式。

其他对工人可接触到的烟尘和气体的成分和数量产生影响的因素包括：焊接母材上的涂层（如油漆、电镀层或镀锌）、焊工数量和工作区域的体积、通风设备的质量和数量、焊工头部相对于烟气流动的位置，以及大气中存在的污染物（例如清洁和脱脂活动中产生的氯化烃蒸气）。

当焊条被熔化时，产生的烟尘和气体分解产物的百分比及存在形式与第二节中列出的成分不同。正常操作的分解产物包括源自第二节中所示物质的挥发、反应或氧化的产物，以及前文所述的基体金属和涂层等。

合理的预期烟尘成分为以铁的氧化物和氟化物为主，其次包括钙、锰、铝、铬、镍、硅、钼、镁和钛的复合氧化物。

监测第二节中包含的物质，使用本产品产生的烟尘可能含有氟化物、锰、氧化钙、铬和镍的化合物、二氧化钛、二氧化硅、云母和无定形硅粉，其释放量低于一般焊接烟尘的$5mg/m^3$释放上限。

气态反应产物可包括一氧化碳和二氧化碳，电弧的辐射也可以形成臭氧和氮氧化物。

一种确定工人接触到的烟尘、气体的成分和数量的推荐方法，是在焊工所戴头盔内或工人的呼吸区域内采集空气样本。此外，AWS的F1.3“评估焊接环境中的污染物-采样策略指南”，也提供了有关采样的其他建议。

第六节　健康危害信息

1. 过度接触的影响

电弧焊接可能产生一种或多种危害，电弧辐射能够灼伤眼睛和皮肤。受电击可致命，见第七节。焊接烟尘和气体危害健康，主要危害途径是通过呼吸系统、眼睛、皮肤等。

（1）短期（急性）过度接触的影响

焊接烟尘：可能导致头晕、恶心、鼻子干燥、喉咙或眼睛刺激等不适。

铁、氧化铁：以烟尘形式存在，危害暂时无从知晓。

锰：金属烟热病，其特征是发冷、发烧、胃部不适、呕吐、喉咙刺激和身体酸痛，通常在脱离过度接触后48h内才能恢复。

---

[1] 指附表2-2。

氧化铝：刺激呼吸系统。

氧化钙：灰尘或烟雾可能会刺激呼吸系统、皮肤和眼睛。

云母：灰尘可能会刺激呼吸系统、皮肤和眼睛。

二氧化硅（无定形）：灰尘和烟雾可能会刺激呼吸系统、皮肤和眼睛。

二氧化钛：刺激呼吸系统。

氟化物：氟化物反应可能导致皮肤和眼睛灼伤、肺水肿和支气管炎。

铬：吸入含铬（Ⅵ）化合物的烟尘会引起呼吸道刺激、肺损伤和哮喘样症状；吞咽铬（Ⅵ）盐会导致严重的伤害或死亡；皮肤上的烟尘会形成溃疡；眼睛可能被铬（Ⅵ）化合物灼伤；部分人可能会发生过敏反应。

镍及镍化合物：金属味、恶心、胸闷、金属烟热病、过敏反应。

钼：眼睛、鼻子和喉咙的刺激。

镁、氧化镁：其特征是金属味，过度接触氧化物可能会产生金属烟热病，导致胸闷和发烧，脱离过度接触后症状可持续24～48h。

硅酸盐黏结剂［二氧化硅（无定形）］：灰尘和烟雾可能会刺激呼吸系统、皮肤和眼睛。

（2）长期（慢性）过度接触的影响

焊接烟雾：过度接触可能导致支气管哮喘、肺纤维化、肺尘埃沉着病或“缺铁”。

铁、氧化铁烟尘：可能导致肺部铁沉积，一些研究人员认为这可能影响肺功能的继发性疾病，停止接触铁及其化合物时，肺会及时清除，铁和磁铁矿（Fe_3O_4）不被视为肺纤维化物质。

锰：长期过量接触锰化合物可能会影响中枢神经系统，症状可能与帕金森病相似，包括动作迟缓、书写笔迹变化、步态障碍、肌肉痉挛和痉挛以及不太常见的震颤和行为障碍，过度接触锰化合物的员工应该去医院检查，以便及早发现神经系统问题，过量接触锰和锰化合物超过安全接触限值，会对包括大脑在内的中枢神经系统造成不可逆转的损害，其症状可能包括言语不清、嗜睡、震颤、肌肉无力、心理障碍和痉挛性步态。

氧化铝：肺纤维化和肺气肿。

氧化钙：长时间过度接触可能导致皮肤溃疡和鼻中隔穿孔、皮炎和肺炎。

云母：长时间过度接触可导致肺部疤痕和肺尘埃沉着病，特征是咳嗽、呼吸短促、虚弱和体重减轻。

二氧化硅（无定形）：研究表明，二氧化硅以无定形形式存在于焊接烟气中，长期过度接触可能导致肺尘埃沉着病，非晶形式的二氧化硅（无定形二氧化硅）被认为几乎没有纤维化可能。

二氧化钛：肺部刺激和轻微纤维化。

氟化物：严重的骨侵蚀（骨质疏松症）和牙齿斑点。

铬：鼻中隔的溃疡和穿孔，呼吸道的刺激可能引发类似哮喘的症状，研究表明，暴露于六价铬化合物中的铬酸盐生产工人肺癌发病率高，铬Ⅵ化合物比铬Ⅲ化合物更容易通过皮肤吸收，正确做法要求减少员工接触铬Ⅲ和铬Ⅵ化合物。

镍及镍化合物：肺纤维化或肺尘埃沉着，研究表明，镍精炼厂工人肺癌和鼻癌的发病率较高。

钼：长时间过度接触可能导致食欲不振、体重减轻、肌肉协调性丧失、呼吸困难和贫血。

镁及氧化镁：尚无不利长期健康影响的文献报道。

硅酸盐粘结剂［二氧化硅（无定形）］：研究表明二氧化硅以无定形形式存在于焊接烟气

中，长期过度接触可能导致肺尘埃沉着病，非结晶形式的二氧化硅（无定形二氧化硅）被认为几乎没有纤维化可能。

2. 医学限制更加严格

肺功能受损的人（哮喘样病症）、有心脏起搏器的人员，在咨询医生之前，不应接近焊接和切割操作。呼吸器要在公司指定医生进行医学清理后才能佩戴。

3. 急救程序

呼叫提供医疗援助，采用美国红十字会推荐的急救措施。如果眼睛和皮肤接触后出现刺激或闪光灼伤，请咨询医生。

4. 致癌性

铬Ⅵ化合物、镍化合物和二氧化硅（结晶石英）被归类为IARC第1组和NTP第K组致癌物，二氧化钛被归类为IARC的2B组致癌物。在OSHA(29 CFR 1910.1200）规定下，铬Ⅵ化合物、镍化合物、二氧化硅（结晶石英）和焊接烟尘被明确视为致癌物质。

5. 加利福尼亚州提案65中对致癌物的规定

对于B组、C组和D组产品的警告：本产品含有或产生被加利福尼亚州认定为已知的、可导致癌症和分娩缺陷（或其他生殖危害）的化学物质。对于A组产品的警告：本产品在用于焊接或切割时，会产生含有加利福尼亚州已知的、可导致出生缺陷和在某些情况下致癌的烟尘或气体。

第七节 安全防护措施

阅读并理解制造商的产品说明和产品上的安全防护标签，见美国国家标准Z49.1。焊接和切割的安全性由美国焊接学会出版，美国政府印刷局印刷，以获得关于以下内容的更多信息。

1. 通风

使用足够的通风设备，并且控制电弧处的局部排气，以保持工作人员呼吸区和一般区域内的气体低于标准规定的释放极限，并训练焊工让他的头部远离烟尘。

2. 呼吸系统防护

在密闭空间、局部区域焊接处焊接时，即便使用NIOSH认可或等效的烟尘呼吸器或供气呼吸器通风，也不会使烟尘释放值低于标准要求。

3. 眼睛保护

戴头盔或使用带滤镜的面罩。根据经验，从暗度14开始调节，根据需要选择更暗或者更亮的数字。如有必要，为了屏蔽其他，可使用防护屏和闪光护目镜。

4. 防护服

佩戴手部、头部和身体保护装置，有助于防止辐射、火花和电击伤害。见ANSIZ49.1。至少应配备焊工的手套和防护面罩，包括手臂保护器、围裙、帽子、肩部保护以及深色非合成服装。训练焊工不要接触带电的电气部件，并使自己与工件和地面绝缘。

5. 废物处置

防止废物污染周围环境。以环境可接受的方式处理废物、残留物、一次性容器及衬里等，需全部符合相关法规。

6. 特别预防措施（重要）

保持低于PEL/TLV标准规定的释放极限。借助使用工业卫生监测装置，始终使用排气通风措施，确保使用该产品不会产生超过PEL/TLV的释放极限。

二、 曼彻特焊接材料公司生产的焊接材料烟尘分析数据统计

附表 2-3 焊条产品的焊接烟尘分析数据统计

适用钢种	焊条型号	焊接烟尘中的元素或离子含量(质量分数)/%										职业接触限值/(mg/m³)
		Fe	Mn	Ni	Cr	Cr^{3+}	Cr^{6+}	F	Cu	Mo	Pb	
耐热钢	E7018-A1	16	7	—	—	—	—	17	—	—	—	5
	E8018-B2	15	5	—	—	—	—	18	—	—	—	5
	E9018-B3	15	5	—	1	—	—	18	—	—	—	5
	E8015-B6	15	5	—	1.5	—	—	18	—	—	—	5
	E8015-B8	15	5	—	2.5	—	—	18	—	—	—	2
	E9015-B91	15	5	—	2.5	—	—	18	—	—	—	1.7
	E8015-B12	20	4	—	3.0	—	—	16	—	—	—	1.7
低合金钢	E9018-D1	16	7	—	—	—	—	17	—	—	—	5
	E11018-D2	16	7	—	—	—	—	18	—	—	—	5
	E11018-M	14	5	—	—	—	—	18	—	—	—	5
	E8018-C3	14	5	0.5	—	—	—	18	—	—	—	5
	E8018-C1	14	5	0.5	—	—	—	18	—	—	—	5
	E8018-W2	14	5	0.5	0.5	—	—	18	0.5	—	0.1	5
不锈钢	E410NiMo-26	18	2	0.5	3	—	—	18	—	—	—	1.7
	E630-16	15	3	0.5	4	—	—	18	—	—	—	1.2
	E308L-17	8	5	0.5	5	—	—	16	—	—	—	1
	E347-16	8	5	0.8	5	—	—	16	—	—	—	1
	E316L-17	8	7	1	5	—	—	16	—	0.5	—	1
	E317-16	8	6	1	6	—	—	16	—	0.6	—	0.8
	E318-17	8	7	1	5	—	—	16	—	0.5	—	1
	E320LR-15	5	5	2	6	—	—	20	—	1	—	0.8
	E310L-15	9	10	2	7.5	—	—	18	—	—	—	0.6
	E2209-16	7	6	1	6	—	—	16	—	0.2	—	0.8
	E2553-15	9	5	1	7.5	—	—	16	—	0.6	—	0.6
	E2594-15	7	6	1	7	—	—	16	0.5	0.2	—	0.7
镍基合金	ENiCrFe-3	2	11	10	5	—	—	15	—	—	—	1
	ENiCrMo-3	1	4	9	6	—	—	20	—	1	—	0.8
	ENiCrMo-4	1	4	10	5	—	—	16	—	5	—	1
	ENiCrMo-10	1	4	10	5	—	—	16	—	6	—	1
	ENiCrMo-13	1	4	10	5	—	—	16	—	6	—	1
	ENiCrCoMo-1	1	4	9	0	—	6	20	—	1	Co 2.5	0.8
	ENi-1	—	1	10	—	—	—	12	—	—	—	5
	ENiFe-C1	3.5	1	2	—	—	—	12	—	—	—	5
	ENiCu-7	1	7	4	—	—	—	8	16	—	—	1.2

附表 2-4　实心焊丝产品的焊接烟尘分析数据统计

适用钢种	焊丝型号	焊接烟尘中的元素或离子含量(质量分数)/%										职业接触限值/(mg/m³)
		Fe	Mn	Ni	Cr	Cr^{3+}	Cr^{6+}	F	Cu	Mo	Pb	
耐热钢	ER70S-A1	55	5	—	—	—	—	—	1.2	—	—	5
	ER80S-B2	55	5	—	—	0.4	—	—	1.2	—	—	5
	ER90S-B3	55	5	—	—	1.3	—	—	1.2	—	—	5
	ER80S-B6	50	5	—	—	1.3	—	—	1.2	—	—	5
	ER80S-B8	50	4	—	—	3	—	—	1.2	—	—	5
	ER80S-B91	50	4	—	—	6	—	—	—	0.5	—	5
	ER90S-B12	55	4	—	—	8	—	—	—	—	—	5
低合金钢	ER80S-Ni1	55	6	0.5	—	—	—	—	1.2	—	—	5
	ER80S-Ni2	54	6	1.5	—	—	—	—	1.2	—	—	5
	ER80S-G	52	8	0.5	—	—	—	—	1.6	—	—	5
	ER90S-D2	55	10	—	—	—	—	—	1.2	—	—	5
	ER110S-G	50	10	0.4	—	1	—	—	1.2	—	—	5
不锈钢	ER410NiMo	55	4	3.2	—	8	—	—	—	—	—	5
	ER630	50	4	3.5	—	13	—	—	5.5	—	—	3.6
	ER308L	32	12	8	—	16	—	—	—	—	—	3.1
	ER347	32	12	8	—	16	—	—	—	—	—	3.1
	ER316L	30	12	11	—	15	—	—	—	1.5	—	3.3
	ER316MnNF	26	22	13	—	15	—	—	—	1.5	—	3.3
	ER385	28	13	20	—	16	—	—	2.5	3	—	2.5
	ER309L	32	12	11	—	20	—	—	—	—	—	2.5
	ER309LMo	32	12	11	—	20	—	—	—	1.5	—	2.5
	ER310L	30	13	16	—	22	—	—	—	—	—	2.3
	ER329N	28	10	8	—	20	—	—	—	1.5	—	2.5
	ER2594NL	28	10	8	—	22	—	—	1.3	—	—	2.3
镍基合金	ERNiFeCr-1	23	2	29	—	19	—	—	—	2	—	1.7
	ERNiCr-3	1	6	56	—	15	—	—	—	—	—	0.9
	ERNiCrMo-3	1	1	50	—	17	—	—	—	9	—	1
	ERNiCrMo-4	14	3	28	—	10	—	—	1	11	—	1.8
	ERNiCrMo-10	14	1	30	—	17	—	—	—	10	—	1.7
	ERNiCrMo-13	1	1	50	—	17	—	—	—	11	—	1
	ERNiCrCoMo-1	1	1	45	—	17	—	—	0	9	Co11	0.9
	ERNi-1	2	2	68	—	—	—	—	—	—	—	0.7
	ERNiFe-1	35	2	30	—	—	—	—	—	—	—	1.7
	ERNiCu-7	3	5	47	—	—	—	—	24	—	—	1

附表 2-5 药芯焊丝产品的焊接烟尘分析数据统计

适用钢种	焊丝型号	焊接烟尘中的元素或离子含量(质量分数)/%										职业接触限值/(mg/m³)
		Fe	Mn	Ni	Cr	Cr^{3+}	Cr^{6+}	F	Cu	Mo	Pb	
耐热钢	E81T1-B2M	20	8	—	—	1	<1	8	<1	—	—	5
	E91T1-B3M	20	8	—	—	1	<1	8	—	—	—	5
	E81T1-B6M	20	8	—	—	1	<1	8	<1	—	—	5
	E81T1-B8M	20	8	—	—	3	3	8	—	—	—	1.7
	E91T1-B9M	18	8	—	—	3	3	8	—	—	—	1.7
	E91T1-G	18	8	—	—	1	1	8	—	—	—	5
	E90C-B9(金属粉芯)	60	5	—	—	5	—	—	—	—	—	5
不锈钢	E410NiMoT1-1	18	3	1	—	—	2.5	—	—	—	—	2
	E308LT0-4	17	10	1.5	—	3	5	5	—	—	—	1
	E347T0-4	17	11	2	—	4	5	5	—	—	—	1
	E316LT1-4	14	12	2.5	—	4	4	5	—	—	—	1.2
	E309T0-4	14	11	2	—	5	4	6	—	—	—	1.2
	E309LMoT0-4	16	11	3	—	4	6	6	—	—	—	0.8
	E2209T1-4	10	12	2	—	4	5.5	9	—	—	—	0.9
	E2253T0-4	14	10	1.5	—	5	5	5	—	—	—	1.0

根据曼彻特焊接材料公司的资料介绍，为了协助健康和安全的危害评估，该公司对每种焊材产品都进行了焊接烟尘分析，附表中数据是作者选取的有代表性的产品数据，供参考。

以每立方米呼吸区浓度毫克为单位计算职业接触限值（OES），该限值最大为5mg/m³。但是，许多合金钢焊材的职业接触限值比该值低得多。例如，不锈钢和耐热钢的药芯焊丝产品，它们的焊接烟尘中，存在着显著比例的六价铬，这种铬的允许排放上限为0.05mg/m³（见附表2-2），所以将该类材质的总烟尘职业接触限值降低至约1mg/m³。在不锈钢MIG实心焊丝的烟尘中，几乎所有的铬都是三价的，因而，总烟尘职业接触限值也允许更高一些。各种焊材的职业接触限值不一样，同一焊材不同焊接方法的职业接触限值也可能不同，这是因为烟尘中部分组成物的含量不同，烟尘中各组成物的危害程度也大有差别，因此，导致了不同品种焊材的职业接触限值设定有高有低。

参考文献

[1] 中国机械工程学会焊接学会．焊接手册：第2卷 材料的焊接［M］．第3版．北京：机械工业出版社，2013.

[2] 吴树雄，尹士科，李春范．金属焊接材料手册［M］．北京：化学工业出版社，2008.

[3] 尹士科，王移山．低合金钢焊接特性及焊接材料［M］．北京：化学工业出版社，2014.

[4] 干勇，田志凌等．中国材料工程大典：第2、3卷 钢铁材料工程（上、下）［M］．北京：化学工业出版社，2006.

[5] 机械科学研究院哈尔滨焊接研究所．焊接材料产品手册［M］．北京：机械工业出版社，2012.

[6] 吴树雄，尹士科，喻萍．焊丝选用指南［M］．第2版．北京：化学工业出版社，2011.

[7] 吴树雄．焊条选用指南［M］．第4版．北京：化学工业出版社，2010.

[8] John G，Lippold，Damian J，Kotecki 著．不锈钢焊接冶金学及焊接性［M］．除剑虹译．北京：机械工业出版社，2008.

[9] 尹士科．焊接材料及接头组织性能［M］．北京：化学工业出版社，2011.

[10] 邹增大，李亚江，尹士科．低合金调质高强度钢焊接及工程应用［M］．北京：化学工业出版社，2000.

[11] 邹增大．焊接材料、工艺及设备手册［M］．北京：化学工业出版社，2001.

[12] 金属材料卷编辑委员会．中国冶金百科全书：金属材料卷［M］．北京：冶金工业出版社，2001.

[13] 李亚江等．高强度钢的焊接［M］．北京：冶金工业出版社，2010.

[14] 李亚江，王娟，刘鹏．低合金钢焊接及工程应用［M］．北京：化学工业出版社，2003.

[15] 于启湛，丁成钢，史春元．低温用钢的焊接［M］．北京：化学工业出版社，2009.

[16] 康喜范．铁素体不锈钢［M］．北京：冶金工业出版社，2012.

[17] 李亚江，张永喜，王娟等．焊接修复技术［M］．北京：化学工业出版社，2003.

[18] 尹士科．焊接材料实用基础知识［M］．第2版 北京：化学工业出版社，2015.

[19] 张国信，熊建新，龚宇等．石油化工金属材料应用及发展［M］．北京：中国石化出版社，2019.

[20] 尹士科，王移山．HQ100钢焊接性研究［J］．钢铁研究学报，1991，(1)，65-71.

[21] 尹士科，何长红，李亚琳．美国和日本的潜艇用钢及其焊接材料［J］．材料开发与应用，2008，(1)：58-64.

[22] 尹士科，李亚琳，刘奇凡．日本潜艇用钢及其焊接材料的焊接性能综述［J］．材料开发与应用，2008，(4)：62-71.

[23] 铃木正道．9%Ni钢焊接用药芯焊丝［J］．神户制钢技报，2009，(1)：111-115.

[24] 尹士科，李凤辉．不锈钢及耐热耐蚀合金焊接裂纹概述［J］．焊接，2012，(10)：35-39.

[25] 尹士科，李凤辉．双相不锈钢的焊接特性和焊接材料［J］．机械制造文摘 焊接分册，2012，(3)：20-23.

[26] 尹士科，裴新军．钢铁冶金技术的进步及焊接冶金方面的几点思考［J］．焊接，2007，(9)：27-29.

[27] 尹士科，吴树雄，路勇超．镍基合金焊条的成分与性能浅释［J］．焊接材料信息，2018，(1)：36-40.

[28] 吴树雄，尹士科．镍基耐蚀合金解读其焊接材料［J］．焊接材料信息，2018，(4)：23-34.

[29] 李连胜．中国焊接材料行业发展现状及趋势分析［J］．焊接材料信息，2018，(4)：2-9.

[30] 国家能源局．承压设备用焊接材料订货技术条件．NB/T 47018.1～47018.5—2017.

[31] 中国船级社．材料与焊接规范（2018年7月1日生效）．

[32] 铁道部．铁道车辆用耐大气腐蚀钢及不锈钢用焊接材料．TB/T 2374—2008.